FRANCIS BUCAILLE

OŻYWIĆ GLEBY

DIAGNOZA, UŻYŹNIENIE, OCHRONA

Tłumaczenie : **Dr. Jerzy Próchnicki**.

Ilustracje na okładce:
Front page : © Shutterstock. Back page : © Francis Bucaille

© Dunod 2020 – Original edition

COPYRIGHT 2024
Francis BUCAILLE

ISBN : 979-10-415-3789-1

PODZIĘKOWANIA

Dziękuję wszystkim tym autorom, myślicielom, agronomom, żyjącym i nieżyjącym, którzy uczestniczyli w budowie wiedzy rolniczej i mojej własnej jej wizji, ze szczególnym uwzględnieniem Neala Kinseya, który pobłażliwie mi towarzyszył.

Jestem również wdzięczny wszystkim moim kolegom rolnikom, którzy swoimi obserwacjami, ich trafnością i śmiałością umożliwili mi postępy. Wiele z tego, co zostało tu opisane, jest efektem współpracy i hojnego dzielenia się przez nich swoimi odkryciami. Niektórzy z nich byli wyjątkowymi współpracownikami, jak: Philippe, Bernard, Frédéric, François i wielu innych...

Po drugie i najważniejsze: dziękuję wszystkim bliskim mi osobom, które albo ponosiły uciążliwości związane z moją pasją do rolnictwa, do agronomii, do źródeł i form Życia, mojej żonie Joëlle i moim dzieciom, lub też przyczyniły się bezpośrednio do efektów pracy, w tym mojemu bratu Guyowi.

Dziękuję Panu dla Frédéricowi Thomas'owi (dyrektorowi wydawniczego magazynu TCS) za życzliwą i profesjonalną korektę.

Na koniec chciałbym podziękować Alexisowi Dufumierowi, który dostosował moją twórczość i moją wizję rolnictwa do standardów wydawniczych z profesjonalizmem godnym najlepszego dziennikarza rolniczego, którym rzeczywiście jest.

Książka przetłumaczona z języka francuskiego przez Jerzy Próchnicki

WSTĘP

Aby dbać o ziemię dla naszych dzieci

Jestem głównym elementem bioróżnorodności na Ziemi, rządzę cyklami materii, jestem źródłem pokarmu i współuczestnikiem efektu cieplarnianego... kim więc jestem?
Glebą. Czymś więcej, niż tylko miejscem dla naszych stop czy dla rosnących roślin - jestem miejscem Życia. Jeden gram gleby jest domem dla ponad miliarda bakterii, należących do tysięcy ich gatunków i czasem nawet dla dziesiątków tysięcy gatunków grzybów... Bakterie we francuskich glebach należą do co najmniej 115 000 gatunków, w porównaniu do 6 500 znanych gatunków roślin, 570 gatunków ptaków, czy 189 gatunków ssaków! Posiadając 50% żywej biomasy świata, 23% znanych gatunków organizmów żywych i 75% materii organicznej Ziemi, gleba JEST najważniejszym ekosystemem naszego globu, a to, co widzimy na powierzchni, to tylko drobny fragment rzeczywistości!
Życie tworzy glebę - rozkłada materię organiczną, aby odzyskać substancje odżywcze, rozkłada minerały, skały, aby udostępnić pierwiastki, wykorzystuje atmosferę, z której azot jest wiązany i przekształcany przez bakterie w przyswajalne formy. Życie pobudza aktywność gleby poprzez przemieszczanie się w niej zwierząt i wydobywanie przez korzenie roślin pierwiastków z głębi ziemi. Co więcej - 90% roślin nie przetrwałoby bez obecności w glebie odpowiednich grzybów.
Gleba jest domem grzybów "mykoryzowych", które z jednej strony poszukują dla siebie substancji odżywczych w glebie, z drugiej kolonizują korzenie, którym wzamian za wydzielane cukry dostarczają zgromadzone przez siebie minerały.
Gleba od dawna jest postrzegana jako łącznik między geosferą a atmosferą będąc przede wszystkim bogatym i różnorodnym ekosystemem, w którym przebiegają ważne życiowo procesy.
Gleby tworzą świat. Ich składniki wymywane przez wodę użyźniają oceany, co wyjaśnia, dlaczego wody w pobliżu kontynentów są najbardziej żywe i produktywne (nawet rybołówstwo pochodzi z gleby!). Organizmy glebowe emitują gazy cieplarniane: CO_2 z oddychania w glebach natlenionych, metan i podtlenek azotu, które ogrzewają planetę, z gleb beztlenowych,... I odwrotnie, gleby wiążą gazy cieplarniane a prawidłowo natlenione powoli humifikują materię organiczną nie mineralizując jej całkowicie. Najprostszym rozwiązaniem przeciwko efektowi cieplarnianemu jest połączenie naszych odpadów organicznych z glebą! Zwiększenie zawartości materii organicznej w glebie zaledwie o 0,4% rocznie pozwoliłoby zmagazynować równowartość rocznych emisji CO_2 naszej cywilizacji!
Niestety, człowiek tego nie zrozumiał. Rozwój i urbanizacja zajmują i niszczą we Francji glebę o powierzchni jednego departamentu co siedem do dziesięciu lat.

W skali świata jest to około 100 000 ha rocznie. Zasolenie zagraża około 30% gleb rolniczych, ponieważ zbyt słona woda używana jest do nawadniania, co powoduje gromadzenie się soli w glebie. Orka napowietrza glebę, udostępnia składniki odżywcze i odchwaszcza nasze pola, ale... jej powszechne, powtarzalne stosowanie jest szkodliwe dla żyzności gleby. Zaorana jesienią i nie osłonięta roślinami, żywymi, ani martwymi, ulega erozji w zimie, bo jej zniszczona struktura z utlenioną materią organiczną nie utrzymuje już agregatów glebowych w całości. Zaorane gleby ulegają erozji średnio dziesięć razy łatwiej, niż nie zaorane.

Gleby degradują się i tworzą we własnym, bardzo powolnym tempie. Potrzeba od 100 do 1000 lat, aby wytworzyć glebę, a można ją zniszczyć w kilka lat... Często nie zdajemy sobie sprawy, że gleby są prawdziwym dziedzictwem, którego nie da się niczym zastąpić. Odziedziczyliśmy glebę po naszych przodkach i jesteśmy ją winni naszym dzieciom, więc mamy moralny obowiązek korzystania z niej tylko w sposób szanujący i wspierający jej naturalne procesy – na tym musi polegać jej prawidłowe użytkowanie.

Czy jest to katastroficzna i moralizatorska wizja? Nie, w żadnym przypadku, ponieważ ta książka przedstawia realne rozwiązania i działania będące spełnieniem obietnicy powiązania rozpoznanej logiki życia gleby z praktyką rolniczą. Jesteśmy zobowiązani do pracy z glebą i do jej modyfikowania w naszej pracy rozwojowej, ponieważ od tego zależy wyżywienie ludzkości i naprawa klimatu Ziemi. Potrzebujemy zatem rzeczywistych, praktycznych rozwiązań, aby robić to z poszanowaniem dla biologicznej dynamiki gleby i trwałości jej procesów, aby uczynić ją bardziej żyzną i odporną na niekorzystne zmiany.

Razem, rolnicy, agronomowie i obywatele, weźmy glebę i jej życie w swoje ręce jako narzędzie poprawy naszej przyszłości. Pamiętajmy, aby zawsze stawiać sobie pytania, ponieważ żadna praktyka nie jest pozbawiona skutków ubocznych, żaden imperatyw nie jest wiecznie ważny i wymaga ciągłej konfrontacji z faktami. Pilotujmy przyszłość naszych gleb wspólnie i uważnie w każdym momencie. Zacznijmy więc od przeczytania poniższych wierszy...

Marc-André Selosse

Profesor w Muséum National d'Histoire Naturelle Paris
Profesor Uniwersytetów w Gdańsku (Polska) i Kunming (Chiny) Członek Francuskiej Akademii Rolniczej

PRZEDMOWA

Wszystkie rozwiązania biologiczne opracowane przez istoty żywe zostały przetestowane w czasie, co daje im legitymację do działania. Życie prawdopodobnie pojawiło się na Ziemi w postaci organizmów podobnych do bakterii i te pierwotne elementy życia są nadal obecne we współczesnej biologii. Od tego czasu życie stało się bardziej złożone i nauczyło się oddychać, pływać, latać, komunikować się i wytwarzać materiały o niesamowitych i wciąż niezrównanych właściwościach. Dla mnie, jako rolnika, ta obserwacja jest powodem do pokory. Musimy zaakceptować fakt, że przechodzimy od bycia "rolnikami" do bycia "rolnikami Natury". "Eksploatacja" jest zdefiniowana w słowniku jako wydobywanie, nadużywanie, branie z zapasów Natury i planety bez zrównoważonego zwrotu, chociaż jesteśmy zobowiązani do tego, jako jej "rolnicy". Rolnictwo, to wymiana i zobowiązanie dla Człowieka, rolnika, wobec Natury. To zobowiązanie do jej utrzymania i troski o nią w tym "Teatrze rolnictwa" XXI wieku (O. de Serres, *Le théâtre d'agriculture et mesnage des champs*, 1600). My Ziemię tylko wypożyczamy w zamian za szacunek i dobre utrzymanie. To nie my "uprawiamy" rośliny. W rzeczywistości to one akceptują wzrost w warunkach wybranych lub stworzonych przez człowieka, w miejscach przez człowieka wybranych. Kulturowo od wieków jesteśmy przyzwyczajeni do narzucania swojej woli, dominowania nad przyrodą, a nawet, w bardzo arogancki sposób, do prób jej ulepszania. Tajemnica życia została przez niektórych już ogłoszona jako rozszyfrowana, w formie kolorowej podwójnej helisy oznaczonej kodami ACGT (zasady azotowe DNA). W ostatnich dekadach ludzie zaczęli "bawić się" swoim genomem, czasami nawet dając sobie złudzenie uczestnictwa w tworzeniu życia. To poczucie wszechmocy musi jednak teraz ustąpić miejsca ekologicznej kulturze naukowej, która nie umieszcza już człowieka na szczycie piramidy życia, ale bardziej realistycznie - jako ogniwo zależne od wielu innych elementów. Wtedy będziemy mogli przestać skupiać się na tym, co spektakularne i dokładniej spojrzeć na rzeczy pozornie nieistotne. Właśnie wtedy możemy lepiej spojrzeć na życie w glebie.

Przez miliony lat człowiek miał ograniczony wpływ na Ziemię i dominował w nim szacunek dla Natury. W wielu cywilizacjach powszechne było proszenie Natury o przebaczenie przed złożeniem ofiary ze zwierzęcia lub przed ścięciem drzewa. Natura była postrzegana jako bóstwo, całość, Gaja i nie do pomyślenia było obcięcie włosów tej bogini (las), ani penetracja jej wnętrzności (górnictwo). Rewolucja przemysłowa i nauka całkowicie zdesakralizowały i zmieniły ten prawie mistyczny związek. Natura została zredukowana do zbioru atomów, molekuł, reakcji chemicznych, procesów enzymatycznych i odarta ze swojej świętości. Otwarta została droga do niepohamowanej i nieokiełznanej jej eksploatacji. Człowiek, rolnik, chcąc zapewnić sobie przewagę nad wszystkimi innymi formami życia, wymyślał swoje własne rozwiązania, które jednak Życie już sobie wyobraziło w wielu przypadkach dużo wcześniej i w bardziej elegancki, ekonomiczny, wydajny oraz zrównoważony sposób. Człowiek zacznie wtedy dostrzegać właściwe rozwiązania, gdy wymaże ze swojej wyobraźni własną obecność, tak często przecenianą, a nawet w pracach naukowych XIX i XX wieku intronizowaną na szczycie piramidy życia. Świat jest cykliczny, a nie linearny. Wszystko, co człowiek posiada, konsumuje, zjada, buduje, nawet w sercu miasta, dostarcza mu jego ekosystem. Ropa, węgiel, ruda przekształcona w stal, kwarc przetopiony w szkło, to nic innego jak skoncentrowana energia słoneczna przekształcona w energię chemiczną w procesie fotosyntezy. Bez tego cudu, chlorofilu, nic by nie istniało. Przetrwanie Człowieka zależy całkowicie od tego, co uważa on, że ma prawo bezkarnie nadużywać. Zaprzestanie dopiero wtedy, gdy spostrzeże, że, jak to powiedział Rabelais "pierdzenie wyżej, niż własna dupa" jest szkodliwe. Dopiero to pozwoli mu obserwować, potem zrozumieć i wreszcie szanować ekosystemy dla swojego własnego dobra.

Czego możemy się nauczyć z długiej historii życia? Przez tysiące lat gleba była samowystarczalna, samoregenerująca się w równowadze z florą, fauną, mikrobiotą i klimatem. Stepy, sawanny, łąki, lasy lądowe czy namorzynowe... Te biocenozy[1] rozwijały się, zmieniały harmonijnie i ciągle na całej swojej powierzchni. Ich roczna produkcja biomasy jest często imponująca (do 30 ton suchej masy na hektar rocznie). Co więcej, złożoność tych ekosystemów nie prowadzi do ich wrażliwości, ale do ich odporności, stabilności i silnego zdrowia. Choroby i pasożytnictwo ograniczają się przeważnie do bardzo wąskich nisz ekologicznych. Można tylko podziwiać tę symfonię graną bez zarzutu przez miliardy mikroorganizmów, miliony owadów, setki różnych roślin, gdzie regułą jest komunikacja, współpraca i ewolucja adaptacyjna, które są inteligencją istot żywych w pełnym działaniu!

Jeśli lasy pierwotne nadal wydają się funkcjonować w stałym cyklu opartym na tym naturalnym modelu, to co stało się z naszymi glebami rolnymi lub leśnymi, które stale ubożały i traciły swoją własną faunę, zwłaszcza w ciągu ostatnich 70 lat? Niezależnie od szerokości geograficznej, niezależnie od systemu produkcji, działalność człowieka ma wszędzie te same skutki i te same wspólne przyczyny. Wszędzie płodność i zdrowie roślin są słabo poznane. Pragnienie napisania tej książki zrodziło się właśnie z tej obserwacji, z potrzeby wyjaśnienia, dlaczego pewne sposoby działnia stały się bezcelowe oraz z potrzeby zaproponowania podstaw nowego modelu inspirowanego biologią, czyli takiego, który w sposób holistyczny uwzględnia naturalną inteligencję ekosystemów[2]. Nasza mapa mentalna, jak na razie, prowadzi nas do wymyślania nowych rzeczy, kiedy jest

---

[1] Biocenoza: wszystkie organizmy żywe (zwierzęta, rośliny, grzyby, bakterie itp.) współistniejące w danym środowisku, biotopie. Ekosystem odpowiada całości tworzonej przez biocenozy i biotop.

jeszcze tak wiele do odkrycia w tym, co Natura już dawno przetestowała i rozwiązała. Jesteśmy sobie winni lepsze zrozumienie funkcjonowania życia, gleby, łańcucha pokarmowego, nie po to, by lepiej kontrolować i ulepszać, ale by lepiej respektować jego prawa, aby umożliwić nam lepszą integrację naszej obecności i naszej aktywności w tym warsztacie. **Ta nauka zwana ekologią i ta metodologia zwana biomimikrą polegają na pokornym przyglądaniu się geniuszowi życia**. Do tego właśnie zapraszamy. Jest to warunek konieczny, jeżeli chcemy odnieść sukces w drugiej zielonej rewolucji, ale także jeśli chcemy twierdzić, że jesteśmy w stanie odpowiedzieć na wyzwania związane z ekonomią gospodarstw rolnych, klimatem, magazynowaniem dwutlenku węgla w glebach, utrzymaniem bioróżnorodności i, szerzej, zdrowiem człowieka.

Dlaczego rośliny uprawne muszą chorować, gdy naturalne ekosystemy nigdy nie chorują? Dlaczego latem łąki wysychają, a pobocza dróg są zawsze zielone? Dlaczego ziemia po uprawnym ugorze lub łące jest tak żyzna? I dlaczego ta żyzność z biegiem lat musi zanikać? Dlaczego my, jako rolnicy, mamy się obyć bez usług, które przyroda świadczy bezpłatnie w ekosystemach? Wrażenie nieuchronności i normalności tych oczywistych faktów sprawia, że te bardzo podstawowe pytania wydają się wręcz niedorzeczne. Dlaczego tak jest? Ponieważ przez ostatnie siedemdziesiąt lat interesowaliśmy się wyłącznie "zmaksymalizowaną" produkcją roślin. Plony zaślepiły nas na biologiczne funkcje gleb i żyzność gleby w ogóle. Dalekowzroczni "outsiderzy" pierwszej rewolucji rolniczej lub pionierzy drugiej fali już w okresie powojennym podkreślali znaczenie wielkiej równowagi ekologicznej i mineralnej gleb. Byli to tacy badacze i rolnicy jak Allan Savory, Masanobu Fukuoka, André Voisin, Hans Peter Rusch, Francis Chaboussou, William Albrecht, Kathy Voth, Neal Kinsey i wielu innych. Do tej pory głosy te były zbyt mało słyszalne. Refleksja zaproponowana w książce, którą trzymacie Państwo w rękach, jest również owocem lektury tych autorów, których nurty myśli agronomicznej zostały niesłusznie zapomniane przez uleganie iluzji rosnącej i długotrwałej produktywności. Szybki zysk wziął górę nad rzeczywistą ważnością spraw!

W społeczeństwie, które staje się coraz bardziej histeryczne we wszystkich kwestiach społecznych, także rolnictwo i ekologia nie są oszczędzane. Zbyt często w obliczu strasznych zdarzeń zamykamy oczy i krzyczymy "Dość!" domagając się rozwiązania problemu. Ale mimo to niektóre problemy pozostają nadal nierozwiązane... W każdym razie nie mamy jednego słusznego rozwiązania, jak doskonale to analizuje i rozważa teoretycznie francuski pisarz i filozof Éric-Emmanuel Schmitt. Rozumiemy na przykład potrzebę powstrzymania globalnego ocieplenia, ale nie chcemy zatrzymać wzrostu gospodarczego. Żądamy zdrowej, pozbawionej pozostałości środków ochrony roślin, w pełni identyfikowalnej i wartościowej żywności, ale chcemy możliwie niskich jej cen. To właśnie jest naszą tragedią: przeciwstawienie sobie dwóch sił, dwóch dążeń, które się nie zgadzają, mając jednak rację. W obliczu tragicznej sytuacji, zazwyczaj pokusą jest preferowanie elementarnego schematu: dobry facet i zły facet oraz proponowanie tylko jednego "dobrego" rozwiązania, nawet jeśli

oznacza to zniszczenie tego drugiego, jego rozumowania, pracy, wewnętrznej ekologii, całej jego racji bytu. Wobec łatwej pokusy dramatyzowania i histeryzowania w kwestiach rolniczych stawiamy tu na "oswajanie tragizmu", na próby godzenia ekologii i ekonomii, teorii i praktyki, żyzności i plonów, wydajności i zdrowia gleby, obfitej żywności i zdrowia człowieka...
W obecnej sytuacji bywa podważany zdrowy rozsądek, który jest najbardziej solidnym atutem rolników. Bardziej, niż kiedykolwiek, pojawia się wielka pokusa, aby kontrolować ziemię poprzez nadmiar podejmowanych działań i ich intensywność. Tak zwane rolnictwo konwencjonalne weszło na drogę, której negatywne skutki właśnie widzimy i mierzymy. Korekta dajszego kierunku rozwoju jest konieczna i będziemy musieli się nad tym poważnie zastanowić. Między dwoma przeciwstawnymi biegunami często istnieje droga pośrednia zwana w koncepcji arystotelesowskiej "mediacją". Według Arystotelesa ta pośrednia droga jest miejscem, gdzie leży wszelka cnota. Tak więc hojność leży między chciwością, a rozrzutnością. Odwaga jest środkiem między strachem, a skruchą. Wielką ambicją tej książki jest próba zaproponowania rolnikom, niezależnie od ich systemów produkcji, uprawy czy charakteru, tej cnotliwej, wartościowej drogi środka, którą ukrywają przed nami wielkie dramatyzujące teorie z początku naszego wieku i z ubiegłego stulecia. W tym celu dzieło to zaprasza w pierwszych częściach do ponownego oswojenia tego, co jest problemowe, poprzez analizę nadmiarów działań i ograniczeń rolnictwa konwencjonalnego oraz przesadnych obietnic i fałszywych sukcesów różnych form tzw. rolnictwa zrównoważonego. Następnie proponuje nowy paradygmat rolnictwa inspirowanego biologią, które szanuje fakty oraz złożone mechanizmy i zależności świata ożywionego, przywracając człowiekowi należne miejsce w ekosystemach upraw rolniczych. W ostatnich częściach tej książki przedstawiono metodę opartą na szczegółowej wiedzy o glebie, pozwalającą przywrócić równowagę mineralną, fizyczną i biologiczną. Postawienie gleby ponownie w centrum systemu rolniczego jest prawdziwą rewolucją mentalną, która powinna zostać wdrożona już dziś. Dlatego zachęcamy czytelnika, aby nie unikał lektury pierwszych części, które mogą wydawać się zbyt teoretyczne. W przeciwnym razie praktyczne działania, które proponujemy, mogły by się wydać niezrozumiałe. Cała praktyka, która jest tu przedstawiona, jest głęboko zakorzeniona w nauce, która bywa często nadużywana, źle wykorzystywana i źle rozumiana. Nauka ta nosi nazwę Ekologia.
Dzięki tej książce autor oferuje rolnikom i agronomom podsumowanie swojej drogi intelektualnej i podejścia do tematu. Poprzez tę książkę chce on poszerzyć "pole możliwości" "dla wszystkich, którzy są chętni do podzielenia się swoimi przemyśleniami i wyobrażeniem rozszerzonych działań."

WPROWADZENIE

ZŁOTE KŁOSY PSZENICY

Kwiecień: 22 dni deszczowe, suma opadów 99,6 mm.
Maj: 24 dni deszczowe i 195 mm.
Czerwiec: 16 dni deszczowych i 120,5 mm.
Osobisty wpis do dziennika, Nièvre, 1994 r.

Rok 1994 to jedno z tych lat w życiu rolnika, o których chce się zapomnieć, tych, o których można powiedzieć: "rok bez plonu, rok bez sensu". Nadmierne opady deszczu, choć sprzyjały wzrostowi zbóż, dramatycznie pogorszyły wypełnienie kłosów zbóż.

Dość łagodna jesień i zima na przełomie lat 1993-1994 przyniosły wiosną bujne, gęste i zwarte łany pszenicy i jęczmienia. Wraz z nastaniem późnej wiosny obiecujące pola z dnia na dzień stawały się coraz mniej zielone, potem brudnożółte, a z czasem pojawiły się odcienie szarości, a następnie brązu. W czerwcu nadzieje na dobry plon zostały ostatecznie rozwiane przez ciągłe opady deszczu, a w lipcu cała prawda wyszła na jaw. Wyniki potwierdziły wcześniejsze obawy. Hektar po hektarze potwierdzała się klęska. Liczba ziaren w kłosach się zgadzała, ale to był poślad, z małym ciężarem właściwym i niską masą tysiąca ziaren. Ziarno mizerne, cienkie i pogniecione, a plony osiągnęły pułap zaledwie 45 kwintali z hektara. Za mało, by zapłacić koszty zmienne i stałe. Spójrzmy jednak na to inaczej! Praca rolnika, to ciągła podróż między nadzieją na obfite zbiory a rozczarowaniem lub też radosnym zaskoczeniem, a każdej jesieni, każdej wiosny jest - z tym samym entuzjazmem - początkiem zapisywania nowej strony historii gospodarstwa. Za każdym razem dajesz z siebie to, co najlepsze i wciąż wzbogacasz się o kolejne doświadczenia.

Jednak pomimo rozczarowania, rok 1994 miał okazać się świetnym doświadczeniem edukacyjnym. Patrząc z perspektywy czasu był na wagę złota, a słabe zbiory były prawdopodobnie ceną za tę naukę. Czasami tylko ekstremalne sytuacje uwidoczniają wystarczająco kontrastowo to, co zwykle jest ukryte przez niuanse. Na skraju pola oświetlonego reflektorami kombajnu, w morzu szarawych kłosów coraz wyraźniej wyróżniała się złota plama. Na miejscu całkowite zaskoczenie. Żółte, idealne kłosy w zdrowym łanie! W kombajnie sypie się nieprzerwany strumień wyraźnie ciężkiej pszenicy o pięknym kolorze skórki od chleba. Natychmiast zapada decyzja o ominięciu tego miejsca i o szybkim sprawdzeniu następnego ranka w świetle dziennym tego fenomenu.

W świetle słońca okazuje się, że na skraju pola jest kilka miejsc, w których pojawia się zjawisko zaobserwowane poprzedniego wieczora. W jednym z nich jest coś jeszcze bardziej zdumiewającego. Duży konar z drzewa na miedzy, złamany zimą przez silne wiatry i pozostawiony na miejscu, został wiosną ominięty przez opryskiwacz. Ta część łanu nie była potraktowana fungicydami. Mimo to pszenica była znacznie zdrowsza, niż gdziekolwiek indziej, a plon wyglądał na o co najmniej 50% wyższy. Po bliższym przyjrzeniu się widać było, że zjawisko to było bardzo wyraźne w pobliżu dużych drzew, zwłaszcza dębów, ale także w sąsiedztwie kilku innych gatunków, w tym orzecha włoskiego i dzikiej wiśni. Co więc mogło się stać tamtego roku? Wyjątkowo duże opady deszczu zmniejszyły wpływ konkurencji o wodę między drzewami, a zbożem. Woda nie była już w tym roku czynnikiem ograniczającym. Pozostały tylko pozytywne efekty kohabitacji, współistnienia drzew i zboża. Stało się prawdopodobne, że kilka mechanizmów współpracy, regulacji ekosystemu, symbiozy i adaptacji, które znamy z publikacji naukowych, w pełni ujawniły się tego roku na skraju pola. Wirtualna wiedza stała się rzeczywistością. W świetle tego doświadczenia i innych, przebytych we własnej praktyce lub sprowokowanych eksperymentami w gospodarstwie, coraz bardziej narzucała się myśl, że choroby pszenicy niekoniecznie wynikają z "niedoboru fungicydów". Najczęściej choruje pszenica, która nie skorzystała z solidarności gleby i jej środowiska mikrobiologicznego.

Solidarność w glebach

Zjawiska stojące za tymi obserwacjami dzieją się oczywiście zarówno w glebie, jak i nad nią. Mechanizmy pobierania składników pokarmowych przez rośliny są obecnie dobrze poznane. Współpracę roślin z grzybami endomykoryzowymi można obserwować u wielu roślin różnych gatunków. Jest więc możliwe, że współpraca pomiędzy roślinami tego samego gatunku, ale także pomiędzy roślinami różnych gatunków, może odbywać się w bardzo efektywny sposób (za Suzanne Simard, University of British Columbia). Podczas mokrej, pochmurnej wiosny 1994 roku fotosynteza u pszenicy była zapewne kompensowana wciąż wydajną fotosyntezą sąsiadujących dużych drzew, przy czym ten mechanizm kompensacji odbywał się poprzez skuteczną wymianę i transfer węglowodanów między roślinami w glebie. Wykazano, że tego typu transfery zachodzą między wieloma roślinami, np. między babką lancetowatą a kostrzewą owczą (Francis & Read, 1984). Mechanizm ten jest tym bardziej widoczny, gdy jedna z roślin cierpi na niedostatek światła odpowiedzialnego za syntezę cukru w procesie fotosyntezy. Zjawisko to może być nawet sześciokrotnie zwiększone w przypadku całkowitego zacienienia, jak np. w środku lasu. To wyjaśnia fakt przetrwania młodych roślin w lasach, w których prawie całkowicie brakuje światła wskutek zacienienia przez dorosłe drzewa. Starsze rośliny współpracują z młodszymi dostarczając im składników odżywczych, zapewniając przetrwanie i wzrost. Dzieje się tak nawet wtedy, gdy nie należą one do tego samego gatunku. W ten sposób korzystają one wszystkie z usług "barierowych", "buforowych" lub "współpracowych", które są możliwe dzięki utrzymaniu bogatego i zrównoważonego ekosystemu.

Internet roślin

Obecnie wiadomo, że istnieją mechanizmy redystrybucji substancji odżywczych wśród roślin i że mechanizmom tym sprzyja bogactwo życia w glebie. Na takie mechanizmy zwróciła uwagę badaczka Suzanne W. Simard. Wykorzystując izotopy fosforu zaaplikowane na powierzchnię 1 m² gleby w lesie wykazała, że po 30 dniach krążyły one w roślinach już na powierzchni około 1 000 m². Same mechanizmy rozchodzenia się w glebie wraz z wodą nie wystarczą do wyjaśnienia tej niezwykłej mobilności pierwiastka, który jest prawie niemobilny w glebie. Wydaje się, że tylko duże drzewa, zapewne wspierane przez grzyby mykoryzowe, były w stanie pobrać ten minerał i szeroko wprowadzić go do ekosystemu. To ma wpływ na glebę I dlatego dobrze funkcjonująca gleba jest relatywnie mało zróżnicowana. Odmiany izotopowe węgla zostały wykorzystane do wykazania, że dwa kanadyjskie gatunki leśne, daglezja i brzoza, wymieniają się różnymi substancjami poprzez swoje korzenie. Drzewa w lesie są istotami społecznymi i komunikują się między sobą. Rośliny wymieniają między sobą znacznie więcej, niż tylko składniki odżywcze. Są one w stanie wymieniać informacje. Roślina zaatakowana przez szkodnika lub dotknięta chorobą może wysyłać w swoim środowisku korzeniowym sygnały, które będą odbierane i interpretowane przez inne organizmy. Wykazano, że zdrowe rośliny w niektórych przypadkach reagują na takie sygnały, zmieniając i dostosowując swój metabolizm, przygotowując się na możliwe niebezpieczeństwo. W 2010 roku badacz Song Yuan (2015) z Guangzhou Laboratory of Ecological Agriculture posadził pomidory w parach, a następnie poddał liście jednej rośliny w parze infekcji patogenami. W obecności grzybów mykoryzowych w glebie zdrowy pomidor zaczął produkować enzymy obronne, które zwykle są syntetyzowane wskutek pojawu infekcji na roślinie. Jeśli grzybów mykoryzowych w glebie nie było, mechanizmy obronne zdrowego pomidora nie ulegały mobilizacji.
Kanały przenoszenia zarówno składników odżywczych jak i informacji między roślinami są skutecznie zapewnione przez sieci grzybów mykoryzowych. Niezliczone gatunki są skutecznie ze sobą połączone poprzez "linki" inne, niż tylko łańcuchy pokarmowe. Niektóre z gatunków roślin nie mogą przetrwać bez wymiany, jaką prowadzą z innymi – są uzależnione od układu symbiotycznego. Przykładowo: niektóre szczepy mikroorganizmów nie mogą być rozmnażane w izolowanych kulturach, a jedynie w kombinacji z innymi organizmami.

Współpraca roślin jest również obecna w systemach uprawnych

W przypadku naszego pola pszenicy z 1994 roku, "panele fotowoltaiczne" drzew w oczywisty sposób solidaryzowały się z roślinami rosnącymi pod nimi. Hipoteza jest taka, że "fundusz alimentacyjny", lub też "gospodarka solidarnościowa" żywych organizmów, pozwoliły roślinom wieloletnim, drzewiastym, o szerokich koronach dobrze wystawionych na działanie słońca, zasilić rośliny zielne o krótkim cyklu rozwojowym trwającym zaledwie kilka miesięcy, pozostającym prawie bez światła w tamtym, trudnym roku 1994. Kreśląc ten wątek w rodzinnym gospodarstwie prowadzącym produkcję roślinną i zwierzęcą, uświadomiliśmy sobie, że te mechanizmy solidarności biologicznej świata ożywionego nie są wyłączną domeną lasów i drzew. Ekosystemy terenów uprawnych – gdy ich biologia jest zarówno aktywna, jak i dobrze zorganizowana pomiędzy głównymi grupami makro- i mikroorganizmów - są zawsze miejscem przebiegu intensywnych mechanizmów redystrybucji bogactwa wytworzonych składników odżywczych. Niejednorodność stanu roślin w polu nie jest jedynie wynikiem różnic glebowych, zawsze wskazuje także na brak solidarności między roślinami, brak systemu redystrybucji wytworzonych dóbr, a zatem na niewłaściwą mikrobiologię gleb, którą należy odbudować.

Pierwszy wniosek: musimy przenieść punkt ciężkości naszej uwagi na funkcjonowanie gleby i życia glebowego. 80% problemów związanych z glebą wynika z jej wadliwego funkcjonowania. Każda interwencja w uprawę ma główny cel, ale ma też skutki uboczne, znane lub nieznane, zamierzone, lub nie. Czy zatem wszystkie nasze działania: uprawa roli, nawożenie, zwalczanie patogenów glebowych itp. powinny być przemyślane i uzasadnione całościowo, tak aby jak najpełniej rozważyć stosunek korzyści do ryzyka? Czy w ramach konsekwentnego takiego podejścia nie należy w każdym naszym działaniu uprawowym uwzględniać roli życia glebowego?

Mikrobiota liści

Drugim sposobem, w jaki żywe istoty komunikują się i współpracują, jest powietrze. Sama fyllosfera jest niezwykle bogatym ekosystemem. Kiedy otwierają się pąki, powierzchnia liścia jest praktycznie sterylna, ale bardzo szybko zostaje skolonizowana przez niezliczoną ilość mikroorganizmów. Zaraz po rozwinięciu pąków i liści są przynoszone na nie, przez wiatr i deszcz, niezliczone bakterie, grzyby i drożdże. Najliczniejsze z nich to drożdże, szczególnie dobrze przystosowane do ochrony przed promieniami słonecznymi produkowaną przez nie melaniną. Istnieje również wiele niepatogennych grzybów, takich jak *Aureobasidium pullulans* i *Cladosporium spp*, które cały swój cykl życiowy prowadzą wyłącznie na liściach. Są one wyposażone przez naturę tak, aby wytrzymać w bardzo szczególnym środowisku, jakim jest powierzchnia liści. Są one uodpornione na zabójcze promieniowanie UV zaciemniając swoje strzępki melaniną, co chroni je również przed nadmiernym odwodnieniem i atakiem bakterii. Żywią się głównie substancjami wydzielanymi przez liście rośliny-gospodarza, które zawierają aminokwasy, cukry i jony pierwiastków, niezbędne do ich wzrostu. Grzyby te zapewniają roślinie-gospodarzowi bierną obronę przed grzybami patogenicznymi poprzez konkurencję pokarmową. Inny przykład ciekawej interakcji: konidia pleśni szarej (*Botrytis cinerea*) obecne na liściu, po zwilżeniu przez rosę lub deszcz wydzielają substancje zawierające wystarczającą ilość aminokwasów i cukrów, aby bakterie mogły rozwinąć się w wystarczającej liczbie w tym miejscu, uniemożliwiając kiełkowanie tych właśnie konidiów. W ten sposób sama choroba karmi "policjantów" odpowiedzialnych za jej ograniczanie.

Im starsze jest drzewo, tym bardziej zróżnicowana jest jego fauna i mikrobiologia, tym większą różnorodność biologiczną ma do ochrony siebie i swoich sąsiadów. A więc pszenica, nowe "dziecko" w ekosystemie, skorzystała z dobroczynnej ochrony "arsenału" swojego starszego brata? Czy zniszczenie fungicydami niepatogenicznych lub wręcz współpracujących z rośliną gatunków drobnoustrojów, zamiast ją chronić, mogło pozostawić ją całkowicie bezradną wobec zagrożeń?

Drugi wniosek: fungicydy, herbicydy, biostymulanty i nawozy, także dolistne z pewnością mają wpływ na florę fyllosfery. Czy zatem nie powinny być one przemyślane, zbadane, zaprojektowane i zarządzane z uwzględnieniem tego faktu?

Niewiarygodna odporność

Te początkowe, zasadnicze pytania mogły jedynie doprowadzić do długich i wciąż trwających poszukiwań. Od tego czasu znaleziono już sporo odpowiedzi. Pojawiły się także inne pytania: **Czy nie poświęcamy zbyt wiele uwagi temu, co jest potencjalnie szkodliwe, toksyczne dla roślin (szkodniki, choroby itp.), a za mało temu, co buduje ich zdrowie, a także zdrowie zwierząt i ludzi (urodzajność w bardzo szerokim znaczeniu)?** Jednym z najbardziej uderzających przykładów, który skłonił nas do zadania tego niepoprawnego politycznie pytania, była katastrofa w Czarnobylu z 26 kwietnia 1986 roku. Wówczas niektórzy ekolodzy przewidywali pojawienie się skutków zbliżonych do księżycowego krajobrazu i zniknięcia większości form życia na skażonych terenach. W czasie samego wydarzenia i krótko po nim rzeczywiście doszło do ogromnych strat we florze i faunie, oprócz tysięcy ludzi, którzy zginęli bezpośrednio, jak i wiele lat po fakcie. Trzydzieści lat później las pokrył 70% obszaru katastrofy, który w tym czasie powiększył się dwukrotnie. "Obecnie trudno znaleźć ślady szkodliwego wpływu promieniowania na faunę i florę w bezpośrednim sąsiedztwie źródła promieniowania (kilka kilometrów od uszkodzonego reaktora), a na pozostałym terenie rośliny i dzikie zwierzęta czują się świetnie dzięki wyeliminowaniu głównego stresora: człowieka" - podsumowali naukowcy z Międzynarodowej Agencji Energii Atomowej w swoim raporcie (IAEA, 2006).

Oczywiście taka katastrofa pozostaje absolutną tragedią, ale jest to kolejny dowód na przystosowanie się form życia do nawet drastycznych zmian środowiska. Stawiamy też hipotezę, że rośliny poddane dużym stresom abiotycznym produkują więcej antyoksydantów, polifenoli, tanin, tokoferoli itp. i pozwalają całemu łańcuchowi pokarmowemu korzystać z tego - nienormalnego, ale na szczęście - wysokiego stężenia cząsteczek chroniących żywe organizmy. Najgorsze nigdy nie jest pewne i mamy dziś dowód, że żadna żyzność i odporność nie jest definitywnie utracona. Ta obserwacja prowadzi nas do istotnego spostrzeżenia także w naszym społeczeństwie, które tak bardzo przejmuje się zasadą ostrożności: **zdrowie jest w takim samym stopniu kwestią obecności podstawowych pryncypiów sprzyjających życiu, jak i braku substancji toksycznych.**

Gleby nie są martwe

Kiedy wyobrażamy sobie, że formy życia mogą wytrzymać ekstremalne warunki panujące w rdzeniach elektrowni jądrowych (*Deinococcus radiodurans jest* odporny na radioaktywność rzędu 15 000 do 30 000 Graya, gdy dawka śmiertelna dla człowieka wynosi 10), głębokich rowach oceanicznych (chemolitotroficzne archeony, które rozwijają się bez energii słonecznej, pod ciśnieniem 1000 atmosfer), ekstremalnie agresywnej kwasowości (*Picrophilus oshimae* wytrzymuje nawet pH 0), ekstremalnych temperatur (niektóre archeony nadal rozwijają się w 120°C) w pobliżu "czarnych kominów oceanicznych" lub w gejzerach. Gdy pomyślimy o niektórych formach życia, takich jak niesporczaki, kuzynach stawonogów, zwierzętach o wielkości około 1 mm, które kolonizują całą naszą planetę i wszystkie środowiska w najtrudniejszych warunkach, które wystawione przez dziesięć dni na działanie próżni kosmicznej i promieniowania ultrafioletowego 1 000 razy większego niż na Ziemi przetrwają dzięki naprawie własnego DNA uszkodzonego przez promienie kosmiczne, są w stanie wytrzymać gigantyczny zakres temperatur, od -270°C do +150°C, całkowitą próżnię i ciśnienie nawet 600 atmosfer. Żyją bez jedzenia i wody przez ponad dziesięć lat! Mogą się odwodnić do poziomu 3%, a następnie "ożywić" po ponownym nawodnieniu. Mogą być zamrożone i wrócą do życia po rozmrożeniu... nawet po 2000 lat! Tak więc, kiedy uświadamiamy sobie wszystkie te niesamowite przejawy życia, tak dalekie od wymagań ludzkiego metabolizmu, jesteśmy zmuszeni dojść do oczywistego wniosku, że gleby muszą zawierać mechnizmy samonaprawy i nieznane nam możliwości odbudowy warstw

ewolucyjnych, które zostały zniszczone przez agresywne praktyki rolnicze. Uprawiane gleby są bardzo odporne i mają niesamowite zdolności do naprawy, o ile przestrzega się kilku prostych zasad. To, co daje im takie zdolności samonaprawcze, to ogromny rezerwuar bioróżnorodności i produktywności, który zawierają, a który jest wciąż w dużej mierze dla nas nieznany i dlatego niedostatecznie wykorzystywany.
Bardzo antropocentryczne jest uważanie zniszczonych, zanieczyszczonych i zerodowanych gleb za "martwe". Prawda jest inna. Nie, one nie są martwe, ale mniej lub bardziej świadomie czujemy, że zniszczona gleba, uszkodzona planeta, a w efekcie tego ekstremalnie zmienione środowisko fizyko-chemiczne będzie zdatne do życia tylko dla "pionierskich" istot, obdarzonych cechami adaptacyjnymi, których ludzie nie posiadają. Człowiek pozostanie biologicznie żywy tylko wtedy, gdy Ziemia i gleba nadal utrzymają temperatury, poziomy pH, charakter powietrza i wartość odżywczą żywności w tych wąskich zakresach, które pozwalają mu przetrwać. Stąd nasze przekonanie, że Człowiek jest żywy, gdy żyje gleba. Ale co więcej, *Homo economicus,* którym jest rolnik będzie w stanie przetrwać tylko wtedy, gdy jego główne narzędzie pracy - gleba - zachowa wystarczającą żywotność, aby zapewnić wszystkie jej naturalne, "bezpłatne" funkcje, takie jak: oczyszczanie wody, regularne odżywianie roślin, zdrowie upraw, magazynowanie węgla. Gleba ma charakter globalny i żadna z tych funkcji nie może być prawidłowo realizowana w oderwaniu od innych.

To jest wybór: wszystko albo nic. Innowacją w tej dziedzinie jest zrozumienie całości.

A

A - ROLNICZY "RENESANS", CZYLI ODRODZENIE

Wreszcie zostanie przyznane, że samo słońce zajmuje centrum świata. Wszystkie te rzeczy są dla nas nauczane przez prawo porządku, w którym następują po sobie i przez harmonię świata, pod warunkiem tylko, że spojrzymy na same rzeczy obojgiem oczu, jak to było.

Mikołaj Kopernik, *De revolutionibus orbium coelestium*, 1543 r.

Przewrót kopernikański umożliwił odejście od geocentrycznej wizji świata na rzecz zrozumienia rzeczywistości heliocentrycznej. "Całością" nie jest system ziemski, gdyż jest on zawarty w układzie słonecznym, który sam znajduje się we wszechświecie. To odwrócenie punktu widzenia głęboko wpłynęło na społeczeństwo w okresie Renesansu. Uważamy, że konieczne przejście od agronomii skoncentrowanej na plonach do podejścia skoncentrowanego na żyzności gleby jest transformacją tego samego rzędu. Zrozumienie źródeł wydajności upraw, miejsce rolnika i miejsce człowieka w agrosystemie będą musiały ulec znacznej zmianie. Aby rolnictwo dokonało transformacji agroekologicznej nie potrzebujemy tylko nowych przepisów. Musimy zmienić wzorce działania i dokonać drugiej Zielonej Rewolucji.

1 SEGMENTACJA WIEDZY

Przykre jest to, że natura mówi, a człowiek nie słucha.
VICTOR HUGO, *Notatniki,* 1870 r.

Współczesne nauki rolnicze zostały zbudowane na segmentacji wiedzy i dziedzin jej zastosowania. Jednak każdy ekosystem, jakim jest również ekosystem rolniczy, stanowi całość, której nie można zredukować do prostej sumy jej części.

1.1 Mocne i słabe strony segmentacji nauki

1.1.1   Owocna specjalizacja działalności człowieka

Podstawowe czynności, które są naprawdę niezbędne dla człowieka, to jedynie: picie, jedzenie, ubieranie się i ochrona przed niedogodnosciami klimatu. Tylko te czynności związane z przetrwaniem i reprodukcją gatunku ludzkiego zajmowały człowiekowi większość czasu przez tysiące pokoleń. Kiedy człowiek po raz pierwszy pojawił się na Ziemi, wszystkie funkcje produkcyjne i konsumpcyjne były realizowane przez tego samego osobnika: ten, kto polował, łowił ryby lub zbierał, konsumował zebrane przez siebie pożywienie. Taki stan rzeczy trwał przez setki tysięcy lat. Powstały wówczas pierwsze zorganizowane społeczności, rozwijające swoje wewnętrzne relacje nieco bardziej złożone, niż proste klany, czy plemiona. Złożoności tej kilkadziesiąt tysięcy lat temu zaczęła towarzyszyć specjalizacja, która znajduje swój wyraz w rzeczach, jakie znajdujemy dziś w wykopaliskach neolitycznych czy paleolitycznych: narzędzia, ozdoby, malowidła, rzeźby ówczesnych ludzi... Początek budowy warstw społeczności ludzkiej prowadził do podziału zadań zależnie od cech indywidualnych, jak np. siły fizycznej, potrzeby uznania społecznego i ambicji. Wodzowie, artyści, kapłani, żołnierze i rolnicy wykonywali bardzo konkretne zadania. Rozwinęła się wiedza wymagająca uczenia się i jej przekazywania; rosnące wyrafinowanie działań i wydajność umożliwiły człowiekowi inwestowanie w niedogodne środowiska, ale także zwiększenie populacji w niewyobrażalnych wcześniej rozmiarach, przy jednoczesnym zmniejszeniu zagrożenia głodem. Maslow, który zaproponował w formie piramidy o tej samej nazwie model etapów motywacji jednostki, podaje również skrót ewolucji ludzkich społeczeństw: po zaspokojeniu podstawowych potrzeb bardzo szybko pojawia się potrzeba zaspokojenia "wyższych" wymagań, takich jak potrzeba rozwoju osobistego, uznania grupy, ascezy estetycznej, a nawet poszukiwań duchowych. Jest to możliwe tylko wtedy, gdy zaspokojone są podstawowe potrzeby, co skutkuje spokojem ducha i swobodą realizowania zainteresowań innych, niż dotąd. Nasi przodkowie osiągnęli ten komfort tylko dzięki racjonalizacji wszystkich procesów życia w społeczeństwie. Nowsze rozwiązania z początku XX wieku, takie jak tayloryzm czy stachanizm, miały niekiedy nieakceptowalne konsekwencje dla jednostek. Faktem pozostaje, że idee te były skuteczne, lecz niehumanitarne. W efekcie przeszły w łagodniejsze formy, które uwzględniały już cechy zasobów ludzkich, takich jak: czas pracy, potrzeba uznania, ewolucja zadań, mobilność pracowników oraz ich edukację.

1.1.2 Nieszczęśliwy brak komunikacji

Jedną z mniej widocznych konsekwencji tej powolnej ewolucji jest odłączenie od siebie jednostek, procesów i działań. Istnieją między nimi relacje i informacje, ale brakuje komunikacji. Zobaczmy, jak silny wpływ ma ten kryzys wywołany szybkim wzrostem na nasze postrzeganie rzeczywistości i na możliwości dalszego postępu, którego jeszcze nie znamy. Nasze społeczeństwo rozwinęło nowy szkielet i mięśnie, ale system nerwowy i krwionośny ze wszystkimi swoimi substancjami informacyjnymi i regulacyjnymi nie dotrzymały temu procesowi kroku. Kiedy producent konsumuje swoje własne produkty szybko zauważa związek między swoimi praktykami a właściwościami organoleptycznymi tego, co spożywa, a każdy rolnik to "widzi i czuje". Ilu z nas traktuje w sposób szczególny to, o czym wiemy, że będzie spożywane przez nas samych lub przez naszych bliskich? Za każdym razem, gdy poszerza się krąg konsumentów, wzrasta anonimowość i brak odpowiedzialności. Z kręgu rodzinnego przeszliśmy do wsi, z gminy do regionu, a teraz z kraju do świata. Przeszliśmy od wszechświata mikroprzedsiębiorstw rolniczych na bardzo małych obszarach, praktycznie autonomicznych i produkujących 90% na własną konsumpcję, do archipelagu wysoce wyspecjalizowanych, wielkich jednostek zaopatrujących rynek światowy. Jak można oczekiwać, że w takiej sytuacji niezadowolenie jednego konsumenta będzie miało jakikolwiek wpływ? Nawet jeśli wskaźniki śledzą jakość produktów, to system reagowania i samoregulacji pozostaje bardzo powolny z powodu przeszkód prawnych, opóźnień administracyjnych oraz, prosto mówiąc, odległości od konsumenta, jego potrzeb i skarg.

Drugim czynnikiem, który utrudnia samoregulację takich struktur i korzystanie ze zdrowego rozsądku jest fakt, że ultraspecjalizacja powoduje powstanie grup badaczy i techników, którzy posługują się językiem niezrozumiałym dla większości obywateli. Ludzie, przeważnie starsi, nie mający szczegółowej wiedzy, bardzo szybko zostają zdegradowani do rangi widzów. Claude Michelet w *Des grives aux loups* opisuje pamiętny epizod pojawienia się traktora w gospodarstwie, gdy spontanicznie mechanik zwraca się do syna (a nie do ojca), aby wyjaśnić, jak działa ta maszyna. Rozwój nowych koncepcji, technik i maszyn nieodwracalnie dyskwalifikuje tych, którzy byli karmieni wiedzą i kulturą innego wieku. Jesteśmy świadkami lekceważenia faktu, że pojawienie się nowych narzędzi nie zmienia podstaw funkcjonowania gleby, agronomii i fizjologii roślin. Zaniedbanie nabytych już doświadczeń jest ogromnym marnotrawstwem wiedzy, utratą sedna wartości żywych bibliotek i niewątpliwie jedną z główną przyczyną złych zmian w praktykach rolniczych. Doprowadziło to do zaniedbania bycia "dobrym gospodarzem" dziedzictwa gleby i do niedopuszczalnych praktyk, takich jak: zaniedbań uprawowych, orki na nieracjonalną głębokość, rezygnacji z roślin strączkowych i poplonów, prowadzenia zmianowania według rynku sprzedaży, a nie zgodnie z agronomią. To wszystko stopniowo doprowadziło do spadku zawartości materii organicznej w glebie, nasilenia jej erozji, ale także wzrostu plonów. Potęga narzędzi mechanicznych i chemicznych doprowadziła ludzi do przekonania, że można pozbyć się wiedzy przodków. **Prawdziwa innowacja jest oparta na wzroście sumy wiedzy i bazuje się na tym, co już wiemy, a nie na zaprzeczeniu tego.** Duża część produkcji rolnej jest po prostu realizacją potrzeb konsumentów. Przez lata konsumenci dawali przemysłowi spożywczemu jasne instrukcje, aby obniżyć koszty żywności. Narzucili również swoje preferencje, aby owoce i warzywa były idealne i wolne od jakichkolwiek wad. Za każdym razem, gdy konsument preferował najtańszy produkt, za każdym razem, gdy odrzucał poplamiony lub wygięty owoc, wydawał niezwykle wyraźne polecenia producentom, przenoszony poprzez łańcuch kierowników sklepów, regionalnych i centralnych skupów, hurtowni i spółdzielni. Nawet dziś wygląd zewnętrzny owoców i warzyw jest często najważniejszym kryterium wyboru. Pakt między rolnikiem a konsumentem z pewnością powinien zostać zrewidowany i bądźmy optymistami, że jest w trakcie rewizji dzięki takim inicjatywom, jak krótkie łańcuchy dostaw i komunikacja supermarketów promująca regionalne zaopatrzenie ze sprawiedliwym wynagrodzeniem dla rolników.

1.1.3 Podnoszenie świadomości

"Zielona Rewolucja" miała jeden cel: zwiększenie plonów. Tak też się stało w wielu krajach świata. Człowiek opracował coraz bardziej wydajne systemy rolnicze, które są jeszcze w stanie wyżywić rosnącą populację świata. Środki chwastobójcze takie jak glifosat umożliwiły uprawę w jednym sezonie dwóch, a w niektórych strefach klimatycznych nawet trzech roślin uprawnych po sobie. Wiele wniosły uproszczone techniki uprawy gleby i siew bezpośredni, zaliczane do praktyk chroniących przyrodę.

Przewidywania Malthusa[2], błędnie zakładające stały poziom technologiczny, nie sprawdziły się. Cele Traktatu Rzymskiego, podpisanego 25 marca 1957 roku, zmierzające do stworzenia rolniczej Europy zostały osiągnięte. Europa, a wraz z nią Francja, stała się więcej niż samowystarczalna żywnościowo, a nawet eksportuje płody rolne. Trwające dziś klęski głodu na świecie są bardziej wynikiem problemów politycznych i złego podziału bogactwa i żywności, niż niezdolności planety do wyprodukowania wystarczającej ilości żywności.

Ta zwiększona wydajność, będąca wynikiem wysokiego poziomu technicznego i zaawansowanej specjalizacji, osiągnęła jednak swoje granice. Naturalna żyzność większości gleb jest niższa, niż przed stu laty i przy zastosowaniu tej samej odmiany, tego samego nawozu i tej samej uprawy, plony będą dziś niższe, niż na początku ubiegłego wieku. Zaczynamy dostrzegać, że coraz większe dawki nawozów mineralnych i organicznych w coraz mniejszym stopniu rekompensują utratę życia w glebie. Ten wyścig jest z gory przegrany z powodów czysto ekonomicznych. Próba "obejścia się" bez darmowych efektów żyzności własnej gleby jest niezwykle kosztowna i w perspektywie prowadzi do braku opłacalności produkcji.

Sprzeczne nakazy

Oszczędzać utrzymując niskie ceny, czy zwracać większą uwagę na dobrostan zwierząt? Oszczędzać na wyglądzie produktu, czy chronić środowisko? Rolnictwo jest uwięzione między sprzecznymi nakazami. W niektórych teoretycznych schematach (np. wg Gregory Bateson'a - szkoła Palo Alto) nie ma tutaj, dobrego, honorowego wyjścia. Respektowanie jednych potrzeb prowadzi bowiem do ignorowania drugich. Żądania dzisiejszych konsumentów wydawałyby się zatem niemożliwe do zaspokojenia, chyba że te nieosiągalne żądania kryją w sobie zupełnie inne pytania, bardziej zniuansowane i trudne do wyrażenia, a dotyczące niezbędnego dialogu w celu lepszego zrozumienia tego, co znajduje się na ich talerzu?
Jednoczesne tworzenie rolnictwa dla życia ludzi i dla przyrody? Te dwa cele są możliwe do zrealizowania w sposób zrównoważony i ze wszech miar pożądany.

1.1.4 Nowy system, który należy zbudować z poszanowaniem dzisiejszej wiedzy

Dziś dobrze znane są szkodliwe skutki niektórych konwencjonalnych praktyk rolniczych. To powiedziawszy niesprawiedliwe byłoby dyskredytowanie rolnictwa z przeszłości w świetle dzisiejszej wiedzy. Rolnictwo, jakie znaliśmy do tej pory, spełniło swoją rolę i właśnie dlatego, że nie jesteśmy głodni, że osiągnęliśmy bezpieczeństwo żywnościowe, możemy teraz wygodnie wyobrazić sobie wybór innych, bardziej szlachetnych ścieżek w kategoriach ekologicznych i ludzkich.

---

[2] Malthusianizm to doktryna, której celem było ograniczenie populacji ludzkiej ze względu na ograniczoność zasobów naturalnych.

Nie należy też całkowicie odrzucać dziedzictwa tego rolnictwa. Dotarcie do jego granic nie oznacza jednak odrzucenia całego rozwoju agrotechnicznego ostatnich pięćdziesięciu lat. Nie popełniajmy błędu całkowitego odrzucenia świata, który się wyczerpał, na rzecz tego, który wygląda promiennie, ale o którym już wiemy, że nie spełni swoich obietnic. Nie popełniajmy błędu, który popełniliśmy siedemdziesiąt lat temu, odrzucając zasady agronomiczne zbudowane dzięki doświadczeniu dziesiątków pokoleń oraczy i hodowców, na rzecz rolnictwa, które za pomocą chemii miało ostatecznie pozbyć się chwastów, pasożytów i chorób. Najlepszym sposobem kierowania na długiej trasie z pewnością nie jest wykonywanie gwałtownych ruchów kierownicą raz w prawo, raz w lewo. Jest to przede wszystkim kwestia identyfikacji kierunku do celu, który chce się osiągnąć. Tutaj podamy metody i drogi, którymi rolnictwo przejściowe może podążać w kierunku nowego jego systemu, który jest w trakcie budowy. W tej fazie ewolucji postaramy się zidentyfikować najbardziej ograniczające czynniki, nie gubiąc **głównego celu, jakim jest rewitalizacja gleby,** ze środkami, które są bardzo różnorodne. Środki, a są to tylko i jedynie środki do osiągnięcia celu, obejmują uprawę roli, gatunki roślin, genetykę, nawożenie i okrywę roślinną. "Mądry człowiek pokazuje księżyc, a głupiec patrzy na palec". Parafrazując to chińskie przysłowie, nie chodzi o to, aby patrzeć tylko na narzędzia, z którymi mamy duże doświadczenie w uprawie roślin okrywowych i siewie bezpośrednim. **Naszym "księżycem" jest żywa gleba.**

1.2 Granice segmentacji rolnictwa: "całość" to więcej, niż tylko suma części

1.2.1 Nauka podzieliła całość na jej poszczególne fragmenty

Współczesne nauki zawdzięczają wiele René Descartes'owi i jego książce *Le Discours de la méthode, pour bien conduire sa raison, et chercher la vérité dans les sciences* (1637). Filozof podaje w niej różne zasady właściwego prowadzenia myśli. Po pochwale wątpliwości "dla każdej rzeczy", wyznacza sobie linię postępowania, "aby każdą trudność podzielić na tyle części, na ile to możliwe, i na tyle, ile to jest potrzebne do lepszego ich rozwiązania". Ta zasada podziału materii badawczej jest podstawą nowoczesnej nauki. Kartezjusz jednak w opisanej przez siebie metodzie myślenia szybko podkreśla potrzebę syntezy, dokonując "wszędzie tak kompletnych wyliczeń i tak całościowych przeglądów, że byłbym pewien, iż niczego nie pominąłem". Trzeba jednak powiedzieć, że współczesna nauka nie wykonuje w wystarczającym stopniu tej niezbędnej pracy polegającej na łączeniu wiedzy i dyscyplin mających między sobą powiązania, a mimo to nasze społeczeństwa rzeczywiście są w stanie rozwinąć wysokowydajne technologie i niezwykle zaawansowane rezultaty w wyspecjalizowanych dziedzinach. Okazało się jednak, że nadal nie są one w stanie w pełni zrozumieć złożonych zjawisk zachodzących w ekosystemach.

1.2.2 Przykład: systematyczne przenawożenie pszenicy uprawianej po pszenicy

Aktualne zalecenia nawozowe dla pszenicy miękkiej są dobrym przykładem, wśród wielu innych, jak rolnicy i szerzej ekosystem uprawny mogą stracić w wyniku fragmentacji badań. Zalecenia techniczne dotyczące nawożenia fosforem i potasem dla uprawy pszenicy po innej pszenicy (tzw. pszenica po pszenicy) są regularnie wyższe, niż dla uprawy tej pierwszej. Jednak teoretycznie nie ma powodu, dla którego ta sama uprawa pszenicy miałaby mieć wyższe zapotrzebowanie na składniki odżywcze. Dla tego samego plonu i tej samej odmiany teoretycznie wymagania są takie same. Dlaczego w tym konkretnym przypadku ekosystem uprawny traci na dostępności tych składników odżywczych? Zapytane o to zespoły fachowców zajmujące się odżywianiem roślin w organizacji stojącej za tymi zaleceniami odpowiedziały po prostu, że z punktu widzenia plonowania przeprowadzone badania "wykazały statystycznie istotne pozytywne reakcje na wyższe dawki nawozów dolistnych". Kryterium "plonu" w żaden sposób nie wyjaśnia mechanizmów związanych z tym zjawiskiem.

- **"Efekt chorób podstawy źdźbła" u źródeł zwiększonego nawożenia pszenicy po pszenicy**

Aby znaleźć sedno zarysowanego tu problemu, należy cofnąć się do globalnego problemu praktyki uprawy pszenicy po pszenicy. Praktyce tej towarzyszy bowiem bardzo często szkodliwe namnażanie się na roślinach pszenicy choroby zbóż zwanej zgorzelą podstawy źdźbła powodowaną przez grzyb *Gaeumannomyces graminis*. Skutkiem tej choroby jest ograniczenie rozwoju korzeni rośliny uprawnej, a tym samym utrata zdolności pszenicy do pozyskiwania składników mineralnych. Łatwiej jest więc zrozumieć, w jaki sposób systemowe przenawożenie w sytuacji uprawy pszenicy po pszenicy poprawia plon.

- **Powiązania między pobieraniem wszystkiego a manganem**

Fitopatologia, mikrobiologia... Inne dyscypliny naukowe są niezbędne dla pełniejszej wizji tego szczególnego problemu, jakim jest nawożenie pszenicy. Już w pierwszej części XX wieku Francuz Albert Demolon (*Dynamique du sol*, Dunod, 1932) podał, jak szkodliwe działanie zgorzeli podstawy źdźbła ustaje po zastosowaniu nawozów organicznych. Prace wykazały także, że podatność zbóż na tę chorobę grzybową jest bardzo duża. Jest to często związane z brakiem dostępności manganu w glebie[3]. W latach 80-90 XX wieku w doświadczeniach wykazano korzystny wpływ aplikacji chlorku manganu oraz obecności wystarczającej ilości manganu w roztworze glebowym na przeciwdziałanie wielu chorobom (Wilhelm i *in.*, 1988). Zgodnie z obecnym stanem wiedzy wydaje się, że to poziom odżywienia rośliny, zwłaszcza manganem na wystarczającym poziomie, nadaje jej odporność na tę chorobę. Taki pożądany poziom odżywienia może być zapewniony nieodpłatnie przez łańcuchy procesów biologicznych w glebie, gdy działają one sprawnie. Życie glebowe jest czynnikiem redukującym związki manganu, czyniąc go biodostępnym dla roślin. Kontekst uprawy pszenicy po pszenicy sprzyjałby występowaniu zgorzeli, ponieważ przedplon pszeniczny tworzy korzystne warunki dla zmniejszenia biodostępności manganu poprzez jego utlenianie.

Na "krótką metę" skuteczne jest stosowanie chlorku manganu do gleby lub na nasiona (stosowanie dolistne nie ma wpływu na tę chorobę). Inne praktyki też mogą wyeliminować negatywne skutki zgorzeli podstawy źdźbła: płodozmian z owsem, którego rizosfera redukuje mangan, wprowadzenie do gleby nawozów organicznych pochodzenia zwierzęcego lub zastosowanie bakterii *Bacillus mucilaginosus* do gleby lub na nasiona, gdyż ma ona zdolność do redukcji manganu i udostępniania go roślinom. Ten czysty i naturalny mechanizm ochrony roślin jest szczególnym przypadkiem zjawisk, które kiedyś dobrze znano jako "naturalną odporność gleby". Istnieją setki innych. Jeśli chodzi o samą odporność gleby, to wiemy obecnie, że mechanizmy te obejmują złożone interakcje mikroorganizmów i że to właśnie one tworzą owe "glebowe czynniki odżywcze i odpornościowe".

1.2.3 Wnioski

Jakie wnioski można z tego wszystkiego wyciągnąć? Agronomia nie uniknęła nadmiernej specjalizacji działów badawczych. W rezultacie wszystkie złożone zjawiska związane z żywymi organizmami i obejmujące wiele czynników są dość systematycznie ignorowane z powodu ich komplikacji i rzadko badane w całości. Sukcesy produkcyjne rzadko są analizowane w celu znalezienia ich przyczyn, co prowadzi do fałszywego modelowania relacji gleba-roślina zgodnie z zasadą: jeden problem, jedno rozwiązanie. I właśnie tyle wiemy o skutkach ubocznych, o wielofunkcyjności, o złożonych interakcjach, a w efekcie też tyle o całym życiu.

---

[3]Timonin, 1972; Arnott i inni, 1991 Heckman *i inni*, 2003, Mathre, 1995, Singleton *i inni,* 1992.

2 ODBUDOWA ZWIĄZKU MIĘDZY ŻYZNOŚCIĄ GLEBY A ZDROWIEM ROŚLIN

Podział agronomii na odrębne specjalności był częściowo szkodliwy dla rolnictwa. Istnieją dwie dziedziny, które szczególnie zasługują na powiązanie ze sobą. Są to z jednej strony ochrona i zdrowie roślin, a z drugiej żyzność gleby. Tutaj zobaczymy, jak te powiązania są tworzone i jak razem stanowią podstawę nowego podejścia do gleb. Szacujemy, że co najmniej 80% problemów z roślinami rolniczymi jest związanych ze złym funkcjonowaniem gleby.

2.1 Wpływ środków biobójczych - "cydów" - na naturalną odporność gleb

W książce *Santé des plantes, une révolution agricole* (1985) Francis Chaboussou, honorowy dyrektor ds. badań w INRA od prawie pięćdziesięciu lat, wychodzi od obserwacji, podając dziesiątki przykładów, że "naturalna odporność gleby" pochodzenia mikrobiologicznego jest niszczona przez stosowanie środków ochrony roślin.

Powszechne stosowanie agrochemikaliów miało rzeczywiście niezamierzone skutki uboczne dla życia w glebie i dla mechanizmów życiowych, które zapewniały "całkowitą niezgodność między patogenem a systemem gleba-roślina". Agrocenozy, które nigdy nie pozwalały patogenowi na nadmierny rozwój, stały się na niego podatne. Stwierdzenie Francisa Chaboussou opiera się na udokumentowanym przypadku fuzariozy melonów. Choroba ta pojawiła się w ogrodach w dolnej części doliny Durance, które do tej pory były całkowicie wolne od niej, ale tylko tam, gdzie zastosowano programy fumigacji lub termicznego odkażania gleby przeciwko korkowaceniu korzeni. Wiedząc, że biologia gleby ma istotny wpływ na te naturalne zjawiska odporności, łatwo zrozumieć, w jaki sposób "cydy" lub inne destrukcyjne zabiegi na żywych roślinach mogą stłumić funkcjonowanie takich mechanizmów. Ponadto, często mówimy o chorobach "importowanych". Czasami rzeczywiście jest to import egzotycznego szkodnika, szczególnie dobrze przystosowanego do lokalnych warunków i dla którego system glebowy nie miał jeszcze okazji wypracować skutecznych mechanizmów obronnych w ciągu ostatnich stuleci. Ale bardzo często to nie import szkodnika jest odpowiedzialny za jego bujny rozwój, lecz blokady własnego ekosystemu gleby, które zostały przerwane przez wielokrotne stosowanie szkodliwych dla nich związków chemicznych lub innych praktyk uprawowych.

2.2 "Cydy" mają czasami przejściowe "pozytywne" działanie w glebie

Właśnie przekonaliśmy się, że biocydy są regularnie przyczyną biologicznych dysfunkcji w glebach. Ich działanie może na przykład tłumić zdolność gleby do uodparniania roślin na choroby lub szkodniki. Czasami biocydy, w zależności od zastosowanych związków i metod aplikacji, są w **krótkim okresie** bardzo korzystne dla fizjologii roślin uprawnych i ich wydajności. Stosowaniu insektycydów zakazanych we Francji, takich jak metam sodowy, siarczki karbonylowe, karbofuran czy chloropiryfos, często towarzyszy natychmiastowy efekt "pobudzenia" wzrostu wegetatywnego roślin. Wydaje się, że działają one jak nawóz. W jaki sposób ten obserwowany wzrost wigoru mógłby być związany wyłącznie z bezpośrednim działaniem cząsteczek chemicznych? Bardziej realistyczną hipotezą jest uznanie, że uboczny efekt zniszczenia życia w glebie uwalnia obfitość składników odżywczych. Pozytywne efekty pojawiają się wówczas w wyniku lepszego poziomu odżywienia roślin zapewnionego przez zastosowanie "cydu", który powoduje uwolnienie składników odżywczych zawartych w zniszczonych organizmach żywych.

2.2.1 "Cydy" tworzą chwilową żyzność

Plony rolnicze można znacznie zwiększyć niszcząc większość form życia obecnych w glebie i obniżając poziom materii organicznej. W rzeczywistości cała materia mineralna i organiczna stanowiąca budulec tych żywych organizmów lub z nich pochodząca może być wykorzystana przez rośliny.

Można więc powiedzieć, że w wielu przypadkach stwierdzenie zwiększonych plonów w projektach doświadczalnych o solidnych podstawach statystycznych pozytywnie usankcjonowało pewne rozwiązania techniczne, nawet jeśli wzrost plonów był jedynie wynikiem zniszczenia życia w glebie.

Doprowadziło to do ogólnego zubożenia bioróżnorodności gleby i w konsekwencji do spadku poziomu materii organicznej.

2.2.2 Utrata wartości gleby

Wszystkie produkty "cydowe" są z konieczności krokiem wstecz pod względem agronomicznym. Zaobserwowana skuteczność "cydu" na polu oznacza po prostu, że jedno z ogniw samoregulacji ekosystemu uległo uszkodzeniu, a jego nie działająca funkcja regulacyjna została na pewien czas uzupełniona produktem stworzonym przez człowieka. Oczywiście jest to działanie gwałtowne, które zapowiadać może kaskadowy upadek dużo większej liczby z nim powiązanych ogniw w świecie żywym. Gdy rośnie opór patogenów, porażki zaczynają się mnożyć, a działania trafiają w coraz liczniejsze ślepe zaułki. Jest to walka, w której człowiek zawsze będzie skazany na przegraną. Im bardziej sztuczne i nienaturalne staje się środowisko uprawy, im bardziej oddala się ono od biologicznego optimum i równowagi samoregulacyjnej, tym więcej pojawiać się będzie gatunków inwazyjnych i ekstremofilnych znajdujących sprzyjające im warunki konkurencji wobec roślin uprawnych (patogeny, chwasty itp.).

2.2.3 Wnioski

Zbyt często nowoczesne rolnictwo budowało swoje sukcesy plonotwórcze na popiołach życia w glebie, niszcząc jej zasoby. Ocena efektów niezamierzonych, ubocznych była i jest przeprowadzona w bardzo ograniczonym zakresie ze względu na stopień komplikacji materii badawczej i brak wiedzy. Agronom Francis Chaboussou w swojej książce *Plants Sick of Pesticides* (2011) był prekursorem tej idei i zidentyfikował ważne mechanizmy. Z *Kompendium niezamierzonych skutków stosowania środków ochrony roślin* (2002) wynika, że bardzo mało badań dotyczyło niezamierzonego wpływu na mikrobiologię i żyzność gleby. W raportach badawczych nie poświęcono temu zagadnieniu żadnego rozdziału. Świadczy to o dużej jednostronności wymaganych w tym czasie prawem europejskim badań środków ochrony roślin.

2.3 Trofobiozy: rośliny zaprogramowane na podatność lub odporność

2.3.1 Nowe spojrzenie na epidemie szkodników

Badania Francisa Chaboussou (2011) pokazały, że możemy pójść znacznie dalej w identyfikacji powiązań, jakie zauważamy między żyznością gleby a zdrowiem roślin. Weźmy przykład epidemii mszyc. W środowisku naukowym powszechnie przyjmowało się, że przemieszczanie się mszyc (lub innych owadów klasyfikowanych jako szkodniki upraw, takich jak stonka ziemniaczana) i ich ogniska występowania są przypadkowe, nieprzewidywalne przy obecnym stanie wiedzy. W związku z tym w badaniach w dużej mierze porzucono ideę poszukiwania przyczyny tych zjawisk i skupiono się na niszczeniu szkodnika, nie określając przyczyn jego występowania w konkretnym miejscu.

Szkodniki wybierają swój cel na podstawie wartości odżywczej

Zagadnienie złożonych relacji pomiędzy szkodnikami upraw a ich żywicielami została podjęta już w latach 70. przez Francisa Chaboussou. W swojej teorii trofobiozy[4] ustalił on, że "wszystkie procesy życiowe zależą od zaspokojenia potrzeb żywego organizmu, niezależnie od tego, czy jest to wirus, roślina czy zwierzę" i że, odpowiednio, "każdy pasożyt staje się zjadliwy tylko wtedy, gdy

---

[4] Trofobioza: związek troficzny między dwoma gatunkami, w których jeden dostarcza pożywienia drugiemu. Teoria trofobiozy zakłada, że szkodnik atakuje swój cel tylko wtedy, gdy sam cel jest przystosowany do dobrego odżywienia szkodnika.

napotka w roślinie potrzebne mu elementy odżywcze". Organy rośliny zostaną zaatakowane tylko "w takim stopniu, w jakim ich skład biochemiczny odpowiada wymaganiom troficznym danego pasożyta". Najczęściej przyjmowane wyjaśnienia rozprzestrzeniania się pasożytów (takich jak wspomniany wyżej przykład mszyc) powołują się na obecność tych organizmów szkodliwych w środowisku lub brak elementów samoregulacyjnych, w szczególności drapieżników (stąd pomysł ich wykorzystania, np. takich jak biedronki). Zjawisko trofobiozy pokazuje nam jednak, że w roślinie istnieje realny determinizm do bycia zaatakowanym przez pasożyta wskutek atrakcyjności pokarmowej wynikającej ze stanu fizjologicznego rośliny, który sam w sobie jest zależny od sprawności łańcuchów troficznych i żyzności w glebie. Wszystkie rośliny mają mniej lub bardziej skuteczne własne mechanizmy ochronne: fizyczne (kolce, włoski, grube skórki...) oraz chemiczne (wtórne metabolity obronne), a także pasywną obronę: skład tkanek i soków. Nawet przy tej samej genetyce (ta sama odmiana) mamy środki, aby utrzymywać rośliny tak zdrowe, jak pozwala na to ich genetyka, bez bezwzględnej konieczności wspierania się fungicydami, czy insektycydami. Pojawienie się szkodników związane jest z powstaniem warunków troficznych, które są dla nich wyjątkowo atrakcyjne.

Pasożyty, czyli "czyściciele" ekosystemu

Pasożyt, jakim jest owad, wykonuje pracę, do której wybrały go ekosystemy podczas tysięcy lat ewolucji: oczyszcza i zjada rośliny słabe, mało konkurencyjne i oznaczone jako „bez przyszłości" w ekosystemie. Philip Callahan, amerykański entomolog, który stworzył tę teorię, wykazał poprzez przekonujące eksperymenty prawdziwość tego zjawiska. W swoich badaniach oparł się na fakcie, że widmo światła odbitego od roślin zmienia się w zależności od zawartości w nich cukrów i minerałów. Owady mają wzrok, który pozwala im wykrywać atrakcyjne rośliny na duże odległości zgodnie z ich widmem światła w zakresie 300-650 nm, ale najlepiej między 300-420 nm, który obejmuje światło niebieskie, zielone i UV. Sygnały wysyłane przez „słabe" rośliny są wykrywalne nawet z odległości kilku kilometrów. Umieszczając niedożywioną roślinę o niskim Brix (niski poziom cukru w soku) za zwykłą szklaną płytką, która nie przepuszcza promieni podczerwonych, a po drugiej stronie za tworzywem przepuszczającym promienie podczerwone, obserwuje się następujące zjawisko: owady gromadzą się na powierzchni tworzywa (przepuszczając podczerwień) w nadziei na żer. Zwykła szklana powierzchnia nieprzepuszczająca promieni podczerwonych nie jest dla nich interesująca. Loty owadów nie są przypadkowe, kierują się one widmem światła odbitego od roślin (w zakresie 300-650 nm) określanymi przez sam poziom odżywiania roślin także zależny od życia w glebie.

2.3.2 Rośliny chronione przez swoje białka i cukry złożone

Stan odżywienia rośliny odgrywa dużą rolę w jej podatności na pasożyty.

Jaki jest jednak pożądany stan odżywienia i jak można go promować? Od Francisa Chaboussou wiemy, że dobra kondycja roślin wiąże się z wysokim poziomem produkcji białek i cukrów złożonych przez roślinę, a także, gdy synteza białek w znacznym stopniu dominuje nad ich rozkładem. Sugeruje on również, że rozpuszczalne związki azotu są najważniejszym elementem odżywczym dla rozwoju różnych chorób. Rośliny o wydajnej syntezie białek i cukrów mogą być nieatrakcyjne, a nawet toksyczne dla pasożytów. Natomiast rośliny bogate w elementy rozpuszczalne (rozpuszczalny azot, sole mineralne, aminokwasy, cukry itp.) sprzyjają zainteresowaniu nimi pasożytów. Jest to jeden z powodów, dla których pewne nadmiary wigoru wzrostowego są szkodliwe dla roślin o wysokim stężeniu rozpuszczalnych związków azotu w tkankach, sprzyjając rozwojowi szerokiego spektrum pasożytów.

Jednocześnie okazuje się, że efektywna synteza białek i cukrów złożonych w roślinach zachodzi na glebach, które doskonale odżywiają rośliny. Gleby bogate w mikroelementy, takie jak gleby wulkaniczne, są często glebami "odpornymi na obecność patogenów roślin". Zatem pośrednio pasożytnictwo jest ułatwiane przez liczne niedobory w glebie, z których wiele jest powodowanych przez praktyki agronomiczne, szczególnie przez stosowanie środków ochrony roślin. Ten ustalony związek pomiędzy żyznością gleby a syntezą związków złożonych w roślinie (białka, cukry, kwasy nukleinowe oraz substancje obronne) stanowi sedno praktyk nawożenia, jakie przewidujemy.

Kontrola zdrowia dzięki dostępności mikroelementów

Wielu rolników uważa, że doglebowe stosowanie mikroelementów jest nieprzydatne w odróżnieniu od aplikacji dolistnych. Jednak mikroelementy są również przydatne, a nawet niezbędne do aktywacji drobnoustrojów glebowych i ich zestawu enzymów, jako prekursorów efektywnej syntezy białek. Jeśli roślina potrzebuje dolistnego nawożenia mikroelementami, jest to znak, że żyzność gleby jest wadliwa, a jej zasobność nie spełniła należycie swojej roli.

2.3.3   Poziom cukru - dobry wskaźnik ochrony

Inwazja omacnicy prosowianki na kukurydzę pokazuje, że istnieje pozytywny związek między szkodnikiem a atrakcyjnością miejsca ataku. Infekcja – miejsce wgryzienia się gąsienicy - jest bardzo często zlokalizowane u podstawy kolby kukurydzy. Kiedy mierzy się poziom cukru za pomocą refraktometru w różnych miejscach rośliny kukurydzy, standardowo stwierdza się niższe stężenie cukru u podstawy kolby, niż w niej samej. Jest ono niższe, ponieważ kolba gromadząc cukry zasysa i zmniejsza ich zawartość u nasady na łodydze. Takie warunki są korzystne dla rozwoju gąsiennicy, gdyż przy zbyt dużym stężeniu cukrów w soku zwiększa się ryzyko wystąpienia fermentacji alkoholowej w otoczeniu i w układzie pokarmowym larwy. Sok rośliny stanowi wówczas ryzyko zwiększonej toksyczności dla szkodnika. Alternatywnym i zrównoważonym rozwiązaniem w walce ze szkodnikami jest stworzenie korzystnych warunków odżywczych, które pozwalają roślinie na produkcję soku odpowiednio bogatego w cukier, witaminy, minerały, jak i substancje obronne. Owady, przed złożeniem jaj, są w stanie wizualnie ocenić stan odżywienia oraz oporności rośliny i wybrać odpowiadającą ich potrzebom.

2.3.4 Trofobiozy stosowane do chorób zarodnikowych: przykład Esca w winorośli

Zjawisko trofobiozy, jako uzależnienia od atrakcyjności rośliny atakowanej, dotyczy nie tylko szkodników owadzich i roztoczy. Dotyczy ono również wielu chorób. Oto przekonujący przykład ze zwalczania Esca. Ta grzybowa choroba zarodnikowa atakuje drewno winorośli. Jej występowanie jest niezwykle częste, szczególnie we Francji, gdzie jest uważana za "najbardziej niepokojącą chorobę drewna winorośli" (Lecomte *i in.*, 2019). Według DGAL (Direction Générale de l'ALimentation, 2012) 13% francuskich winnic jest dotkniętych chorobami drewna. Esca objawia się nagłą śmiercią winorośli, najczęściej po naprzemiennych okresach niedostatku i nadmiaru wody, po których następują wilgotne upały. Chorobę wywołuje kilka gatunków grzybów, z których najlepiej udokumentowane to *Phaeomoniella chlamydospora*, *Botryosphaeria* spp, *Phaeoacremonium aleophilum* i *Fomitiporia mediterranea* (anc. *Phellinus*). Rozwój tej flory grzybowej powoduje zablokowanie tkanek przewodzących roślin. Rośliny bez przepływu soków giną. Dzisiejsze chemiczne metody zwalczania tej choroby są nieskuteczne.

Wielokrotnie już stwierdziliśmy, że winorośl o dobrym stanie ukorzenienia jest mniej podatna na tę chorobę. To skłoniło nas do zalecenia wielu plantatorom, aby zintensyfikowali swoje wysiłki w celu osiągnięcia większej głębokości ukorzenienia. Wyniki te zostały osiągnięte poprzez wdrożenie działań opisanych w rozdziałach 18 i 19.

Ale jak działania podjęte na glebie mogą poprawić kondycję drewna? Tu znów musimy wrócić do zasad trofobiozy (preferowanie przez szkodnika celu, który jest dla niego najlepiej przystosowany z punktu widzenia żywieniowego). Po okresie suszy, powrót wody sprzyja przyspieszonej mineralizacji materii organicznej w glebie i udostępnieniu roślinom dużej ilości składników odżywczych. Sok bogaty w pobrane, rozpuszczalne pierwiastki, nagle i szybko staje się korzystnym podłożem wzrostu dla Esca. Gdy winorośl jest głębiej zakorzeniona (a nie tylko w powierzchownych strefach gleby, w których tempo mineralizacji jest zmienne), jest ona wyraźnie mniej wrażliwa na zmiany stężenia pierwiastków rozpuszczonych w roztworze glebowym. Zatem praca nad głębokością ukorzenienia winorośli jest przydatna nie tylko do zwiększenia objętości gleby eksplorowanej przez korzenie rośliny. Wpływa również na jakość i stabilność zaopatrzenia rośliny w składniki pokarmowe, jej zdolność do wytwarzania złożonych węglowodanów, białek i innych substancji, które chronią ją przed agresją z zewnątrz. Wszystko, co poprawi odżywienie rośliny, ochroni ją również przed atakiem owadów, roztoczy czy grzybów.

2.3.5 Wiele instrumentów "ochrony składnikami odżywczymi" ("Nutriprotection")

Bardzo szeroka gama pasożytów działa zgodnie ze swoim celem na zasadzie trofobiozy, która w dużym stopniu zależy od odżywiania rośliny przez glebę. W przypadku zwalczania Esca w winorośli podkreślamy skuteczność związaną z poprawą głębokości ukorzenienia winorośli.

Jednak ukorzenienie nie jest jedynym dostępnym instrumentem, gdyż naturalna lub wprowadzona aktywna mikrobiologia ryzosfery (*np. Bacillus mucilaginosus*) może odgrywać rolę w tworzeniu przydatnego roślinie charakteru roztworu glebowego, jego pobierania oraz specyficznego transportu.

Nasze doświadczenie pokazało, że działając na rzecz przywrócenia prawidłowych funkcji gleby możemy uzupełnić większość jej niedostatków, z jakimi borykają się ekosystemy rolnicze, stosując proste rozwiązania, zarówno pojedynczo, jak i w połączeniu z innymi.

2.3.6   Rośliny chore wskutek naszych praktyk

Nasze praktyki często prowadzą do zwiększenia podatności naszych upraw na atak szkodników i chorób. Ogólnie rzecz biorąc, nasze praktyki rolnicze systematycznie powodują pogorszenie stanu ciągłości łańcuchów troficznych. W ten sposób zubożone zostaje również odżywianie roślin. To obniżenie poziomu aktywności życiowej gleby i stosowanie dolistnych środków ochrony roślin zaburza fizjologię roślin, utrudnia syntezę białek i w konsekwencji czyni rośliny bardziej atrakcyjnymi dla różnych patogenów. Nadmierne dawki azotu w połączeniu z użyciem niektórych syntetycznych substancji czynnych, głównie opartych na chlorze, mogą uczestniczyć w zmniejszaniu syntezy białek, a jednocześnie sprzyjać gromadzeniu się w roślinach prostych form azotu, czyli jonów NO_3^-. Zwiększa to podatność roślin uprawnych na atak patogenów. Triazole generują te same zjawiska. Regulatory wzrostu zaburzają metabolizm roślin i są szczególnie skuteczne w powodowaniu przewagi rozkładu białek nad ich syntezą (często po zastosowaniu regulatorów wzrostu na pszenicy ozimej dochodzi do silnych infekcji septoriozy paskowanej). Strobiluryny i związki z grupy SDHI (inhibitory dehydrogenazy bursztynianowej) mają niewielki wpływ na metabolizm roślin, ale bardzo wyraźny negatywny wpływ na mikrobiologię gleby ograniczając populację grzybów glebowych - podstawczaków i workowców.

Fotoperiodyzm, szczepienie, poziom natlenienia gleby, zaopatrzenie w wodę, równowaga mineralna roztworu glebowego, zróżnicowana aktywacja hormonów... Ustalono, że w głównych równowagach między tworzeniem białek a ich rozkładem odgrywają rolę także inne czynniki i że powinny być one brane pod uwagę. Pewne fazy fenologiczne związane są z dominującymi reakcjami rozkładu białek, a więc stanowią fazy wrażliwe. Tak jest w przypadku faz kwitnienia oraz wczesnego owocowania. Funkcje syntetyzowania w roślinie są wówczas częściowo zastępowane przez reakcje rozkładu różnych substancji, w tym białek, w celu dostarczenia materiału do rosnących organów generatywnych. Fazy kwitnienia, to często pierwsze okresy wrażliwości na szkodniki zarówno dla roślin wieloletnich, jak i jednorocznych. W tych okresach istotne jest, aby gleba była w stanie dostarczyć wszystkich głównych pierwiastków i mikroelementów niezbędnych do wznowienia procesów syntezy białek.

Praktyki fitosanitarne, zwłaszcza stosowanie fungicydów, w dużej mierze przyczyniły się do zniszczenia lub zahamowania rozwoju grzybów glebowych budujących próchnicę oraz grzybów mykoryzowych. Ich miejsce zajęły inne organizmy bardziej przystosowane do gleb zdegradowanych lub pogarszających się warunków glebowych, czasem organizmy ekstremofilne. Za tym przesunięciem przewagi zespołów mikroorganizmów w kierunku bardziej agresywnych i lepiej przystosowanych do złych warunków, kryje się pogorszenie funkcji biologicznych, w tym zwłaszcza tych, które zapewniają ciągłość łańcucha pokarmowego: gleba-roślina. Zanim zaczną cierpieć rośliny wskutek naszych praktyk, naruszana jest ciągłość funkcji gleby, co pogarsza jej żyzność.

Naukowcy rolnicy

Dziś garstka pionierskich rolników we Francji czuje, że coś poszło nie tak z ich praktykami. Podejmują oni, samodzielnie lub w grupach, eksperymenty w swoich gospodarstwach z inną, bardziej "globalną" formą agronomii w ramach szerokiej gamy organizacji: A2C, CDA, La Vache Heureuse, BASE, VdT Production, GIEE, Groupe 30000 itd. Dziś rolnicy są jedynymi, którzy mogą wykonywać tę pracę, zdając się na specjalistyczne badania organizacji naukowych, które są, niestety, strukturalnie i kulturowo źle przygotowane do badania złożonych systemów. Książka ta jest również dedykowana tym nowym pionierom agronomii.

2.4 Przewaga konkurencyjna chwastów

Umieszczenie nasion w glebie, optymalna głębokość siewu, zlokalizowane nawożenie, zabiegi herbicydowe, mechaniczne niszczenie siewek chwastów itp. - duża część działań rolnika polega na zapewnieniu jego uprawom przewagi konkurencyjnej nad innymi organizmami. W momencie, gdy warunki glebowe przestają być zrównoważone pod względem odżywiania, struktury, dostępności wody itp. przewaga zapewniona przez rolnika zanika. Słaby rozwój korzeni, susza, wadliwy redoks gleby, brak równowagi mineralnej... Inne rośliny spośród palety gatunków obecnych w glebie mogą zyskać dużą przewagę konkurencyjną i adaptacyjną, gdy warunki glebowe są niezrównoważone lub ekstremalne. Roślina uprawna jest wtedy mniej konkurencyjna i przegrywa w wyścigu o dostęp do zasobów środowiska.

Tak więc, przywracając zrównoważone warunki w glebie tworzymy warunki dla poprawy konkurencyjności rośliny uprawnej w środowisku. Może to być część rozwiązania problemu chwastów, które stały się inwazyjne lub nawet odporne na herbicydy. W doświadczeniach, które przeprowadziliśmy na poletkach doświadczalnych obserwowaliśmy w jakim stopniu praktyki przywracania prawidłowej biologii gleby poprzez zabiegi Nutriprotection (patrz punkt 2.3.5) pozwoliły na zmniejszenie uciążliwości zachwaszczenia życicy trwałej odporną na herbicydy turzycą, gdy parcela kontrolna pozostawała zachwaszczona. Praktyki rewitalizacji gleby skutecznie przywracają konkurencyjność roślin uprawnych w stosunku do roślin niepożądanych.

2.4.1 Ograniczenie własnych wydatków rośliny

Najnowsza praca Oliviera Hussona (CIRAD) sugeruje nowy powód, dla którego rośliny uprawne są dobrze konkurujące o zasoby środowiska w warunkach gleb neutralnych lub słabo kwaśnych. W trakcie rozwoju rośliny te modyfikują środowisko glebowe w pobliżu swoich korzeni. W ten sposób promują utrzymanie neutralnego lub lekko kwaśnego odczynu w ryzosferze oraz, jak zobaczymy później, neutralnego lub lekko zmniejszonego potencjału redoks. Ten proces modyfikacji środowiska korzeniowego tworzy kontrolowane warunki dla rośliny, korzystne dla jej odżywiania i określonych populacji drobnoustrojów. W środowiskach o pH (lub redoks) gleby znaczaco odbiegającym od neutralnego rośliny zmuszone są do wydatkowania znacznych ilości energii w procesach kontroli i optymalizacji środowiska korzeniowego. Rośliny uprawne nie były nigdy selekcjonowane, ani hodowane, pod kątem ich zdolności do kontrolowania środowiska glebowego. Inne, dzikie rośliny rozwinęły w ciągu milionów lat naturalnej selekcji, zdolność korzystania z tego typu gleb i mechanizmów. W rezultacie, w glebach kwaśnych, czy zasadowych, jak i przy nieodpowiednim stosunku jonów, rośliny uprawne wydatkują dużo więcej energii na kontrolowanie środowiska ryzosfery, niż rośliny dzikie. Oznacza to, że część ich energii jest tam przekierowana z produkcji swojej biomasy, a tym samym z plonów, skutkiem czego są one mniej konkurencyjne w stosunku do lepiej wyposażonych chwastów. Co więcej, ten brak konkurencyjności i osłabienie roślin może być interpretowany przez organizmy pasożytnicze, jako łatwy łup. Utrzymanie zrównoważonych warunków w zakresie parametrów fizykochemicznych gleby przyczynia się więc do zwiększenia wydajności upraw, a także do ich odporności. Przywrócenie równowagi mineralnej w glebach, jak zobaczymy później, jest niezbędne, aby nawożenie stało się nie tylko narzędziem zwiększającym wydajność upraw, ale także skutecznym instrumentem do osiągnięcia rolnictwa zmniejszającego potrzebę korzystania ze środków ochrony roślin. To właśnie w glebie tkwi największy potencjał poprawy produktywności roślin uprawnych! Osiąga się ją poprzez żyzność gleby, a nie poprzez stosowanie środków chemicznych, których stosowanie może być jedynie drugą linią obrony.

- **Inteligencja organizmów żywych**.
  Roślina "inwestuje" część swojej produkcji fotosyntetycznej w ryzosferę, aby zapewnić:

  1) swój wzrost poprzez aktywację zjawiska RPE (*Rhizosphere Priming Effect*), które prowadzi do mineralizacji próchnicy i pozyskania składników mineralnych;

  2) poprawę środowiska korzeniowego: pH, redox, równowagi mineralnej – odpowiednio do jej potrzeb. Funkcja ta jest wydatkiem niezbędnym, ale nie wpływającym bezpośrednio na produktywność.

2.4.2 Przywrócenie równowagi w glebie

Brak zrównoważenia w glebie nie jest jedynym wytłumaczeniem pojawiania się przewagi chwastów. Chyba każdy rolnik zauważył wpływ swoich praktyk uprawowych na pojawienie się chwastów. Na przykład uprawa wilgotnej gleby sprzyja pojawieniu się gwiazdnicy pospolitej i rumianku. Jeśli pozwolimy glebie obeschnąć, gatunki te nie pojawiają się w dużym natężeniu. W zależności od praktyki rolniczej nisze ekologiczne mogą, ale nie muszą, tworzyć się dla poszczególnych chwastów. Niektóre uśpione nasiona chwastów skiełkują tylko w specyficznych warunkach. W swoim *Fascicule des conditions de levée de dormance des plantes bio-indicatrices,* Gérard Ducerf (2015) opisuje, w zależności od gatunku roślin, niekiedy zadziwiające mechanizmy wschodów siewek w wyniku np. wzrostu stężenia dwutlenku węgla w glebie, a także wzrostu stężenia metanu bądź też ujemnego potencjału redoks. Te zdolności do "budzenia" różnych gatunków roślin w określonych warunkach ekosystemu są niewątpliwie dziedzictwem jego funkcji samokontroli. Chwasty są więc często roślinami pionierskimi w trudnych i niezrównoważonych środowiskach. Ich funkcja ekologiczna polega na przywróceniu bardziej zrównoważonych stosunków w środowisku. Na glebach glejowych znaczącą rolę w spełnianiu tej funkcji pełnią na przykład szczawie. Dzięki silnemu systemowi korzeniowemu naprawiają i strukturyzują glebę poprawiając wsiąkanie i podsiąk wody. W ten sposób przygotowują grunt pod późniejsze zasiedlenie przez inne, bardziej wymagające rośliny i nową biocenozę. Dzięki sukcesji tych przejściowych biocenoz ekosystem stopniowo osiąga równowagę i w naturalny sposób zbliża się do punktu kulminacyjnego, czyli do pełnej funkcjonalności. Chwasty pełnią więc również swoją pozytywną rolę w ekologii środowisk.

Rośliny nie są leniwe, ale mogą być pozbawione możliwości wzrostu

Roślina, która w swoim najbliższym środowisku znajdzie wszystko, czego potrzebuje, nie przestanie rosnąć i poznawać otoczenia. Przeciwnie, jej celem jest maksymalne zajęcie swojej niszy ekologicznej. Roślina nigdy nie jest "leniwa" (może jednak dawać sygnały pozornego "lenistwa", które jednak trzeba właściwie zinterpretować). Wzrost korzeni nigdy nie jest ograniczany przez korzystną żyzność gleby. Dlatego w interesie rolnika jest stworzenie jak najlepszych warunków glebowych w momencie sadzenia i siewu. Nawozy startowe, jeśli są stosowane prawidłowo, mogą skutecznie zwiększać poziom ukorzenienia roślin w ciągu całego cyklu uprawy. Jednak zbyt obfite i niezrównoważone nawożenie może być szkodliwe dla zbudowania korzystnej mikroflory glebowej (mikrobioty), w tym grzybów mykoryzowych. Przekonamy się o tym w rozdziale poświęconym nawożeniu.

Nie ma roślin "leniwych", ale są rośliny, które są "pozbawione mikrobioty".

2.4.3 Pestycydy: rozwiązanie awaryjne

Nie oddzielamy rolnictwa i organizmów żywych połączonych żyznością gleby i zdrowiem upraw od stosowania środków ochrony roślin, zarówno syntetycznych, jak i naturalnych (np. olejków eterycznych). Ostatni wielki głód w Europie miał miejsce w Irlandii w połowie XIX wieku, zabijając milion ludzi i skazując dwa miliony ludzi na emigrację głównie do Stanów Zjednoczonych. Przyczyna? Zaraza ziemniaka (*Phytophtora infestans*), głównego wówczas pożywienia Irlandczyków. Nie istniały wówczas skuteczne środki ochrony przed tym patogenem. Nie oczekując kolejnych wielkich, zbiorowych klęsk głodu, warto wiedzieć, że na szczeblu globalnym rezerwy żywności wahają się od 70 dni do 120 dni konsumpcji i wiedząc, że indywidualnie żaden kraj, żaden sektor, żaden rolnik nie może sobie ekonomicznie pozwolić na rok bez produkcji. Nie da się zwalczać wirusów ani innych plag, bakterii, grzybów itp. herbatkami ziołowymi. W całej książce zobaczymy, że zdrowie buduje się poprzez zrównoważone nawożenie mogąc je utrzymać za pomocą naturalnych i mało szkodliwych preparatów, ale mimo to "zestaw pomocy awaryjnej" musi pozostać dostępny. Należy zachować dostępność najszerszej gamy środków ochrony roślin, od glifosatu po fungicydy. Tymi substancjami o silnym działaniu biologicznym należy zarządzać w taki sam sposób, jak lekami dla ludzi: antybiotykami, lekami przeciwwirusowymi, czy środkami przeciwzapalnymi, które należy stosować tylko doraźnie. Nie ulega wątpliwości, że ich stosowanie musi dotyczyć sytuacji wyjątkowych, być uzasadnione i bardzo oszczędne. Wszystkie leki są truciznami i zarządzanie nimi powinno opierać się na bilansie korzyści i ryzyka. Stosowanie środków ochrony roślin również powinno odbywać się z pełną wiedzą o ich działaniu i wpływie na ekosystem uprawny i glebę. Problemem jest powszechne i nadmierne stosowanie tych produktów, a nie samo ich istnienie i dostępność.

3 HOLISTYCZNE (CAŁOŚCIOWE) PODEJŚCIE DO GLEBY I ROLNICTWA

Ile z tego, co widzimy, jest prawdą? Czy to, co jest obserwujemy, odpowiada faktycznej rzeczywistości, czy czymś wtórnym, zniekształconym, złudzeniami, jak w Platońskiej alegorii jaskini? A jeśli tak, to czy nie moglibyśmy wrócić do samych źródeł obserwowanych zjawisk, znajdując ich rzeczywiste przyczyny lub przyjrzeć się im z bliska, by ograniczyć jakiekolwiek przekłamania? Patrzenie na świat w całej jego złożoności i niejednoznaczności jest konieczne, gdy interesujemy się strukturą i funkcjonowaniem przyrody. W tym rozdziale szczegółowo przedstawimy, w jaki sposób gleba musi zostać ponownie umieszczona w centrum nowego, globalnego i holistycznego podejścia do niej. Tylko w ten sposób można rozpocząć prawdziwe odrodzenie rolnictwa.

3.1 Narodziny rolnictwa holistycznego

W latach 50. ubiegłego wieku, kiedy biolog z Zimbabwe, Allan Savory, miał za zadanie znaleźć rozwiązanie problemu powiększającej się pustyni w Zambii, zaproponował rządowi wybicie populacji 40 000 słoni, ponieważ podejrzewał, że "nadmiernie wypasają" one sawannę. Wprowadzono w życie plan polowań i słonie zostały wybite. I jak myślicie, co się stało? Pustynia nie tylko nie cofnęła się, ale powiększała się w jeszcze szybszym tempie. Fakty przeczyły więc teorii Allana Savory'ego o nadmiernym wypasie. Biolog mógł na tym poprzestać lub nadal przyglądać się tylko wyizolowanym częściom problemu, co nazywamy postawą ptolemejską. Jednak biolog zaakceptował swój początkowy błąd i starał się zrozumieć, dlaczego się pomylił. Przechodząc do całościowego spojrzenia na problem w latach sześćdziesiątych wykazał, że wypas i wydeptywanie przez zwierzęta roślinności jest w rzeczywistości niezbędne do jej przywrócenia. W przeciwnym razie młode rośliny tracą szansę dostępu do światła i rozwoju. Ekstensywne wypasanie przez słonie nie wystarczyło, aby zapobiec temu zjawisku. Tylko bardzo intensywny wypas (*mob grazing*) może ograniczyć problem terenów bez odnowionej roślinności. Dlatego obecność drapieżników jest również niezbędna do utrzymania życia sawanny. Gdy znikają drapieżniki, instynkt stadny ich potencjalnych ofiar zanika, zwierzęta zaczynają obchodzić mniej dogodne miejsca na sawannie (*refusals*), co wskutek braku wygryzania starszych roślin uniemożliwia wzrost młodym roślinom (brak dostępu do światła). Z kolei bardziej smakowita roślinność jest nadmiernie wygryzana, aż do jej zaniknięcia i spustynnienia tego terenu. W stabilnym ekosystemie obecność każdego gatunku ograniczonego występowaniem i działaniem do swojej niszy ekologicznej jest gwarancją panującej równowagi. Łącznie cały system jest nieskończenie bogatszy i bardziej złożony, niż każda z jego nisz, jego części składowych, między którymi zachodzą złożone interakcje.

Obserwacje te, potwierdzone wcześniejszymi pracami francuskiego agronoma André Voisina (1903-1964), doprowadziły do opracowania zasady holistycznej gospodarki pastwiskowej. Według niej zaleca się stosowanie wypasu rotacyjnego o krótkim czasie przebywania zwierząt: 1 dzień na jednej kwaterze, w dużym zagęszczeniu (np. 1000 kóz lub 100 krów/ha). Sami z powodzeniem eksperymentowaliśmy z takim systemem wypasu w regionie Nièvre na naszym stadzie kóz mlecznych. W innych warunkach środowiskowych, np. w górach, pasterze ze swoimi psami dbają o to, aby zwierzęta trzymały się w stadzie i odpowiednio wygryzały porost. Ekosystemy pastwiskowe funkcjonują najlepiej przy krótkim, intensywnym, wręcz huraganowym wypasie. **Jeżeli jakiś zasób ulega zniszczeniu, nie zawsze wynika to z nadmiernej, chwilowej presji na ten zasób.** W ten sposób dobrze zorganizowana hodowla zwierząt jest stanowczo bardziej ekologicznym działaniem, dobrze dostosowanym do obszarów stepowych, sawannowych i łąkowych.

3.2 Potrzebny nowy przewrót kopernikański

3.2.1 Wizja ptolemejska: wydajność jako jedyny punkt odniesienia

Ptolemeusz, grecki astronom z II wieku naszej ery, uważał, że wszechświat jest geocentryczny (Ziemia w centrum świata) i nieruchomy. W ten sposób duża część ludzkości przez wieki postrzegała nasz świat. Dopiero po epoce Renesansu społeczeństwa zachodniej Europy stopniowo zaczęły akceptować ideę innej konfiguracji wszechświata. Uważamy, że praktyka rolnicza, która stawia wysokość plonu w centrum wszystkiego, jako jedyny wskaźnik sukcesu i wydajności, to ptolemejski pogląd na rolnictwo. Plon jest jedynie konsekwencją biochemicznych i fizjologicznych mechanizmów rośliny. Wskaźnik ten nie dostarcza informacji o ogólnych mechanizmach samego systemu gleba-roślina. Nie patrząc na mikrobiologiczne funkcjonowanie gleb, agronomia zadowoliła się obserwacją nie przyczyn, lecz skutków, nie rzeczywistości, lecz jedynie tego, co nam się wydaje na temat zjawisk biologicznych.

W rezultacie intensywne agrosystemy często wygrywają z perspektywy wysokości plonów, ale przegrywają z perspektywy substancji odżywczych, struktury gleby, jej biologii i funkcji. To spojrzenie skoncentrowane na plonach zbyt długo uniemożliwiało nam powiązanie żyzności ze zdrowiem roślin. Te obszary rzeczywistości rolniczej, rozpatrywane oddzielnie i skoncentrowane wyłącznie na plonie, nie pozwalają nam zrozumieć wszystkich elementów systemu gleba-roślina łącznie: chorób, odpornych chwastów, degradacji struktury gleby, utraty materii organicznej, wymywania składników odżywczych itp. Praktyka rolnicza realizowana w sposób segmentowy prowadzi w końcu do widocznych skutków ubocznych, często pozytywnych w krótkim okresie (kosztem żyzności gleby) i w większości negatywnych w długim okresie czasu. Te skutki uboczne mają tendencję do pogłębiania się, kumulowania i w efekcie prowadzą do wyczerpania naszych systemów rolniczych.

■ **Zbytnia dbałość o nadziemne części roślin**

Ptolemejskie rozumowanie sprawiło, że agronomia skupiła się na nadziemnych częściach rośliny. To tam odbywa się proces tworzący nowe substancje - fotosynteza. To tam człowiek rozpoznał potencjał ekonomiczny rośliny uprawnej, zwłaszcza, że to najczęściej na powierzchni gleby zbiera się plon: ziarno, paszę i owoce. Stąd wszelkie działania przeważnie skierowane są na nadziemną część rośliny w celu maksymalizacji plonu. Jedynie producenci warzyw korzeniowych i plantatorzy buraków cukrowych są bardziej wrażliwi, a przynajmniej w pierwszej kolejności narażeni na działanie braku struktury gleby i chorób przenoszonych w glebie bezpośrednio na produkt handlowy, np. ziemniaki. Zbiór plonów tych roślin oznacza również konieczność uwzględnienia fizycznych cech gleby: czasu jej obsychania, kłopotliwości uprawy i prędkości wykonywania prac. W ten sposób, oprócz tej szczególnej konfrontacji z problemami zdegradowanych gleb, regularnie umyka nam sedno sprawy: gleba.

■ **Ograniczone rozumowanie dwóch stron równania: jeden problem, jedno rozwiązanie**

Kwestia zwalczania chwastów, chorób i szkodników, to również bardzo często kwestia jednego problemu - jednego rozwiązania. Każdy chwast ma swój własny herbicyd. Każdy owad ma swój insektycyd lub czynnik biokontrolujący. Każdy grzyb ma swój fungicyd lub czynnik biokontrolujący. Często stosowanym rozwiązaniem jest działanie polegające na niszczeniu problemu bez szukania przyczyn, bez dostrzegania tej małej czerwonej lub białej flagi, którą macha do nas ekosystem. To tylko chwila, ale koszt ekologiczny jest wysoki i ten typ rozumowania nie bardzo pasuje już do agroekologii, nawet jeśli wzywa ona do stosowania rozwiązań opatrzonych przedrostkiem "ekologiczny".

3.2.2 Wizja kopernikańska: żywa gleba w centrum systemów rolniczych

■ **Kopernikańska rewolucja w rolnictwie**

Kopernik, polski astronom z XV wieku, opracował teorię heliocentryzmu (Słońce w centrum świata). Zawsze jest Słońce, Ziemia i wszystkie planety unoszące się w przestrzeni, jak w dobrze wyreżyserowanym balecie. Dalej, na zewnątrz, znajdują się gwiazdozbiory. Po prostu zmienił się środek ciężkości świata. W ujęciu ptolemejskim w centrum rolniczego świata są nawozy i pestycydy. W ujęciu kopernikańskim centrum rolniczego świata to żywa gleba!

Kopernik wykazał, że Ziemia nie jest centrum wszechświata, lecz że krąży wokół Słońca w znacznie większym systemie planetarnym. Ten zwrot w myśleniu przyczynił się do powstania okresu historycznego zwanego Renesansem. To może zabrzmi odważnie, ale jesteśmy przekonani na podstawie dowodów naukowych, że rolnictwo stoi w obliczu zmian na skalę rewolucji kopernikańskiej. Zmienić się musi również centrum systemu. Biorąc pod uwagę to, co dzieje się w glebie i w niej żyje - mamy możliwość poprawy zdrowia roślin i wyeliminowania lub znacznego ograniczenia wpływu bardzo dużej części patogenów, przy jednoczesnym zwiększeniu plonów.

■ Ambicje zrozumienia całościowego

"W ekologii podejście holistyczne pozwala lepiej dostrzec interakcje między istotami żywymi a resztą ekosystemu, którego są częścią. Element lub jednostka (cząsteczka, organelle, hormon, organ, organizm, superorganizm, populacja, ekosystem, biosfera itp.) jest rozumiana zgodnie z jej pozycją, relacjami i aktywnością w obrębie komórki, organizmu, krajobrazu lub biosfery. Dwie zasady ilustrują holizm ekologiczny: zmiana w jednym elemencie z konieczności wpłynie, w krótszej lub dłuższej perspektywie, na cały system oraz zmiana w systemie z konieczności wpłynie, w krótszej lub dłuższej perspektywie, na wszystkie jego elementy składowe." [5]

Podejście do rolnictwa, którego jesteśmy zwolennikami, polega na traktowaniu upraw jako niestabilnych ekosystemów opartych na glebie, roślinie i klimacie. To holistyczne podejście prowadzi nas do ponownego odkrycia powiązań, które nasze nowoczesne praktyki przeoczyły. Osiemdziesiąt procent tych powiązań powstaje w glebie, która jest nowym środkiem ciężkości rolnictwa.

3.3 Bariery do usunięcia

Ptolemejska wizja rolnictwa nie przeszkodziła naszym społeczeństwom w dokonaniu pierwszej rewolucji rolniczej. W dużej mierze jest ona w stanie zapewnić wystarczającą ilość kalorii i białka dla całej populacji ludzkiej. Jednak rewolucja ta opierała się na braku troski o żywy system gleby i roślin. Niezamierzone skutki uboczne są liczne i widoczne. Umieszczenie gleby z powrotem w centrum systemu jest zatem prawdziwą rewolucją mentalną, która powinna zostać wdrożona już dziś. Odziedziczyliśmy całą organizację badań, wiedzy, doradztwa i przemyśleń. To dziedzictwo jest szansą dla rozwoju nowego rolnictwa, ponieważ posiadamy wyniki z tysięcy niezwykle specjalistycznych badań i doświadczeń. Te bogate wyniki trzeba po prostu wydobyć z jaskini Platona i postawić w świetle nowego spojrzenia na nie. Aby to bogate dziedzictwo agronomiczne mogło w pełni pokazać swoją wartość, musi wyjść poza historycznie zakorzenione struktury mentalne, które zawsze dzieliły laboratoria,

---

[5] "Przykłady zastosowań teoretycznych", w: Wikiwand, *Holizm*, [online], www.wikiwand.com/fr/Holisme.

gospodarstwa, handlowców i instytuty na dwa działy aktywności: "Nawożenie" i "Ochronę roślin". Każdy z tych działów ma swoje schematy organizacyjne, mentalne, swoją architekturę opartą na tym rozróżnieniu. Jednak powiązania między żywieniem i zdrowiem są oczywiste i udokumentowane.

3.3.1 Poszukiwanie nowych sposobów działania

Zmiana modelu rolnictwa nie będzie dokonywała się wbrew "staremu", ale poprzez oparcie się na już zdobytej wiedzy i know-how. Praca, którą należy wykonać, polega na zmianie paradygmatu, ale przede wszystkim na tym, aby nie negować wszystkiego. Musimy na nowo odkryć zignorowane wcześniej powiązania, a szczególnie powiązania z glebą, bo to w 80% na niej zbuduje się produktywne i zdrowe rolnictwo.

Zwrotowi agronomicznemu i koncentracji uwagi na glebach musi towarzyszyć zmiana sposobu prowadzenia badań. Obecne i wcześniejsze metodyki badań pozbawiały i nadal pozbawiają światowe rolnictwo interesujących wyników mówiących na naturalnych funkcjach gleb i roślin. Jest rzeczą dość pilną, aby instytuty badawcze stały się bardziej sprawne w dostosowywaniu protokołów do takich obiektów badań. Obecnie nawet laboratoria z najbardziej zaawansowanym podejściem powinny wziąć pod uwagę system gleba-roślina i nie bagatelizować nadal wielu parametrów związanych z organizmami żywymi, powiązanymi z glebą i jakością odżywiania roślin.

Przede wszystkim gleba musi być w stanie spełniać swoje podstawowe funkcje i zapewniać zrównoważone odżywianie roślinom. Modele eksperymentalne, które nie uwzględniają związku między zdrowiem, życiem w glebie i żyznością, nie nadają się zatem do uzyskania przekonujących wyników w zakresie ekobiologii. Należy znaleźć nowe metody badawcze. Rzadko mamy możliwość kontrolowania czynnika glebowego, mobilności przestrzennej organizmów żywych, transportu minerałów, cząsteczek i mikroorganizmów przez faunę. A przecież to jest bardzo istotna kwestia.

3.3.2 Odejście od badań na minipoletkach w celu zmierzenia efektu "żywej gleby"

Praktyki rolnicze, które dziedziczymy, są w dużej mierze wynikiem badań aplikacyjnych na minipoletkach (10 do 40m^2). Minipoletka są "okularami", przez które metodyki badawcze obserwowały i nadal obserwują zachowanie i reakcję roślin. Środki ochrony roślin, nawozy i sposoby ich aplikacji, nowe odmiany roślin uprawnych i wiele innych praktycznych zastosowań w rolnictwie wyłoniło się ze statystycznie opracowanych wyników badan na minipoletkach. Przyjmując ten unikalny filtr mogliśmy rozwinąć niektóre techniki, ale pozbawiliśmy się też setek innych obserwacji, w tym wszystkich tych, które dotyczą mobilizacji życia w glebie. Stosując statystyczne metody losowego doboru poletek i innych zastosowań kwadratu łacińskiego i tak często nie jesteśmy w stanie zrekompensować ograniczeń metodyk oceny w zakresie postrzegania złożonych i rozproszonych czynników związanych z życiem.

■ **Minipoletka są dobrze dostosowane do badania „cydów"**

Należy rozważyć stosowane metodyki prowadzenia badań porównawczych fungicydów i stymulatorów naturalnej obrony (NDS) na minipoletkach doświadczalnych. Minipoletka kontrolne, w których nie zastosowano żadnych zabiegów, znajdują się w bliskim sąsiedztwie innych minipoletek i są potencjalnym źródłem infekcji. W przypadku, gdy produkt syntetyczny zapewnia całkowitą i skuteczną ochronę na obiekcie w sąsiedztwie porażonej kontroli, naturalne stymulatory obrony (NDS) roślin prawdopodobnie nie zapewniają tego samego poziomu ochrony. Nie oznacza to jednak, że nie będą one skuteczniejsze w normalnych warunkach polowych. Po prostu polowa efektywność tych mechanizmów nie może być oceniana w tak małej skali. Badania na minipoletkach mają więc niezamierzony efekt uboczny w postaci wyboru najbardziej skutecznych rozwiązań nie powiązanych z naturalnymi procesami obronnymi roślin. Eksperymenty prowadzone przez Suzanne W. Simard są najbardziej "bezpośrednie" i najmniej związane ze zjawiskami ekobiologii gleby nie ograniczanej wielkością minipoletek badawczych. Zwróciła ona np. uwagę na niezwykłą mobilność fosforu w ekosystemach leśnych i to w czasie mniejszym, niż w rozwój rośliny uprawnej. Skala aktywności naturalnych stymulatorów obrony (NDS) jest, przez same te mechanizmy wymiany zintegrowane w glebach, znacznie większa, niż skala przestrzenna minipoletka. Uważamy, że badania NDS, ale także praktyki uprawowe zorientowane na życie glebowe i aktywację procesów glebowych dla roślin jednorocznych powinny być prowadzone na poletkach o wymiarach co najmniej 12x12 m, a najlepiej 24x24 m. W przypadku testowania prebiotyku glebowego, który przywraca równowagę ekosystemu mikrobiologicznego, jak np. inokulant wolnożyjących bakterii azotowych, ryzyko ich przeniesienia pomiędzy różnymi obiektami badawczymi jest duże. Jeżeli kontrola zostanie poddana niezamierzonej inokulacji wskutek małej odległości między obiektami badawczymi ryzyko stwierdzenia braku istotnych różnic będzie bardzo wysokie. Obecne metodyki doświadczalne są zaprojektowane do oceny kontrolowania form życia uznanych za niepożądane poprzez stosowanie insektycydów, fungicydów, itp.. Nie zostały one przygotowane ani skalibrowane dla oceny produktów lub praktyk rewitalizacyjnych gleby. Wiemy, jak szybko "zdewitalizować" określony obszar, ale mamy znacznie większe trudności z kontrolowaniem przemieszczania się żywego organizmu lub z ograniczeniem mechanizmów solidarnościowych żywych organizmów w glebie. Niezależnie od tego, czy chodzi o mikroorganizm pożyteczny czy patogenny, skuteczne powstrzymywanie jego obecności jest jednym z najtrudniejszych ćwiczeń w pracach eksperymentalnych. Poniższy rysunek pokazuje nam pozytywny wpływ na roślinność (zaobserwowany przez zdjęcia satelitarne Farmstar w pobliżu Angers) zastosowania bakterii azotowych obok kontroli nie inokulowanej bakteriami *Azotobacter*. Przeskalowaliśmy ten rysunek do klasycznego projektu doświadczeń polowych z minipoletkami w kwadracie łacińskim. Widzimy tu, że migracja bakterii jest zbyt przestrzenna, aby móc dostrzec różnice na małych poletkach, co jednak jest świetnie widoczne na większej powierzchni. Skazujemy się więc w konkluzjach z badan miniploetkowych na brak zróżnicowania wyników interpretowany jako brak działania.

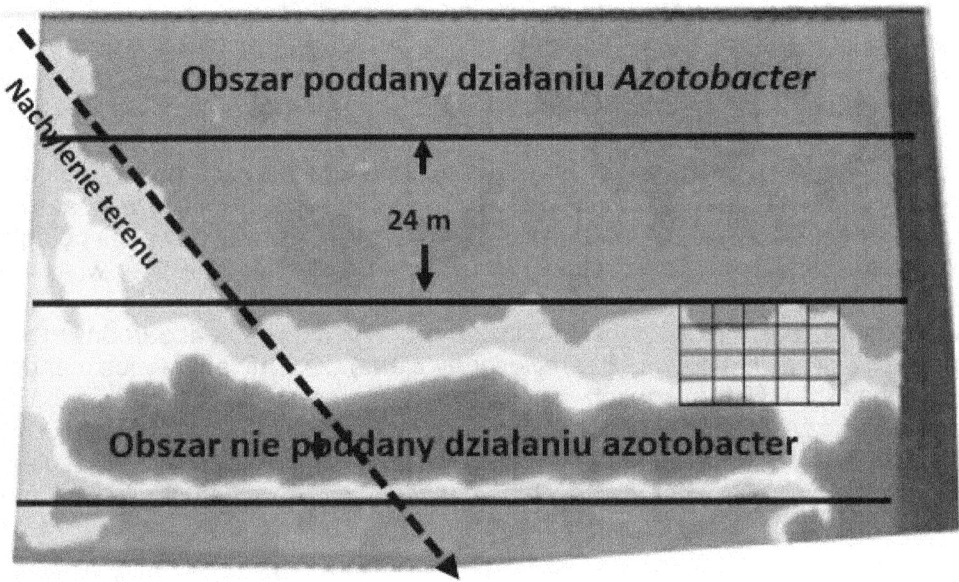

Źródło: F.Bucaille

Rysunek 3.3 - Wpływ zastosowania bakterii azotowych w skali kwadratu łacińskiego (5 zmiennych w 4 powtórzeniach) na minipoletkach. Działka w pobliżu Angers: projekt eksperymentalny z minipoletkami o powierzchni 3x10 m

Zdjęcie lotnicze, wykonane w podczerwieni, a następnie przetworzone przez oprogramowanie (FARMSTAR), odzwierciedla rzeczywiste, mierzalne działanie bakterii *Azotobacter chroococcum* kilka miesięcy po zastosowaniu. Sinusoidalny i przypadkowy przebieg linii pokazuje, jak bardzo granica korzystnych efektów inokulacji przemieściła się od granic zastosowanej aplikacji, które początkowo znajdowały się ściśle poza prostokątem reprezentującym nietraktowany bakteriami 24-metrowy pas pola.

■ Uwzględnienie „Internetu gleby"

W glebie znajduje się mnóstwo "transporterów", takich jak nicienie, chrząszcze, dżdżownice[6] , strzępki grzybów, systemy korzeniowe, cieki i horyzonty wodne, efekt rozbryzgu gleby przez krople (Yang, 2017). Dla przykładu wykazano, że *Pseudomonas aeruginosa*, bakteria posiadająca wici, może w ciągu 24 godzin w

---

[6]*Zob.* Daane *et al,* 1996; Kohlmeier *et al,* 2005; Warmink i van Elsas, 2009; Glaeser *et al,* 2016.

wilgotnej glebie przemieszczać się samodzielnie o 20 mm (*por.* Griffin & Quail, 1968). Wiedząc o tym, czy nie jest sensownym pytanie, czy kolonia bakterii wprowadzona do gleby może przesunąć się w ciągu sześciu miesięcy, pokolenie po pokoleniu, o 5 m? Im bardziej piaszczysta i porowata jest gleba, tym większa jest mobilność bakterii (mniejsze utrudnienia ruchu przez substancje ilaste i więcej przestrzeni umożliwiających transport). Ponadto badanie przeprowadzone przez Massachusetts Institute of Technology (MIT) opublikowane w *Nature* wykazało istotną rolę deszczu w rozprzestrzenianiu się bakterii glebowych (Joung, 2015). Po symulacji różnych form deszczu w laboratorium na różnych glebach (piasek, glina itp.) i wykonaniu zdjęć kamerą o wysokiej rozdzielczości, obrazy pokazują, że po uderzeniu każda kropla wody odbija się od gleby tworząc aerozole zawierające po kilka tysięcy bakterii z gleby i mogące dryfować nawet na odległość 1 kilometra. Inne badania wykazały (*por.* Kellogg & Griffin, 2006), że wiatr może przenosić bakterie jeszcze dalej, od 1 do 25 km, przenosząc stałe cząstki gleby, z dużą szansą na ich przeżycie, zwłaszcza w przypadku bakterii zarodnikujących (np. *Bacillus mucilaginosus, B. amyloliquefaciens*). Z symulacji wyliczonej przez MIT wynika, że w ten sposób mogłoby się przenosić od 1 do 25% bakterii glebowych, czyli - według ich obliczeń – na hektarze jakieś 10 000 do 800 000 miliardów bakterii rocznie. Cóż za efektywność przemieszczania! Ze względów fizycznych zjawisko to jest jeszcze bardziej widoczne na glebach gliniastych, niż na piaszczystych i tam, gdzie temperatury przekraczają 25°C).

Wykorzystanie badań nad feromonami

Badania stosowane potrafią być czasem bardziej sprawne w dostosowywaniu swoich metodyk do przedmiotu badań. Bez tego obecne metody kontroli populacji szkodników, znane jako dezorientacja seksualna, mogłyby nigdy nie zostać opracowane. Rzeczywiście, feromony stosowane do zapobiegania spotkaniom samców i samic wielu gatunków szkodników są wykrywalne przez owady na powierzchniach rzędu dziesiątek hektarów. Łatwo sobie wyobrazić, co przyniosłaby ocena działania tych feromonów na poziomie minipoletek. W tej dziedzinie, jako że dotyczy ona zjawisk przebiegających w powietrzu, dowody na ich występowanie są łatwiejsze do intuicyjnej akceptacji, niż w przypadku gleby.

Mądre wykorzystanie rolnictwa precyzyjnego

Przekonaliśmy się, w jakim stopniu metodyki badan minipoletkowych nie nadają się do określenia wpływu praktyk opartych na zmianie ekosystemu glebowego. Wraz z pojawieniem się czujników, dzięki którym można tworzyć mapy glebowe, mamy teraz instrumenty, aby lepiej uwzględniać zmienność wynikającą z różnic glebowych. Możemy teraz umieszczać badania nie na minipoletkach, ale na powierzchniach zwiekszonych o połowę, lub nawet trzy- lub czterokrotnie. Pobieranie próbek, zbiór i ważenie przeprowadza się wówczas na obszarach reprezentatywnych dla zmienności gleby, których jednorodność i porównywalność jest określona na podstawie map przewodności elektrycznej, zawartości próchnicy i stopnia zakwaszenia. W ten sposób możliwe jest porównanie różnych czynników badawczych na obszarach o równoważnych cechach fizykochemicznych, z dodatkową zaletą, jaką jest możliwość oceny działania produktu na obszarach o różnym potencjale, przy jednoczesnym wyeliminowaniu ryzyka zakłóceń związanych z ich bliskością. Firmy takie jak Geocarta i Precifield prowadzą bardzo obiecujące prace nad udoskonaleniem metodyk testowania. Konieczne jest podjęcie współpracy ze specjalistami od statystyki w celu skalibrowania metodyk i protokołów eksperymentalnych z prawdopodobnie mniejszą liczbą powtórzeń, ale na większych powierzchniach badawczych.

Wnioski statystyczne na podstawie wielkiej liczby danych już teraz stanowią solidny wkład naukowy w rzeczywiste obserwacje w gospodarstwach rolnych w celu porównania efektów różnych praktyk.

3.3.3 Branie pod uwagę względności zjawisk

■ **Konieczne jest podejście wieloczynnikowe**

Badania naukowe polowe z trudem wyłamują się z nawyku oceny wyłącznie kryterium wydajności/plonu w sytuacjach "kontrolowanych" i ciężko przechodzą do matematycznego pojmowania zjawisk ekologicznych i fizjologicznych. W przypadku ekologii liczba zmiennych jest ogromna, a wszystko z konieczności podlega bardzo uciążliwej interpretacji z powodu wieloczynnikowości.

Mikroorganizmy takie jak bakterie azotowe są w stanie wiązać azot (N_2) bezpośrednio z atmosfery glebowej. Ten wolny mikroorganizm ma jednak pewne wymagania. Jest ściśle tlenowy, co oznacza, że gleba nie posiadająca przestrzeni glebowych nie będzie dla niego odpowiednia. Jego narzędzie wiązania azotu, enzym nitrogenaza, musi być aktywowany molibdenem i kobaltem, aby mógł pełnić swoje funkcje. Ponadto, aby zbudować własne komórki, DNA i organella, potrzebuje siarki. Wreszcie, jeżeli gleba będzie nasycona związanym azotem, to roślina, która gości bakterie na swoich korzeniach i karmi ich wydzielinami – przestanie to robić. Własne mechanizmy regulacyjne rośliny powiedzą jej, aby nie sprzyjała mechanizmowi biologicznemu, który prowadziłby do nadmiernego stężenia pierwiastka, którego już ma pod dostatkiem. Roślina, której brakuje innych składników odżywczych na poziomie ograniczającym jej rozwój, nie będzie karmić węglowodanami bakterii, która nie dostarcza niezbędnego składnika. Jeśli na przykład fosfor jest słabo dostępny, roślina nie będzie inwestować w rozwój bakterii azotowych. Niewiele platform i metodyk eksperymentalnych potrafi prawidłowo zarządzać wszystkimi tymi ewentualnościami i współzależnościami. Jest to postrzegane jako wprowadzanie zbyt wielu zmiennych, które są trudne do przeanalizowania i zinterpretowania, co tak naprawdę zadziałało. Odpowiedź jest prosta: to całość, która działa.

■ **Możliwości metagenomiki**

Badania naukowe powinny uwzględniać większą relatywność w stosunku do organizmów żywych oraz interpretacji swoich wyników eksperymentalnych - zatem zmienić swoje praktyki. Taki jest na przykład sens prac badawczych prowadzonych w dziedzinie metagenomiki (bezpośrednie klonowanie, sekwencjonowanie i funkcjonalna analiza materiału genetycznego izolowanego z różnych nisz ekologicznych). Podejście to, wzbogacone o enzymologię i nutrigenomikę (wpływ składników żywności na regulację ekspresji genów), pozwala nam lepiej zrozumieć profil i równowagę funkcji gleby. Ta nowa nauka oparta na analizie DNA skupia się na badaniu ogólnego funkcjonowania kompletnych populacji mikroorganizmów. Bazuje ona na obserwacji, że wiele mikrobiot tworzy wzajemnie powiązaną całość, z której nie da się wyizolować lub wyekstrahować jednej części nie niszcząc działania całości. Dzieje się tak dlatego, że mechanizmy współpracy i wymiany są tak intensywne i istotne dla każdego z organizmów tworzących wspólnotę (biotę). Poznaliśmy dotąd tylko około 10% mikrobiologii gleby, gdyż pracowaliśmy tylko na formach życia, które wytrzymują czystą hodowlę *in vitro*, w izolacji, na sztucznym podłożu. Tymczasem zdecydowana większość mikroorganizmów wymaga, z punktu widzenia żywieniowego, metabolitów lub niezbędnych im wydzielin innych organizmów: roślin, bakterii, grzybów. Są to składniki i powiązania, których nie umiemy odtworzyć w kontrolowanych warunkach.

■ Dzięki archeonom odkrywamy główną część cyklu azotowego

Powszechna trudność w obserwacji niektórych gatunków mikroorganizmów w czystych kulturach prowadzi do pominięcia pewnych ich grup. W niektórych przypadkach przyjęto za pewnik, że tych mikroorganizmóww glebie uprawnej nie ma! Tak było w przypadku archeonów, o których wcześniej sądzono, że występują tylko w ekstremalnych środowiskach (głębokie rowy morskie, gejzery itp.). Okazało się, że są one obecne wszędzie: w środowiskach wodnych, w żwaczu krów, w glebach (Leininger *i in.*, 2006). Poszukiwanie specyficznych markerów chemicznych dla grupy archeonów *Crenarcheotae* (GDGTs: dwualkil gliceryny, tetraeter oraz krenarcheol), a także korelacja z enzymem utleniającym amoniak (amoA) wykazały, że archeony te są obecne we wszystkich glebach, nawet na dużych jej głębokościach. Archeony są bardzo aktywne w cyklu azotowym. Jednym z głównych zjawisk w cyklu azotowym jest utlenianie amoniakalnych form azotu, które do niedawna było uważane głównie za działanie bakterii *Nitrosomonas*, dzięki enzymowi, monooksygenazie amoniakalnej (amoB). Obecnie odkrywamy, że wpływ archeonów w funkcji utleniania amoniaku jest prawdopodobnie bardzo duży, a nawet ważniejszy, niż bakterii *Nitrosomonas*. Jest to ważne odkrycie, ponieważ dotąd nie brano pod uwagę tego głównego uczestnika tak ważnego biologicznie i ekonomicznie cyklu obiegu azotu. Warto pamiętać, że ślad węglowy nawozów azotowych stanowi nawet do 50% całkowitego śladu w gospodarstwach bez produkcji zwierzęcej. A przecież archeony też mają szczególne wymagania, zwłaszcza w zakresie obecności minerałów i pierwiastków śladowych. Jest to rodzaj nowych informacji, które musimy uwzględnić w naszym myśleniu i w doradztwie.

Gleboznawstwo jest niezwykle bogatym polem do badań tych społeczności mikrobiologicznych. Mikrobiologia gleby to w dużej mierze nadal niezbadany wszechświat, ale taki, z którego możemy bardzo szybko czerpać korzyści. Nowe rezerwuary produktywności roślin są już dla nas dostępne, ale tym razem są wręcz niewyczerpane, jeśli wiemy, jak je utrzymać i szanować.

3.3.4 Modele uprawy roślin do przebudowy

■ Uwzględnienie powiązania badań laboratoryjnych z polowymi

Wiele eksperymentów przeprowadza się na roślinach modelowych, referencyjnych. Jedną z najczęściej wykorzystywanych roślin jest *Arabidopsis thaliana*, czyli rzodkiewnik pospolity. Należy ona do rodziny *Brassicaceae*, czyli kapustowatych. Jest to doskonały organizm modelowy do prac biologicznych, ponieważ posiada wszystkie zalety organizmów laboratoryjnych:

- Niewielkie rozmiary (20 cm), więc jest to roślina łatwa do uprawy w komorze klimatycznej.
- Szybkie rozmnażanie (sześć tygodni od kiełkowania do dojrzałości nasion).
- Mały genom (ryż i kukurydza mają genom odpowiednio cztero- i dwudziestokrotnie większe).
- Roślina ta może być również łatwo modyfikowana genetycznie przy użyciu bakterii (*Agrobacterium tumefaciens*).
- Brak znaczenia gospodarczego, stąd łatwy transfer obserwacji pomiędzy badaczami w globalnym środowisku naukowym.

Problem w tym, że rzodkiewnik należy do 5% roślin uprawnych, które nie tworzą mykoryzy (w tym rzepak i burak). A przecież mykoryza to jedna z najkorzystniejszych symbioz możliwych do uzyskania przez roślinę uprawną. Niestety, ten kierunek nigdy nie pojawi się w wiedzy uzyskanej dzięki tej roślinie. W najbliższych latach będziemy musieli wybrać inny model rośliny, której powiązania z glebą są bardziej złożone.

Nawet w przypadku innych gatunków roślin zdolnych do mykoryzy, w celu uniknięcia jakiejkolwiek nieprzewidywalności w eksperymentach, gleba do badań jest rozdrabniana, mieszana i homogenizowana, co oczywiście niszczy wszelkie grzybnie mykoryzowe, które mogły w niej się znajdować. Czasami gleba jest nawet sterylizowana, aby zapewnić w pełni kontrolowane warunki mikrobiologiczne. Powinno być wręcz przeciwnie - synergie i symbiozy z drobnoustrojami powinny być systematycznie uwzględniane, aby wybrać odmiany, które najlepiej się w nich znajdują, oraz aby wykryć nawozy i substancje odżywcze, które tym związkom sprzyjają lub przynajmniej nie przeszkadzają. I oczywiście należy odrzucić wszystkie praktyki, które są dla tych organizmów niekorzystne.

■ Badania odmianowe: konieczne uwzględnienie zdolności roślin do ich współpracy, także z glebą

Badania odmianowe również koncentrowały się głównie na kryterium wielkości i jakości plonu. W ten sposób faworyzowano rośliny zdolne do maksymalnie efektywnego przeniesienia całej swojej produkcji do organów tworzących plon. Rośliny współuczestniczące w ekosystemie glebowym poprzez swoje wydzieliny (mogące kosztować nawet do 30% produktów fotosyntezy) były więc często gorzej oceniane w trakcie selekcji. Jednak rośliny, które uczestniczą i utrzymują współpracę w ryzosferze, mogą być również w lepszym stanie zdrowia, lepiej chronione przez zaawansowany poziom odżywiania (niższe koszty nawozów) i w efekcie o lepszej wartości odżywczej dla człowieka.

Badania odmianowe również powinny przejść rewolucję o kopernikańskim rozmiarze.

3.4 Nowe formy rolnictwa muszą dokonać swojej rewolucji kopernikańskiej

Rolnictwo ekologiczne, rolnictwo zachowawcze, permakultura, agroleśnictwo, rolnictwo trzeciej drogi, rolnictwo zrównoważone itp. W ostatnich dziesięcioleciach pojawiły się inne kierunki agronomiczne, przeważnie tworzone w opozycji do rolnictwa konwencjonalnego. Przyjęte nazwy są niekiedy także przesadzone i nie wykluczają kolejnych zmian kierunku działań. W każdym wypadku te nowatorskie kierunki także nie mogą uciec od zasady postrzegania rzeczywistości i przestrzegania podstaw agronomii.

Rolnictwo ekologiczne, które z zasady odrzuca stosowanie produktów syntetycznych, wpada czasem w inne pułapki. Masywne dawki preparatów miedziowych lub wielokrotne stosowanie olejków eterycznych (np. esencji pomarańczowych w celu zwalczania mączniaka) mają bardzo negatywny wpływ na populacje dżdżownic. Fungicydy miedziowe degradują gleby w sposób trwały, gdyż miedź, zaliczana do metali ciężkich, nie jest z nich ani wymywalna, ani degradowalna (jest pierwiastkiem podstawowym), a zatem jej okres połowicznego rozpadu jest nieskończony... no chyba, że przewiduje się przemianę jej w inne pierwiastki... Nie wszystkie produkty naturalne są nieszkodliwe. Droga do piekła jest wybrukowana dobrymi intencjami...

Permakultura ma tę zaletę, że uwzględnia ekosystemy i życie gleby z globalnego punktu widzenia. Jednak jej zastosowanie często ogranicza się do bardzo małych struktur. Systemy te są również bardzo pracochłonne i szeroko wykorzystują zasoby zewnętrzne (woluntariat z miast lub poprzez wwoofing stworzony przez World Wide Opportunities on Organic Farms). Eksperymenty te dzieją się w oczywistym interesie ludzi w zakresie dzielenia się wartościami i emocjami, ale w żaden sposób nie mogą być prekursorskim modelem dla rolnictwa przyszłości, które ma wyżywić świat. Iluzją jest przedstawianie pewnych przykładów opartych na mniej lub bardziej opłacanej pracy i transferze żyzności (substancji organicznej) z lasów (czyli wykorzystanie mocno rozdrobnionego drewna i kory lub leśnej gleby), z wyczerpywalnych zasobów (torf) lub z organicznych produktów ubocznych z rolnictwa konwencjonalnego (słoma, obornik, kompost) jako modeli produkcji żywności możliwego do uogólnienia.

3.4.1 Rolnictwo konserwujące lub regeneratywne

Biorąc pod uwagę dowody na niedostatki współczesnego rolnictwa, kuszące jest wspieranie odwrotności tego, co dotąd było praktykowane. W oparciu o to myślenie powstają modele rolnictwa oparte na "moralnej" zasadzie jak najmniejszej ingerencji człowieka w celu jak największego naśladowania rzekomego funkcjonowania naturalnego ekosystemu. **Systemy bezuprawowe i ciągłe pokrycie gleby roślinami to główne działania leżące u podstaw takiego nowego kierunku w rolnictwie.** Z punktu widzenia środowiska oczekiwany wzrost bioróżnorodności, czy ilości materii organicznej w glebach, nie następuje jednak automatycznie, co wykazało długoterminowe badanie wpływu takiej uprawy roli na cykle biogeochemiczne, przeprowadzone przez INRA i Arvalis (Bassem Dimassi, 2014). Praktyki bezuprawowe i ciągłe pokrycie gleby, stosowane bez uprzedniego sprawdzenia kilku kluczowych czynników warunkujących sukces (makrofauny, substancji ilastych, próchnicy, pH itp.) czasami prowadzą nawet do degradacji, gdy gleba, na której są stosowane, nie posiada odpowiednich zdolności do samoodbudowy. Systemom tym często towarzyszą również zmiany kulminacyjne, które przeanalizujemy później, a które utrudniają osiągnięcie pełnej efektywności zmian.

3.4.2 Biologiczna ochrona roślin: krok naprzód, czy "zielone przedłużenie" dzisiejszej wizji ochrony?

Obecnie ochrona biologiczna (biokontrola) jest nowym obszarem rozwoju dla wielu firm. Według definicji Francuskiej Akademii Rolniczej to "wszystkie metody ochrony roślin, które wykorzystują naturalne mechanizmy. Ma ona na celu ochronę roślin poprzez sprzyjanie wykorzystaniu mechanizmów i interakcji, które rządzą relacjami między gatunkami w środowisku naturalnym". Biokontrola wykorzystuje czynniki, które można podzielić na cztery kategorie:

* Makroorganizmy (biedronki, kruszynki, wciornastki itp.).
* Mikroorganizmy (*Bacillus subtilis*, *Bacillus thuringiensis* itp.).
* Feromony (selektywne wabienie owadów).
* Substancje naturalne pochodzenia zwierzęcego, roślinnego lub mineralnego (olejki eteryczne, związki miedzi itp.).

Trzy ostatnie grupy są uznawane za biologiczne środki ochrony roślin i muszą posiadać pozwolenie na dopuszczenie do obrotu, a zatem muszą być włączone do "indeksu środków ochrony roślin". Środki te mają udowodnioną skuteczność, ale nadal są narażone na pewne niedostatki takie jak:

* Trwałość proponowanych rozwiązań: rozwój odporności lub pojawienie się nowych agresorów.
* Pozostają jeszcze nierozwiązane kwestie dotyczące zwalczania chwastów, jednoczesnego ataku kilku szkodników (np. omacnicy prosowianki i jej śródziemnomorskiej odmiany na kukurydzy), czy niektórych chorób, na które brak rozwiązań w niektórych uprawach, takich jak mączniak prawdziwy.
* Wszystkie te rozwiązania są typu "cydowego" lub "ochronnego" i niekoniecznie integrują się z aktywną rewitalizacją gleby.

Rozwiązania te mają wielką zaletę, gdyż oferują alternatywę generalnie mniej szkodliwą dla ekosystemu, niż "stare" syntetyczne związki chemiczne. Jednak główne zagrożenie z ich strony jest zachęcanie nas do "Patrzenia raczej na palec mędrca, niż na księżyc", czyli nadal do patrzenia najpierw na patogeny, a nie na środek ciężkości zdrowia roślin, czyli glebę.

3.5 Ryzyko zrobienia czegoś nowego, lecz ciągle po staremu

Obserwujemy pojawianie się rozwiązań, które mają zrewolucjonizować rolnictwo w kierunku ekologii. Należą do nich również narzędzia biologicznej ochrony roślin. Ale te nowe narzędzia są często wdrażane na tych samych zasadach, co stare. Zwalcza się objaw, tłumi go, maskuje, hamuje lub zabija, ale nadal nie słucha się sygnałów wysyłanych przez ekosystem. Zastąpienie syntetycznego pestycydu innym biocydem lub środkiem biologicznym, albo wywarami z roślin zakłada, że roślina jest zawsze skazana na atak owadów, grzybów i wirusów. Walka ze szkodnikami za pomocą naturalnych rozwiązań jest z pewnością mniej szkodliwa dla środowiska, ale nadal nie uwzględnia wzmocnienia zdrowia rośliny jako priorytetu. W dalszym ciągu nie łączy się produktywności rośliny z jej zdrowiem. Nadal jest to podejście typu problem/rozwiązanie bez przywrócenia zdrowia i witalności agrosystemu jako całości. Ryzyko niedokonania rewolucji kopernikańskiej polega na tym, że przesuniemy stary system myślenia o krok dalej, utrzymujac go przy życiu w nowych granicach, ale nadal nie robiąc rzeczywistej, fundamentalnej zmiany. Wtedy będziemy po prostu robić nowe rzeczy po staremu i pozbawiać się nadal ogromnego potencjału biologicznego, który mamy pod nogami.

4 ODEJŚCIE OD UPROSZCZONEGO SPOJRZENIA NA ŻYZNOŚĆ GLEBY

Skąd pochodzi zasada trzech jednostek azotu do wyprodukowania kwintala pszenicy, skoro zawiera on mniej niż dwie jednostki? Jak wyjaśnić, że całą żyzność gleby opieramy zasadniczo na trzech makroelementach: NPK (azot, fosfor i potas), skoro roślina składa się z wielu innych? Większość obecnych zasad agronomicznych zostało zbudowanych na fundamentach, które w dużym stopniu ignorowały procesy odpowiedzialne za żyzność gleby. Wyraźną konsekwencją tego jest sprzeczność teorii agronomicznych i realiów polowych. Prognozy nie sprawdzają się, a pojawiają się niespodzianki. W przypadku żyzności, rzeczywistość często zdaje się przeczyć prawom matematyki i księgowości. W tym rozdziale przedstawiamy analizę różnych przekonań, które doprowadziły do nadmiernego uproszczenia kwestii związanych z żyznością gleby i jej nawożeniem.

4.1 Nie kompletne nawozy NPK

Praktyka agronomiczna nadmiernie uprościła zagadnienie żyzności gleby. Uproszczeniu temu towarzyszyło stosowanie w agronomii niewłaściwego i mylącego słownictwa. Weźmy na przykład nawożenie NPK, czyli azotem (N), fosforem (P) i potasem (K). Nawozy, które zawierają te trzy elementy często nazywane są "nawozami kompletnymi". Jednak ograniczenie nawożenia tylko do tych trzech elementów z pewnością nie kwalifikuje się jako nawożenie kompletne. Rośliny wykorzystują znacznie bardziej zróżnicowane i złożone zasoby glebowe, które finalnie znajdują się w tkankach roślinnych. Dlatego pobieranie składników mineralnych przez uprawy jest znacznie większe, niż się to kiedyś powszechnie zakładało. Średnio rośliny uprawne pobierają z gleby od 25 do 30 różnych pierwiastków. Jednak najczęściej do gleby dodajemy w formie nawozów tylko od trzech do pięciu z nich (przeważnie NPK oraz wapń i magnez). Dodatek pierwiastków mikroelementowych jest nadal systematycznie traktowany jako opcjonalny, ale tak z pewnością być nie powinno. Tak zwanych "nawozów kompletnych" jest coraz mniej. Z postępem technik ulepszania nawozów i surowców do ich produkcji, pierwotne nawozy NPK (żużel z defosforylacji, fosforany trójwapniowe, kreda i naturalne piaski fosforanowe, kalcynowane proszki kostne i inne odpady rafineryjne) zostały zubożone w mikroelementy, zastąpione superfosfatami wytwarzanymi ze sproszkowanych minerałów pozbawionych metali ciężkich i uranu i wzbogaconych kwasem fosforowym. Gleby rolnicze straciły w ten sposób korzyści z wielu pierwiastków mikroelementowych, zwłaszcza manganu, w formie dostępnej dla organizmów żywych. Oprócz fosforu żużel dostarczał licznych pierwiastków śladowych pochodzących z obróbki stali, przydatnych w przywracaniu żyzności glebom zdegradowanym oraz w korygowaniu skutków wymywania składników odżywczych i rosnącego zakwaszenia. Czysty chlorek potasu zastąpił jako źródło potasu glony morskie, torf i popiół drzewny. Nawozy azotowe są produkowane poprzez przekształcenie azotu z powietrza w amoniak w procesie Habera-Boscha. To nieorganiczne źródło azotu zastąpiło stosowanie guana, azotanów chilijskich, ścieków i wody amoniakalnej stabilizowanej siarką (odpad przy produkcji siarczanu amonu) z procesu obróbki chemicznej węgla kamiennego. Również w tym przypadku stosowanie coraz czystszych materiałów wyjściowych ograniczyło wprowadzanie pierwiastków, które często były korzystne dla gleb i upraw.

4.2 Wniosek: ustalanie nawożenia oparte jest na źle ocenionych potrzebach i niedoszacowanej objętości gleby

Dominująca do dziś metoda bilansowa ustalania nawożenia odpowiednio do potrzeb roślin w niepełnym stopniu uwzględnia rezerwy glebowe i nie wszystkie potrzeby rośliny, z zasady pomijając mikroelementy. Opiera się ona na księgowej zasadzie bilansowania przychodów i rozchodów, czyli dostarczania z grubsza tego, co zostaje zabrane z plonem. Analizowana warstwa gleby najczęściej ogranicza się do pierwszych 20-25 centymetrów. Jest to nadmierne uproszczenie, ponieważ jest to znacznie mniej, niż głębokość, z której korzenie roślin czerpią składniki pokarmowe. To prawda, że płytkie warstwy gleby przyczyniają się do odżywiania młodych roślin uprawnych, ale to nie usprawiedliwia ignorowania całego pozostałego potencjału. Korzenie pszenicy w sprzyjających sytuacjach są w stanie eksplorować glebę nawet do głębokości 2,5 m! Jak więc analiza gleby przeprowadzona na pierwszych 25 centymetrach może być jedynym narzędziem decydującym o nawożeniu?

4.2.1 Ukorzenienie w glebie

Następstwem zbyt powierzchownego i niewystarczająco objętościowego postrzegania gleb było - z braku uwagi na wskaźniki inne, niż zasobność chemiczna gleb w główne pierwiastki - rozwinięcie praktyk, które nie sprzyjały głębokiemu ukorzenianiu się upraw. Wprowadzanie do gleby fosforu w luksusowych dawkach hamuje mykoryzę i tworzenie się "grzybowego przedłużenia" korzeni roślin, służącego pobieraniu i transportowi minerałów niedostępnych dla korzeni z powodu odległości oraz niedostępności form chemicznych. W ten sposób stopniowo rozwinęliśmy rolnictwo, które jest coraz mniej samodzielne i które staje się niezdolne do pełnego wykorzystania użytkowanego terenu. Uważamy, że na obszarach uprawnych konieczne jest ponowne odkrycie trójwymiarowej wizji gleby i przywrócenie prawidłowej głębokości korzenienia się roślin. Jest to korzyść, która może zmienić obraz rolnictwa, a bez której będzie ono skazane tylko na produkcję ilościową z banalną ofertą podporządkowaną cenom światowym.

4.2.2 Zasoby żyzności

Objętość eksplorowanej przez korzenie gleby nie jest jedynym rezerwuarem żyzności pomijanym przez metodę bilansową nawożenia. Wiele mechanizmów biologicznych jest w stanie wnieść do gleby substancje chemiczne w znaczących ilościach wpływając na jej żyzność. Prawie nigdy nie bierze się pod uwagę aktywności wolno żyjących bakterii azotowych lub symbiotycznych bakterii brodawkowych, które są w stanie wiązać azot z powietrza w ilości 30-40 kg azotu/ha/rok, co odpowiada nieomal 100 kg mocznika. To samo dotyczy aktywności niektórych bakterii zdolnych do udostępniania fosforu, potasu i krzemu, niedostępnych dla roślin w słabo rozpuszczalnych formach chemicznych. Ponieważ aktywność tych pomocniczych mikroorganizmów glebowych uważa się za nieistotną, nie oceniono pośredniego wpływu na nie substancji chemicznych stosowanych w rolnictwie. Na przykład: bakterie wiążące azot są wrażliwe na nadmiar azotu z nawozów, który całkowicie hamuje ich funkcjonowanie. Masowe stosowanie nawozów syntetycznych azotowych powoduje, że rośliny są w 100% uzależnione od zewnętrznych dostaw azotu, bez korzystania ze źródeł mikrobiologicznych. Inny przykład: stosowanie związków miedzi np. w postaci cieczy Bordeaux jako fungicydu, jest szczególnie szkodliwe, wręcz niszczące dla bakterii azotowych, gdy ilość miedzi w glebie przekracza 50 ppm. Można spotkać gleby o zawartości ponad 200 ppm Cu, a nawet "rekordzistów" na poziomie 800-900 ppm Cu. Efekt skażenia gleby utrzymuje się przez dziesiątki i setki lat z uwagi na brak wypłukiwania jonów miedzi. To tylko kilka przykładów niezamierzonych skutków dla ekonomii każdego gospodarstwa, zarówno ekologicznego jak i konwencjonalnego.

Przez dziesiątki lat badań polowych modele i standardy zaleceń opierały się na dysfunkcyjnych glebach, na uprawach o mniej wydajnych systemach korzeniowych, na zahamowanej i/lub niezrównoważonej mikrobiologii. To, co nienormalne, stało się coraz bardziej zwyczajne, a to, co zwyczajne, stało się normą. Ta nowa norma, stworzona przez człowieka, wygenerowała modelowanie badan polowych, które stosuje doradztwo i doświadczalnictwo polowe.

4.2.3 Ryczałtowa wypłata za straty

Metoda bilansowa obliczania nawożenia opiera się na księgowaniu "ryczałtów" wnoszonych składników, w których systematycznie uwzględnia się także udział "nieznanych narzutów" na rzeczy bardzo zmienne, takie jak azot. W rachunkowości sklepowej "kurczenie się stanu produktów" to termin określający fakt znikających w niewyjaśniony sposób rzeczy z magazynu, a które w rzeczywistości najczęściej są kradzione. W kalkulacji zapotrzebowania na azot systematycznie uwzględnia się około 70% "kurczenia się" dla azotu (patrz tabela). Żaden sklep nie zaakceptowałby takiego rozwiązania. Dlaczego ekosystem uprawny ma być systematycznie tak nieefektywny w stosunku do azotu? Czy nie ma sposobów, aby zrozumieć te straty i ograniczyć je lub nawet zlikwidować?

Przedstawimy odpowiedzi na te pytania oraz istniejące rozwiązania, w jaki sposób zmniejszyć te straty i uczynić ekosystem uprawny zwycięzcą w starciu z tymi zjawiskami. Stosunek wapnia do magnezu to jedna z przyczyn, aktywna mikrobiologia to druga, fizyka, głębokość i gęstość ukorzenienia to trzecia.

Tabela 4.1 - Szacunkowe standardowe zapotrzebowanie na azot w jednostkach (kg/ha czystego pierwiastka) dla kwintala produkowanego plonu (źródło: Arvalis)

	Cel wynikowy (współczynnik b)	Cel jakościowy (współczynnik bq)
Pszenica zwyczajna (z wyłączeniem wysokojakościowej)	2,8 do 3,2	3 do 3,2
Pszenica wysokojakościowa	-	3,5 do 4,1
Pszenica twarda	-	3,5 do 4,1
Jęczmień ozimy	2,5	2,2
Jęczmień jary	2,5	2 do 2,5
Pszenżyto	2,6	-
Owies	2,2	-
Żyto	2,3	-

Pakiet 70% strat w „czarnej skrzynce" gleby

Powszechnie przyjmuje się, że aby zbilansować nawożenie azotem dla pszenicy, zapotrzebowanie na ten pierwiastek w przeliczeniu na kwintal wyprodukowanej pszenicy wynosi 2,8 do 3,2 kg (zalecenia Union nationale des industries de la fertilisation [UNIFA] i Arvalis). Jednak dla pszenicy o zawartości 11% białka (średnia zawartość we Francji), biorąc pod uwagę, że masowy udział azotu zawartego w białkach roślinnych wynosi 16%, jeden kwintal pszenicy odpowiada ubytkowi: $11 \times 0,16 = 1,76$ kg N/kwintal.
Pomiędzy szacowanymi potrzebami a ubytkiem azotu wraz z plonem występuje różnica wielkości 70% (w przypadku nawożenia na poziomie trzykrotności zawartości azotu w 1q ziarna $(100 - (3/1,76) \times 100 = -70$ %).

Stosowane dawki i współczynniki wykorzystania azotu są również rozczarowujące na wszystkich kontynentach i we wszystkich uprawach (Krupnik i *in.*, 2009).
Procent zastosowanego azotu odzyskany w plonie wynosi w pszenicy 31%, w kukurydzy 24%, a w ryżu 37% wskutek strat spowodowanych wymywaniem, ulatnianiem do atmosfery i przemieszczaniem w głąb gleby.

4.2.4   Wielorakie i często nieznane funkcje nawozów

Podczas II Wojny Światowej wojska alianckie wylewały na pola duże ilości substancji zawierających sole amonowe. Jaki był cel tych działań? Z pewnością nie po to, by użyźnić glebę. W rzeczywistości armia używała związków amonu ze względu na jego działanie zagęszczające glebę. Celem było ustabilizowanie podłoża dróg dojazdowych, terenu obozów polowych lub nawet pasów startowych.

Ta sama technika bywa stosowana z użyciem soli amonowych przy dużych pracach inżynieryjnych (Davidson, 1962). Oczekiwana funkcjonalność stosowania związków amonu w rolnictwie jest zupełnie inna. Głównym celem jest zapewnienie odżywienia upraw. Czy jednak można pominąć wtórne oddziaływanie tych jonów na system glebowy? Każde działanie na gleby, czy mechaniczne, chemiczne, czy też biologiczne opiera się zwykle na jej precyzyjnie określonej i unikalnej funkcji. Ale każde takie działanie niesie ze sobą zakłócające funkcje wtórne, które czasem są korzystne, czasem szkodliwe, a często bardzo zróżnicowane. Łatwo zrozumieć, że intensywne, wielokrotne stosowanie związków amonu ponad potrzeby roślin przyniesie ten sam efekt, którego szukają inżynierowie budownictwa: stabilizację, czyli utwardzenie gruntu, zagęszczenie i konieczność użycia większej siły do jego przemieszczania. Pozostając przy temacie nawożenia azotowego - dawki azotu syntetycznego w postaci NO_3^- mają również wpływ na równowagę hormonalną roślin. Azot działa korzystnie na produkcję cytokinin, a na niekorzyść hormonów antagonistycznych - auksyn. Sprzyja to zjawiskom wydłużania się liści i pędów, podczas, gdy tworzenie i wzrost korzeni są przyhamowane. Nierozsądne i nadmierne stosowanie jonów azotanowych przyczynia się do zmniejszenia głębokości korzenienia oraz osłabienia zdolności roślin do eksploracji głębszych warstw gleby i korzystania z pełnych rezerw wody oraz składników odżywczych w niej zawartych.

■ Zaburzona równowaga mineralna

Stosowanie azotu w formie nawozów syntetycznych wpływa również na pobieranie innych składników mineralnych. Luksusowe pobieranie przez rośliny azotu sprzyja także przyswajaniu wapnia i magnezu. Natomiast niekorzystnie wpływa na przyswajanie fosforu, potasu, miedzi, cynku, manganu i boru. Nie oznacza to, że rolnictwo powinno obyć się bez syntetycznych nawozów azotowych. Należy jednak znać skutki uboczne i lepiej je uwzględniać. Wczesne zastosowanie azotanów - wiosną - zapewnia obfite odżywianie azotem, gdy gleba jest jeszcze zimna. Miedź, cynk, mangan i molibden nie są jeszcze dostępne, ponieważ aktywność biologiczna gleby i roślin dopiero się rozpoczęła. Skład soku może być zatem niezrównoważony, zwłaszcza, że ich wchłanianie będzie utrudnione przez antagonizm wywierany przez łatwą dostępność azotanów. Ponieważ te pierwiastki mikroelentowe biorą udział w wielu reakcjach enzymatycznych, roślina prawdopodobnie nie będzie w stanie przeprowadzić wydajnej syntezy białek, także obronnych. Azotany pozostając dłużej dostępne roślinom w tej formie lub w postaci prostych aminokwasów osłabiają własną odporność roślin na choroby grzybowe. **Źle prowadzone nawożenie azotowe prowokuje stan uprawy wymagający stosowania fungicydów, co podnosi ich wartość i czyni je niezbędnymi.**

■ Nawóz amonowy może odwapniać i zakwaszać glebę

Pouczające dla rolnika bywa spojrzenie na techniki analizy laboratoryjnej. Metoda Metsona obliczania pojemności wymiennej kationów, CEC, polega na zastosowaniu odczynnika na bazie octanu amonu. Zawarty w nim NH_4^+ (jon amonowy) jest w stanie zastąpić inne kationy zatrzymane przez przyciąganie elektrostatyczne na substancjach ilastych gleby i w humusie, takie jak wapń, magnez, potas i sód. Ta technika laboratoryjna stosowana na całym świecie i na wszystkich rodzajach gleb, pokazuje jak potężną i uniwersalną funkcję pełni ten jon w zastępowaniu kationów Ca, Mg, K i Na. Stosowanie nawozów amonowych w nadmiernych ilościach może zatem "wyrzucać" zmagazynowane kationy do roztworu glebowego. Kationy metali uważane za trudno wymywalne i nie bez powodu, bo zajmują swoje stałe miejsca w kompleksie sorpcyjnym. Na początku konsekwencje wydają się wybitnie pozytywne, ponieważ wzrasta zawartość dostępnych minerałów w roztworze glebowym, a to może powodować lepszy wzrost upraw i zwiększenie plonów. To prawda, ale następstwem jest obniżenie zasobności gleby i spadek jej jakości. Kolejnym krokiem w opisywanym scenariuszu jest nitryfikacja amoniaku w dwóch etapach: nitryfikacja oraz nitrowanie, zgodnie z następującymi reakcjami chemicznymi:

1. Nitryfikacja: $NH_3 + O_2 \rightarrow NO_2^- + 3H^+ + 2e^-$
2. Nitrowanie: $NO_2^- + H_2O \rightarrow NO_3^- + 2H^+ + 2e^-$

W procesie utleniania azotu w związkach mineralnych (amoniaku, azotu amonowego w postaci azotanów lub mocznika) przez mikroorganizmy glebowe powstają również jony hydroniowe (H^+ czasami opisywane również jako H_3O^+), które są odpowiedzialne za spadek pH. Po nitryfikacji jon amonowy pozostawia po sobie ślad w postaci kwaśnych jonów hydroniowych na miejsce wypartych jonów zasadowych z kompleksu sorpcyjnego gleby.

4.2.5 Azotany nigdy nie podróżują same

Nawożenie syntetycznym azotem można obwiniać za wiele skutków ubocznych, które nadal są w dużym stopniu ignorowane, w szczególności w odniesieniu do straty wapnia i innych kationów z gleby. W rzeczywistości wprowadzenie związków azotu prowadzi do obecności w glebie i ucieczki znaczących ilości azotanów. Jednak azotany nigdy nie przemieszczają się same, lecz wraz z kationami wapnia, potasu lub sodu tworząc z nimi sole. Sole te są bardzo dobrze rozpuszczalne i mogą być łatwo przyjmowane przez glebę, mogą też ją łatwo opuścić. Sole te są bardzo podatne na wymywanie, które prowadzi do ucieczki alkalicznych kationów, co potęguje zakwaszenie gleby. Poprawa efektywności wykorzystania azotu przez rośliny jest więc nie tylko źródłem oszczędności w nawożeniu azotem, w tym azotem syntetycznym, który nie jest sam w sobie szkodliwy dla ekosystemu upraw, jeśli jest efektywnie wykorzystywany przez roślinę. To właśnie niewykorzystany azot zakwasza i degraduje glebę. Według prac prof. Philipa Baraka (1997) z wydziału glebowego Uniwersytetu Wisconsin (USA), 40 lat nawożenia azotem syntetycznym powoduje "zużycie się" gleby równoważne okresowi 1000 lat "naturalnej" jej degradacji. Wynika to z zakwaszenia (spadek średnio o 1,5 punktu pH), destrukcji struktury substancji ilastych i zmniejszenia o 30% pojemności wymiennej kompleksu sorpcyjnego, zwłaszcza kationów (CEC).

■ Działania niepożądane związane ze stosowaniem chlorku potasu

Stosowanie metody bilansowej nawożenia bez uwzględnienia mechanizmów biochemicznych w glebach może prowadzić do kolejnego błędu agronomicznego przy stosowaniu chlorku potasu (KCl). W rzeczywistości chlor tworzy w glebie z kationami takimi jak wapń sole chlorku wapnia, które są silnie higroskopijne i bardzo dobrze rozpuszczalne w wodzie, a więc wyjątkowo łatwo wymywalne. Im większe dawki KCl, tym większe straty przez wymywanie wapnia w postaci CaCl, a więc powstaje konieczność wapnowania w celu wyrównania strat. Zjawisko to jest szczególnie poważne i wyraźnie zauważalne w systemach uprawy zerowej, gdyż z powodu braku mieszania gleby nie ma drogi powrotu wmytych w głąb gleby jonów na jej powierzchnię. Bardzo często obserwujemy wyraźne zakwaszenie gleby. Siarczan potasu nie ma tak dużego wpływu zakwaszającego, ponieważ nowa sól powstała w wyniku połączenia jonu siarczanowego z wapniem w glebie, siarczan wapnia, jest znacznie mniej rozpuszczalna (2 g/l) w wodzie, niż chlorek wapnia (745 g/l). Chlorek potasu jest bardzo dobrym odkamieniaczem, jak to przed chwilą widzieliśmy, ale także bardzo dobrym zakwaszaczem gleb ze względu na właściwość, jaką ma potas, polegającą na wypieraniu jonów H^+ z roztworu glebowego, zajmując ich miejsce w substancjach ilastych i w próchnicy. Chlorek potasu jest powszechnie wykorzystywany przez laboratoria do analizy gleby przy usuwaniu jonów H^+ z kompleksu kationów CEC. Dlatego wartości pH w roztworze KCl podawane przez laboratoria są zawsze niższe, niż wartości pH wody mierzone w inny sposób.

4.3 Związek między pH a wapniem często jest słabo rozumiany

4.3.1 Zarządzanie zakwaszeniem, czyli pH gleby

Kwestia zarządzania pH gleby uprawnej była często traktowana zbyt lekko. W zaleceniach często postuluje się docelowe pH na poziomie około 7 lub nieco poniżej 7. Ponadto systematycznie pokazuje się związek przyczynowy pomiędzy nadmiarem lub deficytem jonów wapnia a odpowiednio wysokim, czy też niskim pH. Jest to sytuacja powszechna, ale nie można jej uogólniać. Prawdą jest, że jony wapnia bardzo często biorą udział w odkwaszaniu gleby. Nie jest to jednak bezwzględna reguła. W przypadku niektórych gleb to jony potasu przyczyniają się do zasadowości, lub jony magnezu, a nawet jony sodu. W takich przypadkach dodanie zewnętrznego źródła wapnia może być bardzo korzystne, ponieważ gleby te są często niedoborowe z powodu wieloletnich praktyk agronomicznych, które nie zostały dostosowane do rzeczywistej sytuacji w glebie. Gleby nadmorskie, takie jak poldery (sód), gleby bagienne regionu Limagne (magnez), murawy regionu Jury (potas) są potencjalnie dotknięte zasadowością niewapniową. W takich sytuacjach należy dodać sole wapnia, nawet jeśli pH jest wysokie. Z drugiej strony istnieją gleby kwaśne o dużej zawartości jonów wapnia. Tak jest w przypadku gleb powstałych na gipsowych skałach macierzystych ($CaSO_4$), które można znaleźć w Hiszpanii w dolinach Tajo i Elno, w Bułgarii i w południowo-zachodniej części Stanów Zjednoczonych. Gips jest solą wapniową kwasu siarkowego i jako taki nie ma funkcji neutralizującej. Siarczan wapnia w roztworze ma pH około 6,5. Fakt, że pH jest stosunkowo niskie nie musi oznaczać, że wapń jest potrzebny do przywrócenia równowagi w tych glebach i być może potrzebne są inne zasady, niż wapń.

4.3.2 Zakwaszenie powierzchni gleby często pozostaje niezauważone

Kolejnym słabym punktem analiz glebowych jest prawidłowy pomiar pH. W szczególności bardzo często niedoceniane lub wręcz pomijane są zakwaszenia powierzchniowe. Oto przykład: podczas badań gleby piaszczysto-gliniastej na profilu polowym w sadach migdałowych w Kalifornii zauważyliśmy ekstremalne różnice pH pomiędzy warstwami gleby. pH wynosiło 4 na powierzchni i 9 na głębokości zaledwie 20 cm (pomiar za pomocą kwasomierza Helliga). Metoda nawadniania zalewowego stosowana w tym miejscu od pięćdziesięciu lat na glebach szkieletowych doprowadziła do zróżnicowanej sedymentacji pierwiastków z bardzo dużą koncentracją piasku na powierzchni i większą zawartością substancji ilastych w głębszej warstwie. Skutkiem tego było wymywanie kationów z warstwy powierzchniowej. Jednak średni poziom pH jaki wykazała analiza gleby w tym przypadku wynosił idealnie około 6,8. Skrajności tworzą razem dobrą średnią, ale w tej "dobrej średniej" roślina może umrzeć! Na tej działce drzewa były likwidowane z powodu braku plonu, przy całkowitym niezrozumieniu przyczyn przez rolnika. Tak trudno jest rozpoznać czasami poważne dysfunkcje w zakresie pH i żyzności opierając się jedynie na uśrednionej analizie gleby. W Europie wielu rolników, nawet w regionach o podłożu ze skał osadowych węglanowych, spotyka się z podobnymi sytuacjami i często tkwiąc w nieświadomości zyskują przekonanie, że jedyne co muszą zrobić, aby przywrócić i utrzymać równowagę mineralną i chemiczną gleby, to zaprzestać uprawy gleby i stosowania syntetycznych środków chemicznych.

B

B - MAGAZYNOWANIE WĘGLA: NOWE MOŻLIWOŚCI

Traktowanie gleby jako różne cząstkowe tematy, a nie jako całości, doprowadziło nas do przyjęcia typowo księgowego podejścia do jej żyzności. Widzieliśmy już jak to czysto księgowe podejście jest naukowo błędne. Jest ono jeszcze bardziej błędne, gdy myślimy o glebowej materii organicznnej, gdyż jest ona w największym stopniu zależna od równowagi organizmów, które w niej żyją i ją tworzą. Od tego zależy efektywność przemian materii organicznej. Im lepsza sprawność biologiczna, tym stabilniejsza jest produkowana materia organiczna. Wyzwaniem jest znalezienie sposobów na przesunięcie kursora doboru organizmów żywych i faworyzowanie głównych rodzin budowniczych próchnicy. W tym rozdziale szczegółowo przedstawimy:

- Rolę mikrobiologii w przemianach i składowaniu substancji zawierających związki węgla.
- Praktyki rolnicze, które się do tego przyczyniają.
- Naturalne mechanizmy cyklu gospodarowania materią organiczną w zależności od stref klimatycznych oraz praktyki rolnicze respektujące ten cykl.

5 ZNACZENIE MIKROORGANIZMÓW

5.1 Paradoksalny spadek poziomu materii organicznej

Nieuwzględnienie złożonych procesów życia w glebie doprowadziło do kilku spektakularnych skutków w praktykach agronomicznych, z których nieliczne już zauważyliśmy. Jeden z nich powinien być dla nas oczywisty już dawno temu, a mianowicie ciągły spadek poziomu materii organicznej w glebach rolnych od 1950 roku. Wraz ze wzrostem plonów biomasy roślin uprawnych (związanym również ze wzrostem nakładów na produkcję), ekosystem uprawny nigdy nie zwracał tak dużo materii organicznej do gleby, a mimo to nigdy nie mieliśmy jej tak wielkiego jej niedoboru.

5.1.1 Równanie materii organicznej

Podręczniki rolnicze z XX wieku wyjaśniały, że nowe metody uruchomią koło sukcesu: więcej nawozów, wyższe plony, więcej materiału organicznego zwróconego do gleby, a więc więcej próchnicy. Nadzieja, że im więcej się wkłada, tym więcej się magazynuje, była płona. Stosowane do dziś obliczenia bilansu humusowego są czystą spekulacją. Współczynnik równowagi powstawania i rozkładu próchnicy wyraża wydajność przemiany materii organicznej w stabilną próchnicę, który przyjmuje się jako stały dla każdego rodzaju materiału (np. 0,15 dla słomy). Jednak zależy on nie tylko od materiału, ale także od warunków humifikacji. Są to wartości średnie, które możemy poprawić lub pogorszyć poprzez praktyki uprawowe. Jeśli chodzi o współczynnik mineralizacji materii organicznej, to również jest on oceniany jako stały. Jednak z pewnością nie jest on stały, gdyż zależy od roślin okrywowych, nawożenia i uprawy roli, które wpływają na różne łańcuchy procesów glebowych. Bilans humifikacji i mineralizacji stanowi podstawę równań organizmów żywych, które - ku wielkiej rozpaczy całego pokolenia agronomów - nigdy nie zostały obliczone. Jak mogliśmy dojść do takiej paradoksalnej sytuacji?

5.1.2 Wszystko zależy od rodzaju aktywnych mikroorganizmów

Fakt, że poziom materii organicznej spada, jest dowodem na to, że kwestia poziomu materii organicznej w glebie nie jest po prostu kwestią arytmetyki pomiędzy wprowadzanymi do gleby ilościami a wynikami. Zjawisko to jest w rzeczywistości w dużo większym stopniu wynikiem praktyk agronomicznych, które ukierunkowały życie w glebie na mineralizację, a nie na humifikację. Grzyby budujące próchnicę są systematycznie uszkadzane przez obecne praktyki rolnicze, w szczególności przez systematyczne stosowanie fungicydów i glifosatu, stosowanie głębokiej orki, nawozów zielonych, które bardziej przypominają sałatę, niż drewno, lub aplikację nawozów syntetycznych powodujących zasolenie gleby. Z drugiej strony systematycznie jest faworyzowana flora bakteryjna, która jest mniej wrażliwa na te praktyki i silnie mineralizuje młodą materię organiczną.

5.1.3 Dobre intencje działań, które wymagają poprawy

Dopóki mechanizmy te nie zostaną poznane, zrozumiane i uwzględnione w procesie decyzyjnym, dopóty obecne praktyki agrotechniczne będą kierować gleby w stronę mineralizacji. Dzieje się tak niezależnie od rodzaju rolnictwa, jak bardzo "zielone" mogło by się ono wydawać. Pomijając wszelkie refleksje na ten temat, rolnictwo ekologiczne i rolnictwo zrównoważone chroniące zasoby naturalne wciąż mają ogromne pole do popisu w zakresie reorientacji praktycznego rolnictwa na rzecz efektywnego i długoterminowego magazynowania węgla w glebie. Analizy wielu publikacji i wspólne prace INRA i Arvalis Institut du végétal (*Effects of tillage on biogeochemical cycles (nitrogen and carbon)*, 2014) wykazały na przykład, że praktyki bezuprawowe "no-till" modyfikują rozmieszczenie materii organicznej w glebie, ale już nie mają wpływu na jej zwiększanie jej ilości i magazynowanie. "Głównym efektem uprawy uproszczonej jest stworzenie rozwarstwienia materii organicznej w profilu. Zasoby węgla nie zostają zwiększone." Ponadto badanie wskazuje na niewielki lub żaden wzrost wykorzystania praktyk bezuprawowych. Co więcej, powrót do systemu orkowego po zastosowaniu uprawy konserwującej prawdopodobnie nie spowoduje znacznego zmniejszenia zasobów węgla w glebie. "Chociaż istnieją dobre powody, by stosować techniki bezuprawowe, nie prowadzą jednak one do tego, by efektywnie mogły sekwestrować węgiel" - podsumowuje badanie. Co do globalnej emisji gazów cieplarnianych: "Bilans jest w średnio-niewielkim stopniu pogorszony przez uprawę roli. Nie jest ona decydującym kryterium dla przyjęcia praktyk bezuprawowych". A więc maszyny uprawowe i orka nie są jedyną, najważniejszą przyczyną degradacji gleby! Nie ma w tym żadnej tajemnicy: jeśli chcemy przywrócić funkcje magazynowania węgla przez gleby, musimy najpierw zrozumieć mechanizmy związane z tym procesem.

5.1.4 Próby maksymalizacji zysków prowadzą do coraz większej degradacji gleby

Dlaczego nasze praktyki są, prawie wszędzie i we wszystkich systemach, niekorzystne dla sekwestracji węgla? Część odpowiedzi leży w fakcie, że powszechnie akceptowanym wskaźnikiem oceny wartości praktyki, prawidłowości działań, skuteczności nawozu lub opłacalności pestycydu jest plon. Nieświadomie, ale skutecznie, systematycznie wybieraliśmy wszystko, co degraduje glebę. Głównym zmagazynowanym kapitałem węgla jest próchnica glebowa. Mineralizacja materii organicznej jest procesem, który dostarcza roślinom składników odżywczych w idealnych proporcjach, dostarczając nie tylko składniki mineralne, ale także bardziej złożone składniki organiczne, aminokwasy, cukry itp., już częściowo uformowane, będące gotowym budulcem życia. Proces ten jest niezwykle korzystny dla wzrostu i plonowania roślin. Wspominaliśmy już o tym w części A, dotyczącej pozytywnych, choć przejściowych skutków stosowania "cydów". Niezależnie od rodzaju rolnictwa, praktyki przyczyniające się do mineralizacji materii organicznej systematycznie wypadają korzystniej w testach agronomicznych nakierowanych na plon. Sami przeprowadziliśmy próby przy zbyt słabym wzroście drzew owocowych. Zastosowanie metamu sodowego, biocydu o bardzo szerokim spektrum działania, który jest grzybobójczy, owadobójczy, chwastobójczy i nicieniobójczy, prowadzi początkowo do niezwykłego wzrostu wydajności, któremu towarzyszy zanik niedoborów żywieniowych, gdyż wszystko, co jeszcze było zmagazynowane w zniszczonej mikrofaunie i mikroflorze gleby, zostaje natychmiast udostępnione roślinom. Liczba nawozów, substancji czynnych środków ochrony roślin i zabiegów uprawowych prowadzących do takiego "czyszczenia magazynów glebowych" jest imponująca – są to praktycznie wszystkie "cydy", źle skalibrowane nawozy N, P i K, głęboka orka, wadliwe oraz nadmierne wapnowanie, niektóre nawozy zielone, wpływ korzeni na dekompozycję materii organicznej gleby (RPE = *Rhizosphere Priming Effect*)...

5.1.5 Przywrócić równowagę między magazynowaniem a mineralizacją węgla

Degradacja materii organicznej gleby z definicji nie jest zrównoważona, a negatywne skutki tego uszczuplenia zasobów gleby są odczuwalne powoli, ale boleśnie. Poza faktem, że wyczerpywanie się zasobów zgromadzonych w glebie osiąga poziom, który osłabia odporność gleb, upraw i samej działalności rolniczej, to magazynowanie węgla w glebie nabiera obecnie bardziej uniwersalnego wymiaru. Jest to potencjalnie bardzo efektywna droga do zmniejszenia stężenia gazów cieplarnianych. W rolnictwie przywracającym potencjał biologiczny gleby wyzwaniem będzie znalezienie równowagi między sekwestracją a mineralizacją związków zawierających węgiel.
Osiągnięcie zysków netto jednocześnie sekwestrując węgiel jest całkowicie wykonalne i zgodne z różnymi systemami produkcji. Możliwe jest osiągnięcie magazynowania w glebie węgla netto oraz utrzymanie korzystnej i wystarczającej zdolności do jego mineralizacji. W tej części chcemy umożliwić lepsze zrozumienie dynamiki materii organicznej w glebach i zaproponować sposoby przywrócenia optymalnego zarządzania węglem w glebach.

5.2 Znaczenie mikroorganizmów

Zawartość materii organicznej w glebie jest saldem procesów humifikacji i mineralizacji. Mikroorganizmy kontrolują te przemiany materii organicznej w glebie. W tym rozdziale omówimy znaczenie poszczególnych grup mikroorganizmów w procesach przetwarzania i rozkładu materii organicznej, ale także dostarczania jej roślinom.

5.2.1 Podstawowe pojęcia, ważność aktywności biologicznej gleby i recyklingu składników odżywczych

□ Skład biomasy

Z całkowitej biomasy świata szacowanej na około 600 gigaton (z czego tylko 1,3% znajduje się w oceanach), **82% stanowią rośliny**. Następnie bakterie (12,84%), grzyby (2,20%), archeony (1,28%) i protisty (eukarionty, glony; 0,73%). Ostatecznie zwierzęta stanowią zaledwie 0,37% biomasy świata.

□ Mikroorganizmy, to kluczowi gracze

Mikroorganizmy są wszechobecne w glebach. Ich udział wagowy jest prawie równy udziałowi korzeni, a powierzchnia wymiany jest znacznie większa, niż korzeni. Ich rola dla środowiska glebowego jest kolosalna. W dużej mierze kontrolują one cykl węglowy. Są strażnikami wymiany węgiel-gleba-atmosfera (Schimel i Schaeffer, 2012; Gleixner, 2013). Są zatem głównym (prawdopodobnie) podmiotem, który może sterować funkcjonowaniem gleby w różnych kierunkach i wpływać na cykl węglowy w skali globalnej.

Produkcja pierwotna zapewnia glebie zapotrzebowanie na energię

Biomasa glebowa mikroorganizmów czerpie energię głównie z wydzielin korzeniowych i martwych tkanek organicznych, w większości pochodzenia roślinnego. Te dwa źródła regularnie dostarczają mikroorganizmom "pożywienia i schronienia". Pomiędzy "posiłkami" wyspecjalizowana mikroflora rozkładająca materię organiczną przechodzi w stan uśpienia i pozostawia pole działania dla innej flory, asymilacyjnej lub chemolitotroficznej.

■ Humifikacja i magazynowanie węgla

Próchnica (humus) jest materią organiczną gleby powstałą w wyniku przemian pierwotnej materii organicznej powstałej w wyniku fotosyntezy - głównie roślinnej i mikrobiologicznej. Próchnica składa się z kwasów humusowych: fulwowych i huminowych (materii organicznej relatywnie bogatej w azot) oraz humin. Różne procesy biologiczne prowadzą do wytworzenia próchnicy, ale z bardzo zróżnicowaną efektywnością pod względem jakości jak i ilości wytworzonego humusu.

Proces rozkładu i humifikacji resztek pożniwnych ma następujący średni efekt dla 1 kg resztek pożniwnych słomy (jest on znacznie mniej korzystny dla nawozu zielonego).

Tabela 5.1 - Produkty rozkładu 1 kg słomy i 1 kg zielonego nawozu oraz ich przekształcenie w różne rodzaje humusu

	CO_2 oddychanie-metabolizm	Próchnica młoda	Próchnica stabilna	Współczynnik przekształcenia
Słoma	600 do 800 g	50 do 120 g	20-60 g	0,15
Nawóz zielony	800 do 950 g	15 do 50 g	5 do 15 g	0,05

☐ **Bilans mineralny humusu**

Humus składa się zasadniczo z C (węgla), N (azotu), S (siarki) i P (fosforu) w następujących proporcjach: 100 węgla /10 azotu /1 siarki /1 fosforu /1 potasu / oraz 0,1 pierwiastków mikroelementowych. Biorąc do obliczeń 3000 ton gleby/ha (patrz tabela) każdy procent substancji organicznej w glebie stanowi 30 ton na hektar. Jest to około 3000 kg azotu, 300 kg siarki, 300 kg fosforu i 30 kg mikroelementów. Tempo mineralizacji substancji organicznej jest bardzo zmienne i

wynosi od 0,5 do 3%/rok). Zainteresowanie roślin tym składem wynika z faktu, że substancja pochodzi z organizmów żywych a humus praktycznie jest koncentratem z organizmów żywych i jego mineralizacja dostarcza do roztworu glebowego bogaty koktajl, który w pełni zaspokaja potrzeby roślin.

Tabela 5.2 - Bogactwo mineralne reprezentowane przez jeden procent glebowej materii organicznej na hektar (w oparciu o masę 3000 ton gleby/ha)

Glebowa materia organiczna w kg/ha	C	N	S	P	Mikroelementy
30 000 kg	27 000 kg	3 000 kg	300 kg	300 kg	30 kg

Gleby sekwestrują ponad połowę węgla na Ziemi

Węgiel, który wchodzi do cyklu węglowego, występuje na Ziemi głównie w postaci materii organicznej. Żywa biosfera Ziemi zawiera mniej więcej tyle samo (620 GtC) węgla co atmosfera. Materia organiczna w glebach, składająca się ze zhumifikowanych i rozkładających się tkanek roślinnych i zwierzęcych, a także z żywych zbiorowisk mikroorganizmów i makrofauny, zawiera ponad dwukrotnie więcej węgla, łącznie około 1580 GtC (Gleixner i *in.* , 2001).

□ **Współczynnik mineralizacji materii organicznej jest zmienny**

W warunkach gleby nie uprawianej magazynowana w niej substancja organiczna będzie mineralizowana bardzo powoli. Natomiast przy intensywnej uprawie roli zostanie ona zmineralizowana w znacznie większych ilościach wskutek zwiększonego natlenienia. W zależności od sposobu uprawy gleby mineralizacja i rozkład materii organicznej będzie zachodziło w ilości od 0,5 do 3%/rok. W dolnej granicy tego zakresu (0,5%) będziemy mieli często problematyczne miejsca z nieprzetworzoną materią organiczną (płytkie gleby zwietrzelinowe, torfowiska, zimne gleby ze zbyt dużą ilością nawozów organicznych). Z drugiej strony, w kierunku wysokiego zakresu (3%), w dobrych glebach gliniastych z intensywnymi uprawami (buraki, ziemniaki, warzywa), gdzie będziemy mieli szybkie spadki poziomu próchnicy. Przyspieszona mineralizacja przynosi obfite plony, ale również obfite marnowanie węgla i azotu zmagazynowanego w materii organicznej gleby. Tak dzieje się w przypadku zaorywania użytków zielonych. Zmienność procesu mineralizacji jest jednym z czynników, pośród wielu innych, które zawsze będą pokazywać prawdę przeczącą najlepszym prognozom bilansowego, "księgowego" tworzenia próchnicy.

□ **Ilość wymieszanych z glebą odpadów organicznych to nie wszystko**

Obecnie modele prognostyczne dotyczące przekształcania materii organicznej w glebie nadal opierają się zasadniczo na ilości zwracanej glebie substancji organicznej. W rzeczywistości jednak dynamika przemian glebowej materii organicznej znajduje się głównie pod kontrolą drobnoustrojów. W związku z tym, to co jest istotne z punktu widzenia tworzenia próchnicy decydująca jest nie ilość dodanej materii do gleby, ale aktywność pewnych grup mikroorganizmów. Wiedząc o tym możemy założyć, że tempo sekwestracji węgla w glebach z pewnością będzie bardziej zależne od zmian klimatu i roślinności, niż dotychczas sądzono. Jednak założenia te nadal nie są włączone do modeli zmian klimatu (Detlef, 2005) i rzadko są uwzględniane przy wdrażaniu praktyk rolniczych.

5.2.2 Mikroorganizmy: główni dyrygenci dynamiki tworzenia próchnicy

Mikroorganizmy są głównymi dyrygentami cyklu materii organicznej w glebie. Oto przegląd różnych uczestników tego procesu i ich zdolności lub niezdolności do tworzenia dużych ilości stabilnej i funkcjonalnej próchnicy.

■ **Grzyby**

1. **Grzyby pełnią** ważne funkcje w obiegu wody, obiegu składników odżywczych, obiegu węgla i zdrowiu roślin. Grzyby glebowe można

podzielić na trzy grupy funkcjonalne w zależności od ich preferencji żywieniowych.

2. **Grzyby saprofityczne,** w tym podstawczaki i workowce przekształcają martwą materię organiczną w biomasę grzybów, dwutlenek węgla (CO_2) i inne związki chemiczne, takie jak kwasy organiczne. Niektóre z tych grzybów są patogeniczne. Grzyby te zwykle wykorzystują złożone związki, takie jak celuloza i lignina. Mogą również uczestniczyć w rozkładzie naturalnych lub syntetycznych zanieczyszczeń organicznych, np. pestycydów. Przyczyniają się do zwiększenia akumulacji materii organicznej bogatej w kwasy humusowe, które są odporne na degradację i mogą pozostawać w glebie przez setki lat.

3. **Symbiotyczne grzyby mykoryzowe** kolonizują korzenie roślin. W zamian za związki węgla uzyskiwane od rośliny, grzyby mykoryzowe pomagają rozpuszczać fosfor, mineralizować próchnicę (przez związaną mikroflorę) i dostarczać roślinie składniki odżywcze gleby (fosfor, azot, pierwiastki mikroelementowe i ewentualnie wodę).

4. **Grzyby patogeniczne** lub pasożytnicze (niektóre z nich są również saprofityczne). Grzyby chorobotwórcze przenoszone drogą powietrzną (mączniaki, fuzaria, septorie itp.) oraz grzyby chorobotwórcze korzeni, z rodzin takich jak *Verticillium, Pythium* i *Rhizoctonia*, są w zasadzie "oportunistami", którzy wykorzystują słabości roślin. Są czyścicielami ekosystemu.

■ Grzyby - organizmy ściśle tlenowe

Grzyby należące do podstawczaków i workowców są organizmami ściśle tlenowymi, mogą rozwijać się tylko w obecności tlenu. Grzyby glebowe są więc bardzo wrażliwe na brak tlenu, zagęszczenie gleby i nadmierne nawodnienie. Dlatego tak ważna jest obserwacja struktury gleby (patrz "profil glebowy"). Ani grzyby saprofityczne, ani mykoryzowe nie cenią sobie środków grzybobójczych. Preferują pH kwaśne do lekko kwaśnego, stąd tak ważne jest prawidłowe stosowanie polepszaczy gleby i nawozów (patrz rozdział "Nawożenie"). Są bardzo wrażliwe na uprawę roli.

■ Saprofity: organizmy, którym sprzyja obecność drewna (lignin)

Saprofity (podstawczaki i workowce) cenią sobie dostępność materiałów bogatych w celulozę i ligninę jako pożywienie, co daje im przewagę konkurencyjną nad bakteriami, gdy przyorujemy słomę. Odwrotna sytuacja ma miejsce, gdy do gleby trafiają nawozy zielone. Grzyby "rozkładacze" roślin bardzo efektywnie wykorzystują i magazynują węgiel (40-55% węgla pierwotnego) i same mają dość wysoki stosunek węgla do azotu C:N wynoszący od 10:1 do 25:1. Zawartość ligniny ma znacznie większe znaczenie dla tempa degradacji przez grzyby, niż stosunek C:N w resztkach roślinnych, gdyż lignina jest związkiem złożonym i dłużej trwa jej przetwarzanie w glebie). Wysoka zawartość ligniny jest znacznie bardziej decydująca w preferowaniu rozwoju konkretnych grup grzybów. W istocie tylko grzyby są wyposażone w arsenał enzymatyczny przydatny do tej operacji i dzięki temu są w stanie uwolnić celulozę związaną z ligninami. Za każdym razem, gdy do gleby podawana jest masa organiczna bogata w ligninę, faworyzowane są grzyby i inni współtwórcy próchnicy. Za każdym razem, gdy dostarczana jest dawka substancji organicznej bogata w pierwiastki rozpuszczalne i celulozę, sprzyja się aktywizacji pokarmowych łańcuchów bakteryjnych.

■ Dawka żywieniowa plus minus dostosowana do potrzeb grzybów

Strawność pasz dla krów jest dobrze udokumentowanym przykładem tego, że bakterie preferują materiały bogate w cukry proste i celulozę, a są źle przystosowane do trawienia ligniny. Żwacz krowy to prawdziwa fabryka degradująca celulozę. Żwacz jest zasiedlony głównie przez bakterie celulolityczne przy braku, lub bardzo małej obecności grzybów. Strawność paszy przez krowę jest maksymalna (95-100%) w pierwszym poroście wiosennym, gdy zawartość ligniny jest praktycznie zerowa. Strawność paszy w żwaczu krowy maleje wraz z wiekiem roślin zielonych proporcjonalnie do udziału ligniny. W dalszej części artykułu zobaczymy, że ekologiczna rola przeżuwaczy w ekosystemach polega na zubożaniu zwracanej do gleby substancji organicznej w postaci obornika o celulozę i inne substancję łatwo rozpuszczalne.

Budowa stabilnej próchnicy w glebach wymaga odtworzenia dojrzałej lub strawionej przez przeżuwacza materii organicznej.

■ Ekologia mykoryz

Mykoryzy nie tworzą się na korzeniach roślin kapustnych ani roślin szarłatowatych (kapusta, rzepak, gorczyca, buraki, szpinak itp.). Liczebność grzybów mykoryzowych znacznie spada, gdy rośliny z tych rodzin botanicznych są znacząco obecne w zmianowaniu. Grzyby mykoryzowe nie tolerują zaburzeń równowagi mineralnej, zwłaszcza w zakresie stosunku wapnia do magnezu, nadmiaru zawartości fosforu i azotu, co zobaczymy w rozdziale o nawożeniu. Częsta i głęboka uprawa roli jest dla nich szkodliwa, podobnie jak stosowanie fungicydów o szerokim spektrum działania.

Grzyby mykoryzowe tworzą strzępki, które są 20 do 50 razy cieńsze, niż korzenie roślin, rzędu mikronów, tj. porównywalne do wielkości cząsteczek mineralnych substancji ilastych. Ta cecha pozwala im na eksplorację miejsc niedostępnych dla korzeni roślin i dostarczanie im minerałów, w tym fosforu i azotu, a także wody, które w innym przypadku byłyby niedostępne. Jest to wymiana typu "win-win" z rośliną żywicielską, która dostarcza grzybowi związków węgla - zarówno cukrów, jak i tłuszczy. Roślina jest wielkim wygranym w tej wymianie. Dzieli się swoimi cukrami, ale zyskuje na "energii netto" dzięki tańszemu dostępowi do minerałów, gdyż to "przedłużenie korzeni" o cienkie strzępki grzyba, w porównaniu z jej własnymi korzeniami, pozwala na zaoszczędzenie ogromnych ilości asymilatów - węglowodanów. Dodatkowo rozwinięte grzybnie przyczyniają się do stabilności strukturalnej gleby i zapobiegają jej zagęszczaniu itp.

■ Bakterie

Bakterie są znacznie mniejsze od grzybów i są bardzo dobrze przystosowane do ekstremalnych i jednostronnych warunków środowiskowych. Susza, powódź, intensywna uprawa roli... Ich populacje przeżywają ekstremalne warunki, ponieważ mały rozmiar bakterii zawsze pozwala niektórym koloniom znaleźć mniej ekstremalne mikrosiedliska w glebie.

Bakterie są swoistym koncentratem aminokwasów i organelli, zawierającym 10-30% azotu. Są mniej wydajne, niż grzyby w przekształcaniu węgla z produkcji pierwotnej roślin w nowe cząsteczki organiczne. W sprzyjających warunkach szybko się rozmnażają, a ich populacja może się podwoić w ciągu 20 minut. W niesprzyjających warunkach, przy braku tlenu wiele bakterii fakultatywnie tlenowych stosuje metabolizm kryzysowy, który pozwala im przetrwać. W takich warunkach szybko rozwijają się bakterie beztlenowe. Aktywność beztlenowa jest jeszcze mniej wydajna z punktu widzenia pierwotnego wykorzystania węgla. Z 5 do 15% sprawności w przemianie węgla u bakterii tlenowych wydajność ta spada do 2 lub 3%, podczas gdy sprawność grzybów może wynosić nawet do 50%. W tych warunkach bakterie pozostawiają po sobie próchnicę złej jakości, bez potencjału wymiennego kationów (CEC), z cząsteczkami typowymi dla gleb podmokłych, a wszystko to z produkcją metanu i dwutlenku węgla. Ponadto wiele bakterii patogennych jest beztlenowych i takie warunki im sprzyjają.

Bakterie można podzielić na cztery szerokie kategorie:

* **Rozkładacze**: przyczyniają się do rozkładu martwej materii organicznej wprowadzonej do cyklu humifikacji i odżywiania roślin. Trawią najprostsze materiały: cukry, skrobię, lipidy ze stosunkowo niską wydajnością (15 do 25% wykorzystania pierwotnego węgla).

* **Symbionty**: najbardziej godne uwagi są te, które wiążą azot z powietrza. Istnieją wolnożyjące, jak *Azotobacter*, *Azospirillum* itp. oraz takie, które żyją w ścisłej symbiozie, np. *Rhizobium* i *Frankia*, z roślinami bobowatymi. Dostarczają one roślinom związki azotu wzamian za węglowodany. Promieniowce, dawniej zaliczane do grzybów, przygotowują wstępnie miejsce dla grzybów, ale nie mają takiej skuteczności w rozkładzie lignin. Promieniowce to termofilne drobnoustroje, które lubią pH neutralne do zasadowego. To właśnie te mikroorganizmy nadają dobry "grzybowy" zapach glebom.

* **Patogeny**: *Erwinia*, *Pseudomonas*... Te oportunistyczne drobnoustroje to "czyściciele ekosystemów" i działają zgodne z zasadami trofobiozy.

* **Litotrofy**: czerpią energię bezpośrednio z przekształcania chemicznego minerałów jako donorów elektronów. Reprezentowane są przez bakterie siarkowe, *Nitrosomonas*, bakterie żelazowe, anammox...

■ Pierwotniaki

Pierwotniaki są głównymi konsumentami bakterii. Ich populacja ewoluuje wraz z populacją bakterii. Jedną z ich podstawowych funkcji w glebie jest regulacja populacji bakterii przy jednoczesnym uwalnianiu azotu w postaci jonów amonowych dostępnych dla roślin.

■ **Duże grupy organizmów działające w glebie mają różne potrzeby ekologiczne**

W celu lepszego zarządzania magazynowaniem węgla użyteczne może być przedstawienie poniższej charakterystyki dwóch głównych grup organizmów glebowych. Cechy te dyktują strategie zarządzania nawożeniem, uprawą gleby i pokrywą roślinną, które zaproponujemy.

Tabela 5.3 - Charakterystyka porównawcza grzybów i bakterii

	Grzyby	Bakterie
Oddychanie - metabolizm	Ściśle tlenowy	Tlenowy warunkowo lub ściśle beztlenowy
Wpływ uprawy roli	Szkodliwy	Stymulujący
Brak uprawy gleby	Bardzo korzystny	Obojętny
Dostępność lignin	Tak	Nie
Dostępność celulozy	Tak	Tak
Preferowany C:N materii organicznej	C:N > 30 do 500	C:N 6 do 25
Wydajność wykorzystania pierwotnego węgla C	40-55 % Niemożliwe w warunkach beztlenowych	5-15% tlenowe 2-3% beztlenowe
Nadmiar P, wpływ N	Zatrzymanie	Stymulacja
Wpływ zagęszczenia	Zatrzymanie	Zmiany metaboliczne
Wpływ gleby zalanej wodą	Zatrzymanie	Zmiany metaboliczne
Obecność fungicydów	Szkodliwy	Obojętne
Stosunek C:N tkanek	10-25	5-7
Wymagania dotyczące azotu w pożywieniu	min. 0,2 %	min 2 %
Preferowane pH	5 do 6,8	5 do 8
Transport minerałów i wody	Do 15-20 cm	0
Poprawa struktury	+++	+/-

5.2.3 Znaczenie wydzielin korzeniowych

Rośliny "inwestują" w glebę poprzez swoje wydzieliny korzeniowe. Dzięki tym wydzielinom są one w stanie wpływać na mikrobiologię ryzosfery zgodnie ze swoim interesem, w sposób opisany poniżej. Te wydzieliny zasilają mikroflorę – grzyby i bakterie, które opisaliśmy. Jest to wciąż bardzo korzystna wymiana między rośliną a tymi mikroskopijnymi pomocnikami. Rośliny wytwarzają dzięki fotosyntezie cukry proste (glukozę), które przekazane mikroorganizmom służą im do budowy ich własnych komórek i innych złożonych substancji, które pozostawiają w glebie w postaci próchnicy lub w efekcie przekazywane są zwrotnie roślinom.

Przepływ energii i składników odżywczych jest dwukierunkowy. Gleba i ryzosfera dostarczają roślinie niezbędnie jej minerały, mikroelementy, witaminy i wodę. Roślina inwestuje od 15 do 50% efektów swojej fotosyntezy, aby zapewnić rozwój mikroflory ryzosfery. Modyfikacja środowiska na niekorzystny dla systemu korzeniowego może być stratą groźną dla życia rośliny. Stąd stałe zainteresowanie przywróceniem równowagi w glebie, opisane w części E.

5.2.4 Decydujący jest stosunek bakterii do grzybów

Stosunek biomasy grzybów do bakterii (F:B, czyli Fungi:Bacteria) jest decydujący dla przemian glebowej materii organicznej (Johnson, 2015). Potwierdzają to liczne badania. Dr David Johnson z Uniwersytetu w Nowym Meksyku stwierdził, że stosunek F:B w glebach jest ważniejszym czynnikiem dla wzrostu roślin, niż ilość dostępnego azotu czy fosforu. Jego wnioski są takie, że profil mikrobiologiczny jest kluczowy dla sekwestracji węgla, jak również dla transferu składników odżywczych do roślin. Gleby uprawiane intensywnie często mają niższy stosunek biomasy F:B (stosunkowo mniej grzybów), niż gleby zarządzane bardziej ekstensywnie (patrz: Rysunek 5.4). Uważa się, że jest to spowodowane intensywnym mieszaniem gleby, dużą ilością nakładów chemii rolnej i niskim stosunkiem C:N materii organicznej wprowadzanej do gleby, co sprzyjającym bakteriom (Six *et al.*, 2006; Bailey et *al.*, 2002; Sinsabaugh et *al* , 2013). Niższa biomasa grzybów została powiązana z wynikowo niższą zdolnością tych gleb do sekwestracji węgla. Uważa się, że przesunięcie w kierunku dominacji grzybów, które mają wyższy stosunek C:N w społeczności mikrobiologicznej, skutkuje zwiększeniem efektywności wykorzystania węgla (Strickland i Rousk, 2010; Waring i *in.*, 2013). Eksperyment przeprowadzony na fizycznie i chemicznie identycznych glebach, ale z bardzo różnymi proporcjami grzybów do bakterii (Malik i *in.*, 2016), obejmował pomiar utraty węgla 13 (^{13}C) po zasianiu komosy piżmowej. Po miesiącu utrata węgla przez oddychanie mikroflory wynosiła 44% dla wariantu gleby zdominowanej przez grzyby, w porównaniu do utraty 65% dla części doświadczenia zdominowanej przez bakterie. Ilość węgla wbudowanego w materię organiczną gleby wynosiła 53% dla wariantu zdominowanego przez grzyby i 32% dla wariantu zdominowanego przez bakterie.

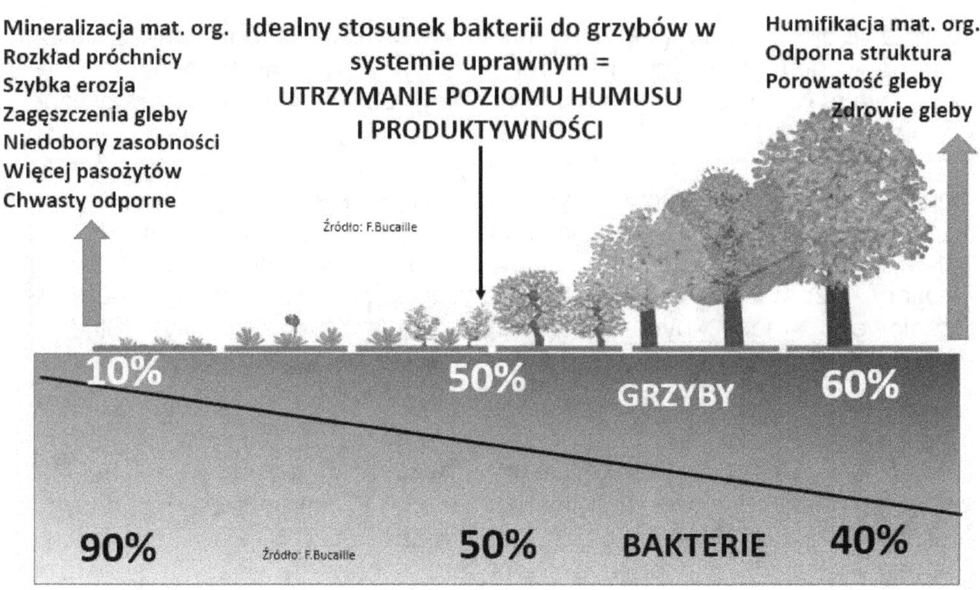

Rysunek 5.4 - Stosunek grzybów do bakterii w zależności od metody uprawy i pokrycia roślinnością

Oprócz tego, że grzyby są bardziej wydajne w budowaniu próchnicy w glebach, tworzą one substancje organiczne, które są również znacznie trwalsze. Okresy półtrwania substancji produkowanych przez grzyby są nieporównywalnie dłuższe, niż produkowanych przez bakterie: od 6 miesięcy do 3 lat dla produktów bakteryjnych i 20-50 lat lub więcej dla niektórych składników pochodzenia grzybowego (glomalina, melanina)! Ponadto, biorąc pod uwagę własny C:N tych organizmów widać, że grzyby są bardziej nastawione na magazynowanie węgla, niż bakterie. Bakterie natomiast, które mają niższy stosunek C:N, mają wyższe zapotrzebowanie na azot, aby zmagazynować tę samą ilość węgla.

Grzyby saprofityczne lepiej i dłużej wykorzystują pierwotną produkcję organiczną. Przy tej samej ilości materiału wytwarzają więcej próchnicy, niż bakterie, a co ważniejsze - lepszej i bardziej zrównoważonej. Są więc one skutecznym narzędziem do trwałego magazynowania węgla w glebach.

Glomalina: ważny czynnik struktury gleby

Glomalina, glikoproteina produkowana przez grzyby mykoryzowe, ma silny wpływ na stabilność struktury poprzez agregację cząstek mineralnych i organicznych gleby, jednocześnie zwiększając potencjał wymienny kationów. W przeciwieństwie do wielu innych związków humusowych, cząsteczka ta jest bezpośrednio wytwarzana przez grzyba i pełni funkcję ochronną w ścianach strzępek grzyba przed atakiem bakterii. Oprócz właściwości hydrofobowych, cząsteczka ta wydaje się być silnie powiązana ze stabilnością strukturalną gleby i sekwestracją w niej węgla (Rillig i *in.* , 1999). Jak już wspomniano, zagęszczanie lub napowietrzanie gleby jest zasadniczym czynnikiej jej kontroli biologicznej i mikrobiologicznej. "W glebie korzenie i mikroby (zwłaszcza grzyby) są stolarzami, którzy budują i naprawiają dom, nieustannie produkując kleje (polisacharydy i glomalinę), które utrzymują wszystkie części razem" (Hoorman i *in.*, 2011).

5.2.5 Nadmiar azotu szkodzi grzybom

Badania zdają się z tym zgadzać. Duże ilości azotu, czy to w formie organicznej, czy mineralnej, sprzyjają bakteriom na niekorzyść grzybów. Wydaje się to całkiem logiczne biorąc pod uwagę ich wymagania (bakterie uzyskują więcej wartości z substancji bogatych w azot). Najbardziej wydajne grzyby w przemianach zdrewniałej materii organicznej to podstawczaki i wiele źródeł badawczych wspiera zdanie, że aby utrzymać aktywność lignolityczną grzybów nie jest konieczne dodawanie znaczących ilości azotu (Leatham & Kirk, 1983).

Ponadto, co zaskakujące i bardzo pozytywne, wyniki badań (Vries, 2009) pokazują, że po zmniejszeniu ilości stosowanego w nawozach azotu do punktu, w którym grzyby mogą w pełni odzyskać swoją niszę ekologiczną, współczynnik wykorzystania azotu przez rośliny ulega znacznej poprawie, a straty związane z jego wymywaniem są znacznie niższe. Niższe dawki azotu w okresie aktywności życiowej grzybów nie wpływają więc negatywnie na agrosystem. Osiągnięcie optimum biologicznego pozwala na utrzymanie plonów przy znacznej redukcji dawek azotu. Należy pamiętać, że wydajność azotu w systemach konwencjonalnych jest bardzo niska, wynosi jedynie około 35%.

6 GŁÓD AZOTOWY PO PRZYORANIU SŁOMY: MITY I RZECZYWISTOŚĆ

Od kilkudziesięciu lat obserwujemy na polu, że rozkład materii organicznej w glebie odbywa się źle, zbyt wolno i często ze szkodą dla już zasianej uprawy. Na ogół wtedy mówi się o dwóch przyczynach. Pierwsza, to głód azotowy, który jest prawdziwym zjawiskiem, ale który bardzo rzadko jest rzeczywistym powodem. Druga, o której rzadko się wspomina, to allelopatia[7]. W tym rozdziale zobaczymy, dlaczego pojęcie głodu azotowego jest często przeceniane i że wskazuje ono przede wszystkim niedożywienie grzybów glebowych.

6.1 Niedostatek azotu nie jest jedynym czynnikiem ograniczającym rozkład słomy

6.1.1 Mówienie o głodzie azotowym jest często niesłuszne

Mechanizm głodu azotowego zakłada, że niedobór azotu jest najczęściej czynnikiem ograniczającym procesy rozkładu materii organicznej i powoduje nastepczo brak dostępnego azotu dla zakładanej uprawy. Prawdą jest, że mikroorganizmy pracujące przy rozkładzie roślinnej materii organicznej mają dość niski stosunek węgla do azotu (są bogate w azot), C:N od 10 do 16:1 w przypadku grzybów *Aspergillus* i około 14:1 w przypadku bakterii (Mangenot, 1980). Organizmy te koncentrują azot w swoich ścianach komórkowych w formie swojego zasobu enzymów, który stanowić może nawet 40% suchej masy bakterii! Synteza mikrobiologiczna zużywa więc dużo azotu. W przeciwieństwie do tego stosunek węgla do azotu w słomie i innych resztkach roślinnych jest wysoki (od 80 do ponad 100:1 dla słomy i innych zdrewniałych resztek). Stąd pochopny wniosek, że C:N wnoszonych materiałów jest niekorzystny i prowadzi do wykorzystania azotu

---

[7] Allelopatia odnosi się do wszystkich biochemicznych interakcji roślin ze sobą lub z mikroorganizmami. W agronomii, jak sugeruje etymologia ("patho") najczęściej opisywane zjawiska allelopatii wynikają z negatywnych interakcji związanych np. z konkurencją o zasoby lub mechanizmami obronnymi. Ale terminem tym określa się również pozytywne interakcje polegające na stymulacji, współpracy itp. Związki chemiczne, poprzez które wyrażana jest allelopatia, nazywane są allelozwiązkami.

glebowego przez florę je rozkładającą. Powstała więc koncepcja głodu azotowego w glebie po wprowadzeniu słomy, który musi być zaspokojony przez zastosowanie azotu syntetycznego.

6.1.2   W lesie nie ma głodu azotowego

W lasach "naturalnych" powracająca do gleby materia organiczna jest jeszcze uboższa w azot, ponieważ nie są to nawozy zielone (C:N 10 do 30:1), ani słoma, czy też inne drewniałe resztki (o C:N 80 do 120:1), ale głównie całe pnie, których 90% masy jest martwe (o C:N 400 i więcej, nawet do 1000:1) oraz martwe liście (C:N 60 do 80:1). Humus leśny (C:N na poziomie 15:1) jest powszechnie uboższy w azot, niż gleby uprawne (C:N 8 do 12:1). Dr Duchaufour przytacza w *La revue forestière* stosunki C:N ściółki pod sosną i jodłą na głebokości 20/23, a pod bukiem i innymi drzewami liściastymi na głębokości 15/17 (Duchaufour, 2015). Pomimo nieco niższego C:N przetworzonej próchnicy leśnej, widzimy, że mistrzowski proces rozkładu z przejściem od ściółki o bardzo niskiej zawartości azotu do bogatszej dojrzałej próchnicy wydaje się być dość wydajny i to bez zewnętrznego wkładu azotu mineralnego. Wyższe C:N odzwierciedla skład zaangażowanych organizmów - grzybów, ale także zdolność grzybów mykoryzowych do pobierania azotu ze świeżej materii organicznej, ze ściółki i przekazywania go bezpośrednio rosnącym roślinom (Hodge, 2001). W tych scenariuszach leśnych nigdy nie obserwowaliśmy głodu azotowego, wręcz przeciwnie. "Niektóre ważne procesy przemian chemicznych (rozkładu) są tłumione przez bogactwo azotu przez rzeczywistą represję enzymatyczną (Reid, 1979 lub Commanday *i in.*, 1985), a w konsekwencji przez stymulację antagonizmów mikrobiologicznych - wyjaśnia F. Mangenot (1980). Zbyt duża ilość azotu wpływa niekorzystnie na wykazanie funkcji lignolitycznej gleb, realizowanej przez grzyby. Zawartość azotu pełni więc rolę regulatora mikrobioty glebowej. Efektem tego jest utrzymanie równowagi między rozkładem a asymilacją materii organicznej, między humifikacją a mineralizacją. Widzimy, że natura ma zdolność do przyswajania materii organicznej dość ubogiej w azot, a bogatej w celulozę i ligninę bez zewnętrznego dodatku azotu mineralnego. Jeśli agrosystem nie wykazuje podobnej zdolności, to przede wszystkim dlatego, że utracił te funkcje w wyniku uszkodzenia elementarnych łańcuchów pokarmowych. **Zanim odniesiemy się do pojęcia głodu azotowego jako wniosku, zadajmy sobie raczej pytanie, dlaczego funkcjonalności rozkładu materii organicznej są obecnie nieaktywne i jak można by je przywrócić.**

6.1.3   Głód u grzybów

Często opisywany głód azotowy jest w rzeczywistości o wiele bardziej kwestią głodu u grzybów w glebie. Mechanizmy rozkładu materii organicznej i magazynowania węgla w glebie wymagają bowiem skutecznej hydrolizy enzymatycznej celulozy i lignin. Najbardziej aktywnymi graczami w tym zakresie są grzyby, zwłaszcza workowce i podstawczaki. Nie przypadkiem lasy są ich pełne, zwłaszcza jesienią, gdy gałęzie i martwe liście opadają na ziemię.

Podstawczaki są uzbrojone w enzymy (lignazy, lakazy, celulazy), które są niezbędne do szybkiego przetwarzania masowo pojawiających się surowców.

Pojawienie się "białej pleśni", czyli grzybów lignolitycznych, był "skokiem technologicznym", który wyznaczył koniec epoki karbonu
Stosunkowo niedawna praca (Floudas *i in.*, 2012) dostarcza dalszych dowodów na rolę grzybów w funkcjonowani przyrody świata. Okres karbonu trwał 60 milionów lat, od 360 do 300 milionów lat temu. Karbon zakończył się, gdy pojawiły się "grzyby białej pleśni" posiadające enzymy ligno- i celulolityczne. Wcześniej grzyby istniały, ale nie były przystosowane do recyklingu martwej, zdrewniałej materii organicznej. To właśnie wraz z ich pojawieniem się zatrzymała się akumulacja martwego drewna przekształcającego się w węgiel. Pojawienie się tych grzybów było "skokiem technologicznym" w ekosystemach, który pozwolił na uruchomienie rozkładu materii organicznej i zmianę epoki.

6.2 Jak działa "cud" rozkładu lignin przez grzyby

6.2.1 Bardzo wysoki C:N - plac zabaw dla ligninożerców

Organiczne związki azotu zawarte w tych rozkładanych substancjach muszą być uwolnione od ich ligno-celulozowych elementów, zdrewniałych struktur, aby stały się dostępne - a tym samym, aby utrzymać łańcuch pokarmowy organizmów zaangażowanych w proces rozkładu. To właśnie umią robić grzyby. Należy zaznaczyć, że podstawczaki mają jeszcze bardziej niekorzystne warunki funkcjonowania pod względem źródeł azotu i węgla w lasach, niż znane nam w resztkach roślinnych, słomie i innych resztkach pożniwnych. C:N ściółki leśnej waha się od 170 do 200:1 i znacznie powyżej. Grzyby rozkładające drewno są w stanie rozwijać się na materiałach drzewnych, które zawierają zaledwie 0,03% do 1% azotu przy C:N przekraczającym 1000:1. Dodatek azotu nie wydaje się więc być dla nich warunkiem koniecznym do humifikacji takich materiałów celulozowych lub drzewnych. Jednak ich grzybnia zawiera średnio 5% azotu przy C:N 10:1, a tworzona przez nie próchnica jest ma C:N 15:1.

6.2.2 Przemieszczanie azotu przez grzyby

Jak możliwa jest tak intensywna aktywność grzybów na tak ubogich w azot substancjach? Grzyby żywiące się drewnem posiadają kilka mechanizmów optymalizacji cyklu azotowego. Potrafią one przenosić azot ze starszych strzępek do rosnących, młodych. Są również w stanie preferencyjnie dzielić niewielką ilość dostępnego azotu dla funkcji życiowych. *Coriolus versicolor* (ligninożerny podstawczak) był badany na podłożach o niskim i bardzo wysokim stosunku C:N (Levi & Cowling, 1969). Procentowa zawartość azotu w strzępkach spadła wtedy z 4,4% (w sytuacji wysokiej zawartości azotu) do 0,2% (w sytuacji niskiej zawartości azotu). Ale w tym samym czasie procentowa zawartość azotu w kwasach nukleinowych grzyba wzrosła z 4 do 25%, a przede wszystkim ilość enzymu celulazy produkowanej na jednostkę grzybni pozostała taka sama! Grzyby rozkładające drewno są w stanie produkować swój enzym celulazę do wartości C:N rzędu 2000:1.

6.3 Można wzmocnić rozkład substancji roślinnych przez grzyby

6.3.1 Kiedy grzyby nie są w stanie już dalej "pracować"...

Grzyby lignolityczne funkcjonują optymalnie, gdy dostępna ilość metabolizowanych związków węgla (cukrów) i azotu jest minimalna, a stężenie tlenu maksymalne. To właśnie ta cecha daje grzybom zdecydowaną przewagę ekologiczną, dając im dostęp do celuloz i hemiceluloz połączonych w drewnie z ligninami. Pewne jest zatem, że zielony nawóz nie da im większych szans na pokazanie swych możliwości. Jednak inne czynniki ograniczają ich działanie:

1. **Naturalne substancje przeciwgrzybowe** (terpeny, żywice, garbniki, polifenole). Jest to problem lasów jodłowych, gdzie rozkład materii organicznej jest bardzo powolny i powstają inne substancje drewnopochodne.

2. **Syntetyczne środki przeciwgrzybowe** (fungicydy). Jest to problem obszarów rolniczych. W związku z tym istotne jest pochodzenie substancji trafiających powrotnie do gleby, sposób ich przygotowania oraz obecność różnych pozostałych związków w glebie.
Słoma zbożowa traktowane fungicydami, np. strobilurynami, preparatami miedziowymi, będzie wykazywała niskie tempo rozkładu z powodu wyraźnego upośledzenia i zahamowania rozwoju grzybów rozkładających ligniny. W tych warunkach głód azotowy rzeczywiście może się pojawić, bo praca nad rozkładem materii organicznej będzie wtedy "powierzona" innym organizmom, np. bakteriom. Bakterie te mają znacznie wyższe wymagania azotowe, a mimo to mogą przystosować się do trudniejszych warunków pokarmowych. Wysoka zawartość cukru w młodej pokrywie roślinnej, duże zasolenie nawozami mineralnymi oraz obecność fungicydów zdecydowanie sprzyjają dominacji bakterii nad grzybami (patrz: Tabela 5.3). W tych warunkach wystąpi głód azotowy, ponieważ bakterie mają znacznie silniejszy metabolizm, niż rośliny i będą pobierać cały dostępny azot z gleby.

6.3.2 Głód azotowy jest również konsekwencją niektórych praktyk rolniczych

Głód azotowy jest konsekwencją praktyki rolniczej. Ogólnie rzecz biorąc, ci, którzy odwołują się do tej koncepcji sugerują najpierw, że gleby z konieczności źle funkcjonują i mają wadliwe łańcuchy pokarmowe w gospodarowaniu substancją organiczną. Jest to sytuacja częsta w dzisiejszych agrosystemach, ale z pewnością nie jest to sytuacja normalna. Natura jest zdolna do humifikacji substancji o bardzo niskiej zawartości azotu pod warunkiem, że pozwalają jej na to warunki. Możemy to bardzo dobrze przywrócić poprzez promowanie rozwoju grzybów. Każda praktyka mająca na celu przywrócenie żyzności poprzez zwiększenie zawartości substancji organicznej w glebie powinna uwzględniać uprawiane gatunki roślin, pochodzenie i techniczną drogę produkcji tych materiałów w agrosystemie.

6.3.3 Próby sprawdzenia prawdziwości tej wiedzy

Badania (patrz tabela poniżej), które przeprowadziliśmy w ciągu dwóch lat (2011 i 2012), w trzech powtórzeniach, na łanach o wymiarach 24 × 400 m (na polu 35 ha), wyraźnie wykazały różnice w plonowaniu w zależności od sposobu zarządzania uprawami, z których wykorzystano słomę, oraz od metod jej przygotowania do wymieszania z glebą. Plony były wyraźnie gorsze w warunkach powolnego rozkładu słomy połączonego z dużym "obciążeniem" stosowanymi wcześniej fungicydami. Fungicydy hamują florę grzybową, która rozkłada materię organiczną, pozostawiając pole otwarte dla bakterii wymagających azotu. Stosowanie fungicydów pod koniec cyklu uprawy na roślinach przeznaczonych do przyorania, wymieszania z glebą powinno być absolutnie zabronione. Także cynk, mangan, miedź i niektóre inne mikroelementy są kluczowe dla działania celulazy i ligninazy i ich zawartość musi być chociażby na minimalnym, niezbędnym poziomie.

W przypadku wątpliwości co do ewentualnej obecności mechanizmu głodu azotowego zawsze dobrze jest to sprawdzić, jakie są rzeczywiste pozostałości azotu lub jeszcze lepiej zastosować test rzeżuchy ogrodowej (standard Afnor FD U44-165 z grudnia 2015). Nasiona tej rośliny są wrażliwe na wszystkie substancje allelopatyczne wstrzymujące kiełkowanie i hamujące wzrost. To, co się mierzy, to szybkość wschodów nasion, a na tak wczesnym etapie nie brak azotu może być przyczyną słabego kiełkowania. Dzięki temu często możemy łatwo sprawdzić, czy problem nie jest spowodowany innymi czynnikami, a tym samym zaoszczędzić na nawozie i skupić się na rzeczywistym problemie.

Tabela 6.1 - Obciążenie fungicydami poprzedniej uprawy wpływa niekorzystnie na plony i rozkład materiałów zawierających celulozę (źródło: badania przeprowadzone w Nièvre w ciągu dwóch kolejnych lat, 2011 i 2012, w trzech powtórzeniach łanowych, 24 x 400 m, na działce o powierzchni 35 ha)

	Plon rzepaku q/ha	Plon pszenicy q/ha
1. usunięcie słomy (przedplon jęczmień)	38,1	68
2. sieczka z poprzedniej uprawy (jęczmień bez fungicydu, ze stymulatorem odporności)	42	73
3. sieczka z poprzedniej uprawy (jęczmień z fungicydami strobilurynowymi)	36,8	68
4. kompost 10 t z obornika koziego (wykonany ze słomy pszennej bez fungicydu). Poprzednia słoma usunięta	43,3	78,1
5. kompost 10 t z obornika koziego (wykonany ze słomy pszennej z fungicydami strobilurynowymi). Poprzednia słoma usunięta	38,6	70,2

6.3.4 Brak głodu azotowego przy resztkach roślin pozostawionych na powierzchni

Materia organiczna pozostająca na powierzchni nie może powodować głodu azotowego. W istocie, nie istnieje żaden mechanizm wykorzystania azotu pochodzącego z gleby na jej powierzchni, z wyjątkiem transportu przez strzępki grzybów. Wykorzystanie dostępnego azotu odbywa się w bezpośrednim otoczeniu kolonii bakteryjnej na resztkach roślinnych. Ponadto istnieje bogata literatura naukowa, która donosi o aktywności flory wiążącej wolny azot, współpracującej z grzybami saprofitycznymi w przypadku pozostawienia na powierzchni gleby materiałów drzewno-słomianych. W tych warunkach, jeżeli obserwuje się słabą kondycję roślin, istnieje wiele innych potencjalnych przyczyn do zbadania, niż głód azotowy.

6.4 Antagonizmy między florą asymilującą a florą rozkładającą w ryzosferze

Jednak praktyki uprawowe, a zwłaszcza stosowanie fungicydów, nie są jedynymi przyczynami zjawisk zbyt często określanych jako głód azotowy. Istotną rolę odgrywa również konkurencja pomiędzy florą rozkładającą świeże materiały organiczne a florą asymilującą, rozwijającą się wokół korzeni, w ryzosferze. H. P. Rusch w swojej książce "*The Fertility of the Soil*" (1993) podkreśla antagonizm pomiędzy florą rozkładającą a florą asymilującą. Gleby, w której zachodzi proces rozkładu, nie może jednocześnie funkcjonować asymilacyjnie, gdyż flora rozkładająca jest zawsze bardziej konkurencyjna, niż flora asymilująca. Dopóki te pierwsze są bardzo aktywne, rośliny nie mogą dobrze funkcjonować. Wszystkie rośliny zasiane bardzo wcześnie po zbiorze zbóż są wrażliwe na ten element konkurencji i brak wigoru i odżywienia młodej rośliny bardzo rzadko jest spowodowany głodem azotowym. Najczęstszym przypadkiem jest uprawa rzepaku ozimego przy zaledwie kilkunastodniowym odstępie między zbiorem rośliny przedplonowej, najczęściej jęczmienia, a jego siewem. Z własnych doświadczeń wynika, że po zastosowaniu w takich sytuacjach nawozów azotowych – nawet wraz z siarką lub też nawozów z azotem i fosforem (18+46) - stan odżywienia młodych roślin nie poprawia się. Wydaje się, że ani siarka, ani azot - oba składniki biorą udział w syntezie białka, ani fosfor, biorący udział w procesach energetycznych, nie są w stanie znieść tego widocznego zahamowania rozwojowego. W takich sytuacjach wystarczy przeprowadzić test rzeżuchy ogrodowej, aby się o tym przekonać. Konkurencja między florą może wyjaśniać zachowanie się roślin, ale z pewnością nie we wszystkich sytuacjach.

6.5 Substancje allelopatyczne - przyczyny zahamowań wzrostu siewek

Defekty wzrostu młodej siewki po wprowadzeniu substancji organicznej do gleby są spowodowane także innym zjawiskiem: obecnością substancji allelopatycznych w tkankach przedplonu. Rośliny rdestowate, w tym dziko rosnące rdesty i gryka, liczne rośliny kapustowate uwalniające związki siarki, a może przede wszystkim zboża, zawierające duże ilości kumaryny, powodują słabe kiełkowanie i wolniejszy wzrost siewek rośliny następczej. Kumaryna, wytworzona w słomie zbóż w celu ochrony żywych tkanek, po powrocie do gleby wraz z resztkami pożniwnymi nadal wywiera swoje działanie ochronne. Rzepak posiany po po roślinie zbożowej nieuchronnie ucierpi z tego powodu. Z drugiej strony, bezpośredni siew pszenicy po kukurydzy na ziarno tylko w bardzo wyjątkowych przypadkach wykazuje wady wzrostu. Podobnie można wprowadzić do gleby nawet do 10 ton/ha rozdrobnionej trzciny o stosunku C:N równym 80:1, bez wpływu na wschody posianego tam słonecznika. Jednak wszystkie sytuacje sprzyjają temu, aby niesłusznie postrzegać je jako "głód azotowy". Jeśli spojrzymy na to z punktu widzenia allelopatii, to zobaczymy, że te dwie ostatnie rośliny (kukurydza i trzcina) nie zawierają kumaryny. Wiemy z literatury i z doświadczenia jak silne hamująco działają wydzieliny korzeniowe szarłatu (Lastukva, 1955) na kiełkowanie rzepaku, gorczycy, koniczyny czerwonej, jęczmienia i wyki, a nawet mogą powodować śmierć siewek pszenicy. Regularnie stwierdzaliśmy też, że zniszczony glifosatem perz (*Agropyron repens*) daje objawy "wyjałowienia" gleby do tego stopnia, że nawet przez kilka lat sprawiało to problem dla następczej roślinności (Grümmer, 1961). Faktem jest, że perz przed śmiercią wydziela duże ilości trujących wydzielin do gleby. Może być także uruchomiony inny mechanizm towarzyszący: mikroflora rozkładająca substancje organiczne (*Aspergillus* i *Penicillium*) może wytwarzać patulinę, substancję silnie hamującą wzrost roślin poprzez wstrzymanie procesów pobierania przez korzenie. Zjawisko to w znacznie większym stopniu dotyczy systemów upraw, które znajdują się w strefie klimatu umiarkowanego (patrz § 9.2), ponieważ w czasie zbiorów gleby są jeszcze ciepłe i bogate w pozostałości mineralne. Kukurydza, słonecznik i sorgo nie są więc znacząco dotknięte tym zjawiskiem, w przeciwieństwie do uprawianych u nas typowych zbóż.

Pokosy Carlosa Crovetto

Słoma, resztki pochodzenia drzewnego... Różne materiały organiczne pochodzenia roślinnego trafiające do gleby zawierają związki allelopatyczne. Oznacza to, że mogą mieć one negatywny wpływ na rozwój innych organizmów lub roślin. Na przykład słoma zbożowa zawiera związek allelopatyczny znany jako kumaryna. Chilijski rolnik Carlos Crovetto (*patrz: Foundations of Sustainable Agriculture,* 2000) stwierdził we własnym gospodarstwie, że allelopatia słomy zaczyna się wraz z pierwszymi opadami, podczas bardzo wczesnych etapów jej rozkładu. Co więcej, potrzeba od 60 do 100 mm opadów, aby resztki słomy zostały wypłukane z kumaryny. Zauważywszy to, opracował specjalną technikę zagospodarowania słomy. Przy każdym zbiorze (rok *N*) zbiera słomę w pokosy i pozostawia je na cały sezon, aby dojrzały na miejscu, a następnie rozrzuca je na całej powierzchni w roku *N+1* . Strata 3% powierzchni uprawnej spowodowana tą praktyką jest u niego rekompensowana średnim wzrostem plonu o 6-8%. Według chilijskiego rolnika allelopatia nie wywołuje efektu fitotoksycznego przy temperaturze gleby poniżej 4°C i powyżej 15°C.

7 NAWOZY ZIELONE NIE SĄ ZRÓWNOWAŻONĄ METODĄ MAGAZYNOWANIA WĘGLA W GLEBIE

Często słyszy się, że środowiskami najbogatszymi w materię organiczną są lasy i trwałe użytki zielone, co jest prawdą. I warto dodać, że nawozy zielone działają tak, jak użytki zielone, a więc doprowadzą do tych samych rezultatów. Bardzo duża różnica polega na tym, że cała produkcja łąki jest przeznaczona do tego, aby najpierw została zjedzona, a następnie strawiona przez roślinożercę. W tym rozdziale zobaczymy, że zielone nawozy są obosiecznym mieczem przy magazynowaniu węgla w glebie i przedstawimy kilka pomysłów na optymalizację zarządzania międzyplonami lub roślinami okrywowymi.

7.1 Nawozy zielone nie są użytkami zielonymi, brakuje tu przeżuwaczy

Większość produkcji pierwotnej trwałych użytków zielonych jest przeznaczona do spożycia i strawienia przez przeżuwacze, a następnie do zwrotu do gleby w postaci odchodów bogatych w ligninę, ale ubogich w pierwiastki rozpuszczalne. Odchody poddawane sa recyklingowi łącząc się z glebą dzięki owadom koprofagicznym. Żuki gnojarze i inne organizmy poprzez swoje mechaniczne działanie, tworząc korytarze w glebie poprawiają porowatość gleby i zapobiegają zjawiskom jej zagęszczania, a tym samym poprawiają właściwości fizyczne gleby: strukturę, przesiąkliwość i porowatość. Obornik jest niestrawioną frakcją roślin zielonych. Składa się głównie z fragmentów zdrewniałych tkanek, ścian komórkowych i bakterii, martwych lub żywych, pochodzących głównie ze żwacza i stanowiących od 10 do 20% masy kału. Jarrige (1966) przeanalizował 92 próbki kału przeżuwaczy spożywających zielonkę i nie stwierdził obecności rozpuszczalnych węglowodanów. Pozostałe składniki to 87% materii organicznej bogatej w azot, z czego 80% w postaci azotu bakteryjnego, celuloza związana z ligniną, prawie niestrawne chlorofile i wszystkie lipidy pochodzące z wosków kutykuli roślinnej niestrawne dla bakterii (Grenet, 1970; Akin, 1979).

7.1.1 Inkubator bakteryjny

Żwacz jest inkubatorem bakterii, które trawią to, co lubią bakterie, a grzybom glebowym pozostawiają niestrawne substancje, które są z kolei dla nich podstawowym pożywieniem. Wszystkie te "niestrawne substancje" są prekursorami kwasów humusowych i stabilnej próchnicy. Obecność ligniny w tkankach uniemożliwia bakteriom dostęp do związanej z nią celulozy. W ten sposób lignina chroni trzy razy wiekszą masę hemicelulozy i celulozy, niż sama waży, przed degradacją bakteryjną. Jak widzieliśmy (patrz: rysunek 5.2), zielone rośliny - w miarę starzenia – zwiększają zawartość ligniny i bardzo szybko tracą swoją strawność. Jest to zrozumiałe, ponieważ przeżuwacze nie mają w żwaczu grzybów ligninolitycznych. Sprawność trawienia u przeżuwaczy (czyli przez bakterie żwacza) jest wysoka (95%) w wypadku młodych roślin i spada do 50% na etapie kwitnienia traw i później. Tak więc młoda, zjedzona przez zwierzęta trawa nie ma takiego wpływu na mikrobiologię gleby jak nawóz zielony, rozdrobniony lub zniszczony glifosatem, który dodatkowo hamuje grzyby glebowe. Brakuje zatem nie tylko przeżuwacza, ale także fauny, żuków gnojowych i innych zwierząt oraz ich wpływu na strukturę gleby.

Odbudowa "fabryk humusu"

Pierwotne ekosystemy charakteryzują się najwyższą produktywnością surowcową masy organicznej netto. Mają też najwyższe wskaźniki sekwestracji materii organicznej w glebie. Pochopnym wnioskiem z tej obserwacji byłoby stwierdzenie, że im więcej materii organicznej jest oddawane glebie, tym więcej jest magazynowane. Byłoby to pominięciem faktu, że ekosystemy te korzystają przede wszystkim z prawdziwej fabryki próchnicy, jaką są grzyby. W naszych glebach rolniczych, które są ekosystemami zdegradowanymi, wyzwaniem jest przywrócenie ich funkcji budowania próchnicy dzięki obecności grzybów.

7.1.2 Przeżuwacze przerywają stan uśpienia zarodników

Po wydaleniu odchody są najpierw kolonizowane przez grzyby należące do rodziny sprężniaków, a następnie przez workowców, które mogą wykorzystać pozostającą w nich jeszcze niewielką ilość dostępnej, strawnej celulozy. Następnie rozwijają się podstawczaki, które są wyposażone w enzymy do rozbijania łańcuchów ligniny. Z pH 6,5 i brakiem prostych węglowodanów, niezbędną wilgocią oraz dużą ilością dostępnego azotu bakteryjnego (nie azotanów), dojrzały obornik jest idealnym podłożem dla szerokiej gamy podstawczaków nie majacych tu żadnej konkurencji.
Ponadto cykl rozwojowy wielu grzybów wymaga przejścia przez układ pokarmowy przeżuwaczy. Większość gatunków ma formy zarodników znajdujących się na liściach, dobrze chronionych przed promieniowaniem UV przez brązowe lub czarne pigmenty. Są one zjadane przez roślinożercę. Dla niektórych z tych gatunków przejście przez układ pokarmowy przeżuwacza jest jedynym sposobem na przerwanie stanu uśpienia zarodników. Zarodniki stają się gotowe do "kiełkowania", gdy tylko strawiona treść znajdzie się na zewnątrz i cykl rozwojowy grzybów się zamyka. Przykładowo grzyb *Pilaira anomala* kiełkuje zaledwie w 5%, jeśli zarodniki są moczone w wodzie o temperaturze 37°C przez 3 godziny, podczas, gdy wskaźnik kiełkowania wzrasta do 100%, jeśli są moczone przez 3 godziny w alkalicznej pankreatynie, medium, które jest podobne do soków trawiennych przeżuwacza.

7.2 Gleby nie są przystosowane do „trawienia" młodych roślin

Im więcej się wkłada, tym mniej pozostaje... Stosowanie nawozów zielonych jest dobrą ilustracją paradoksu, jakim jest brak poprawy wskaźnika wzrostu materii organicznej w glebach. W ostatnich latach agroekologia kładzie duży nacisk na stosowanie roślin okrywowych, co ma neutralny lub wręcz przeciwny do zamierzonego wpływ na wzrost poziomu materii organicznej w glebie. "Nawozy zielone" mają zdolność zapobiegania wymywaniu niektórych składników z gleby, poprawiają jej strukturę gleby, zależnie od gatunku roślin i praktyk uprawowych. Z drugiej strony błędem jest myślenie, że "zielone nawozy" znacząco i trwale zwiększają poziom materii organicznej z powodów biologicznych omówionych powyżej.

7.2.1 Zwrot do gleby niedojrzałej materii roślinnej

W naturze gleby nie są przystosowane do trawienia "sałatki"! W trakcie ewolucji gleb na przestrzeni milionów lat, gleby nigdy nie musiały pełnić tej roli lub jedynie przypadkowo. Gleby nie wykształciły dobrych narzędzi do "trawienia' młodych tkanek roślinnych. W naturalnych ekosystemach ta funkcja trawienia niedojrzałych roślin jest zawsze powierzana roślinożercom, na przykład owadom i innym zwierzętom, zwłaszcza przeżuwaczom (patrz wyżej). W klimacie umiarkowanym od wiosny do jesieni do gleby powraca już strawiona materia organiczna, a od jesieni do wiosny - dojrzały, starzejący się materiał roślinny. Są to liście i martwe rośliny lub gałęzie. Poza nielicznymi wyjątkami, jak np. spadź mszyc, soki z liści i pni drzew, materiał ten jest zawsze bogaty we włókna roślinne, celulozę, a zwłaszcza ligninę.

Paradoks nadmiaru azotanów i głodu azotowego: za dużo i za mało?
Skutek zmiany klimatu: zbyt duża ilość wymywanego azotu jesienią
Składniki mineralne, które mogą być wymywane, pochodzą z nawozów, które nie zostały w pełni wykorzystywane przez rośliny kończace wegetację czasami przedwcześnie, z powodu temperatur i letniej suszy. Źródłem ich może być również mineralizacja próchnicy, która trwa po zbiorach (od lipca do października) na wszystkich poziomach gleby.
Konsekwencje braku grzybów humifikacyjnych: za mało azotu na powierzchni
Stosowanie nawozów, które są przeważnie solami (za wyjątkiem mocznika), fungicydów, nawozów zielonych, uprawy gleby, zabieraniu słomy z pola, to praktyki sprzyjające rozwojowi bakterii. Bakterie są bardzo konkurencyjne: niedobór azotu pojawi się tam, gdzie jest świeża celuloza do rozkładu, czyli w warstwie powierzchniowej na poziomie korzeni młodej siewki, nie mającej innych zasobów i rezerw do wykorzystania.
Nasze praktyki rolnicze często powodują luki w przestrzeni i w czasie pomiędzy potrzebami azotowymi a jego dostępnością!

7.2.2 Młode rośliny mają niską wartość dla organizmów budujących próchnicę

Z definicji "nawozy zielone" to rośliny, które nie osiągnęły końca swojego cyklu rozwojowego. Są one bogate w cukry, celulozę i rozpuszczalny azot. Łańcuchy węglowe dostarczane w ich tkankach do gleby są więc raczej krótkie. Mają one krótkotrwałe działanie nawozowe, nie stanowią podstawowego materiału do humifikacji materii organicznej przez grzyby i wchodzą w skład krótkiego procesu rozpadu (patrz: rysunek). Ich działanie jest wręcz przeciwne, gdyż są surowcem korzystnym dla bakterii, które raczej zmineralizują taką materię, niż ją zhumifikują.

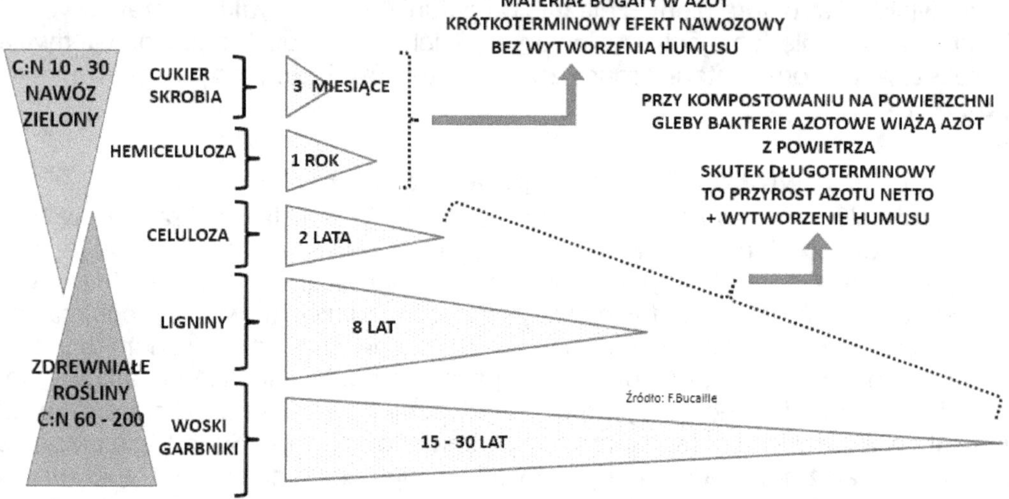

Rysunek 7.1 - Szybkość rozkładu składników biomasy roślinnej

Celem rośliny jest rozmnażanie się.

Celem rośliny jest zapewnienie wydania potomstwa i jego rozpowszechnienie. Roślina będąca w złym stanie zawsze przyspieszy swoje kwitnienie i produkcję nasion skracając swój okres wegetacji. W trakcie swojego pełnego cyklu roślina przypadkowo świadczy inne usługi środowiskowe, takie jak zapobieganie wymywaniu składników mineralnych, erozji lub zagęszczaniu gleby. Roślina jednak funkcjonuje przede wszystkim w służbie własnego odżywiania, które samo w sobie jest częścią realizacji pełnego cyklu, który ma na celu reprodukcję. To właśnie ten kompletny cykl wpisuje roślinę w jej ekosystem, realizując wszystkie funkcje, które pełniła przez miliony lat, w tym ostateczny "dar" w postaci ligniny i celulozy po jej obumarciu. Jest to jej wkład w zrównoważony rozwój systemu, rekompensujący to, co pobrała z otoczenia podczas swojego aktywnego wzrostu.

7.2.3 Późne zniszczenie niedojrzałych roślin

Gdy zawartość celulozy w roślinach wzrasta, bakterie rozkładające celulozę (promieniowce, proteobakterie, w tym *Bacillus subtilis*) będące na roślinach znajdują się w środowisku niezwykle dla nich korzystnym, o ile poziom ligniny nie jest na tyle wysoki, by uniemożliwić działanie. Nie są bowiem uzbrojone w enzymy rozkładające ligninę, która chroni celulozę przed działaniem ich celulazy. Te same bakterie mają stosunkowo wysokie wymagania azotowe, około 2% N. Jest jednak taki etap w cyklu wegetacyjnym roślin, kiedy poziom azotu spada, podczas gdy pozostaje jeszcze dużo niezabezpieczonej celulozy. To właśnie wtedy bakterie celulolityczne mogą być zdolne do wykorzystania dostępnego azotu ze szkodą dla uprawy w jej relatywnie młodym stadium. Paradoksalnie, ryzyko to maleje przy bardziej zaawansowanej dojrzałości roślin, ponieważ organizmami, które wtedy już dominują dzięki przewadze konkurencyjnej ich enzymów lignolitycznych, są grzyby saprofityczne, mogące zadowolić się znacznie niższą zawartością azotu (0,5 lub nawet 0,2%).

To wyjaśnia brak głodu azotowego po kukurydzy lub przy lesie (wyższy stosunek C:N próchnicy leśnej: około 15:1). Z drugiej strony, starzeniu się rośliny towarzyszy często nagromadzenie metabolitów substancji ochronnych, które mają silne zdolności allelopatyczne.

7.3 Mineralizacja stabilnej materii organicznej przez rośliny, także przez nawozy zielone

7.3.1 RPE: mineralizujący efekt w ryzosferze

Rośliny mają zdolność do mineralizacji materii organicznej w obrębie swojej ryzosfery na różnych etapach życia. Ten mechanizm mineralizacji materii organicznej w obrębie ryzosfery jest obecnie znany jako *Rhizosphere Priming Effect* (RPE). Jego efektem jest zapewnienie roślinie szczególnie korzystnego, wyższego poziomu odżywienia od pierwszych tygodni jej rozwoju aż do wypełnienia ziarna. Prace modelowania ryzosfery prowadzone na modelu soi, pszenicy czy słonecznika (Pausch, 2013) uwypukliły ten słynny efekt aktywacji ryzosfery. Przyczyny RPE są jednak mniej znane, niż sam efekt. Niemniej jednak "ustalono wyraźne dowody, że istnieje związek między RPE a aktywacją enzymatyczną i mikrobiologiczną w obrębie ryzosfery, wywołaną przez wydzieliny korzeniowe" (Biao Zhu *i in.*, 2014). Wydaje się, że wszystkie elementy mikrobiologii ryzosfery, a zwłaszcza bakterie i grzyby mykoryzowe, uczestniczą bezpośrednio i pośrednio w tym zjawisku przyspieszonej mineralizacji substancji organicznej.

7.3.2 Międzyplony: dodatkowy efekt mineralizacji

Okazuje się, że RPE zwiększa średnie tempo mineralizacji związków węgla o 59% (analiza łączna 31 eksperymentów, Changfu Huo, Yiqi Luo, Weixin Cheng, 2017). Gleby o drobniejszej strukturze mają tendencję do wywoływania silniejszych skutków RPE, niż gleby o strukturze grubszej. Co więcej, tzw. efekt aktywacji może faktycznie utrzymywać się bardzo długo w glebie, nawet przez cały aktywny cykl wegetacyjny rośliny wbrew pierwszym hipotezom stawianym od momentu identyfikacji zjawiska. Efekt aktywacji w ryzosferze ma kluczowe znaczenie dla regulacji biogeochemicznych cykli węgla i azotu w glebie. Uważamy, że uprawa międzyplonów i utrzymanie trwałej pokrywy wegetacyjnej tworzą dodatkowe efekty mineralizacyjne w różnych agrocenozach, w których są stosowane. Uprawa międzyplonów ma wielorakie zalety, których nie trzeba już udowadniać w zakresie ochrony przed erozją i zagęszczeniem gleby, ale ich efekt mineralizacyjny powinien być, naszym zdaniem, przynajmniej brany pod uwagę i odejmowany od wytwarzanej biomasy, która ma bardzo niski współczynnik tworzenia próchnicy (0,05). W skrajnych przypadkach praktyka międzyplonów może prowadzić do przekształcania już stabilnej próchnicy w krótkie łańcuchy węglowe (cukry, hemicelulozy, celulozy) o ograniczonym czasie połowicznego rozpadu.

Na rysunku 7.3 zaznaczyliśmy pionową linią najpóźniejszy etap niszczenia roślin okrywowych według obecnych praktyk. Zjawisko RPE wydaje się zmniejszać od fazy wypełniania ziaren, gdyż na tym etapie wszystkie transfery energii, węglowodanów i aminokwasów w roślinie są translokowane do tworzonych nasion.

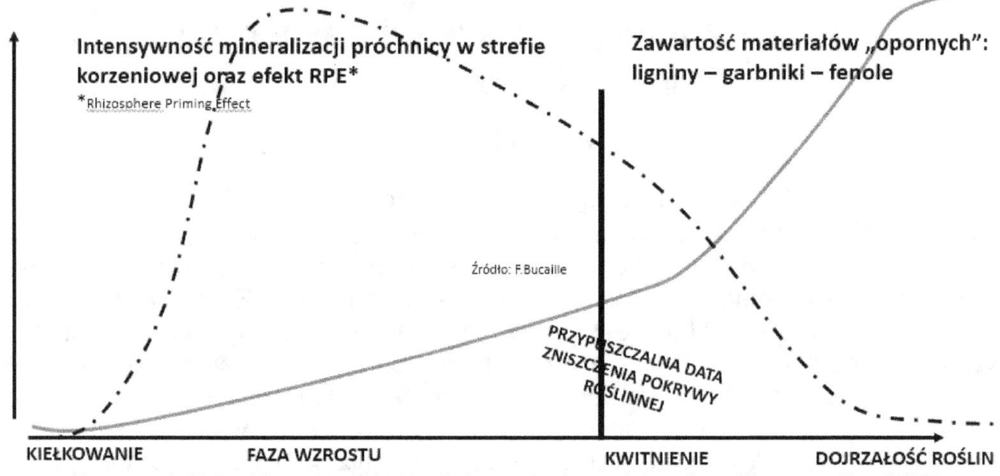

Rysunek 7.3 - Krzywe zależności pomiędzy mineralizacją w wyniku RPE a budową prekursorów próchnicy (lignina)

Linia przerywana: Intensywność mineralizacji próchnicy w ryzosferze RPE (*Rhizosphere Priming Effect*). Linia ciągła: Zawartość materiałów "opornych" (lignin - tanin - fenoli) w glebie

Jak widać powyżej, istnieje ryzyko przerwania wzrostu rośliny w momencie, gdy uruchomi ona i przeprowadzi większość mineralizacji stabilnej próchnicy w ryzosferze, aby zapewnić sobie wzrost, nie mając czasu na wytworzenie prekursorów próchnicy, czyli celulozy, a zwłaszcza lignin. Jeżeli tak się stanie w zbyt młodym stadium, obecność węglowodanów i związków azotu będzie sprzyjała rozwojowi bakterii, które nie są efektywne w magazynowaniu węgla. Uprawy na nawóz zielony uprawiane tylko w fazach młodocianych, nie będąc w stanie wykorzystać węgla w glebie, mogą powodować rozkład już ustabilizowanej próchnicy. Jeżeli te nawozy zielone zostaną głęboko przyorane, mogą być również źródłem braku tlenu - ze względu na wysokie biologiczne zapotrzebowanie na tlen w celu ich degradacji - i pogorszenia jakości gleby.

Założenie jest takie, że robiąc dokładnie odwrotnie, niż to, co spowodowało spadek żyzności gleb pod koniec XX wieku, oczekiwany wynik będzie pozytywny. To samo założenie, co w latach 50: "im więcej glebie zwrócimy, tym więcej w niej znajdziemy". Jednak w latach 50-tych po prostu zapomnieliśmy, że mimo powrotu większej ilości słomy i obornika do gleby głęboka orka zakłóca działanie *ściśle tlenowych, głodnych ligniny grzybów humifikacyjnych,* a to sprzyja *procesom mineralizacji substancji organicznej.*

W dniu dzisiejszym pojawiają się następujące pytania:

- Czy mamy pewność, że zwracanie do gleby materiałów zielonych, niedostatecznie zdrewniałych i bogatych w cukry, nie wpłynie depresyjnie na *florę grzybów humifikujących, ściśle tlenową i zachłanną na ligninę?* I że trwale aktywowany efekt RPE (*Rhizosphere Priming* Effect) nie weźmie góry, sprzyjając *procesom mineralizacji* i neutralizując spodziewane pozytywne efekty?
- Czy nie zwiększamy i tak już znacznej luki ekologicznej poprzez "tropikalizację" sezonowości naszych praktyk (stałe pokrycie gleby roślinami, 12 na 12 miesięcy), a tym samym czy nie zaburzamy funkcji mikrofauny i flory glebowej, ze skutkami ubocznymi, które są jeszcze słabo poznane?
- Czy nie ma ryzyka, że rośliny te posłużą jako schronienie dla szkodników (mszyc), które będą przenosiły choroby wirusowe na rośliny jare: buraki, soczewicę, groch?
- Czy ta luka ekologiczna i stała pokrywa roślinna nie stworzy kolejnego czynnika ograniczającego rolnictwo, zużywając zasoby wody, której już teraz w niektórych latach brakuje, a która mogłaby być potrzebna w okresach krytycznych?

Mikrobiologia jest trudna do umieszczenia w ramach i równaniach. Z powodów, które nie byłyby tymi z lat 50., a które właśnie poruszyliśmy, może ona nas jeszcze rozczarować, jeśli nie będziemy ostrożni.

7.3.3 Mykoryza i fotosynteza aktywują mineralizację wskutek RPE

Wiemy, że roślina wspomaga swój wzrost napędzając mineralizację ryzosfery swoimi wydzielinami korzeniowymi zasilającymi grzyby mykoryzowe. Niektórzy chcieliby przedstawić grzyby mykoryzowe jedynie jako producentów stabilnej próchnicy jako producentów jej składników: melaniny, chityny, glomaliny, lipidów. Owszem, otrzymują od rośliny cukry proste, które przekształcają w trwałe materiały składowe materii organicznej gleby, a także magazynują lipidy otrzymane od gospodarza. Bezpośrednio i pośrednio uczestniczą jednak również bardzo aktywnie w mineralizacji materii organicznej gleby. Rozszerzają swoje strzępki do wszystkich komór gleby, rozpuszczają fosfor organiczny i uczestniczą w odżywianiu rośliny, która zwiększa ilość wydzielin korzeniowych, aby dostosować poziom mineralizacji do swoich potrzeb i zapewnić maksymalny rozwój, na jaki pozwalają jej warunki środowiska (ciepło, światło, woda, dostępny azot itp.). Korelacja ta jest tak silna, że uważa się, iż mechanizm ten, będący wynikiem milionów lat współewolucji roślin i mikrobów, przyspiesza mineralizację materii organicznej wraz ze wzrostem zawartości w powietrzu CO_2 (Langley *i in.*, 2009; Phillips i *in.*, 2012), a tym samym fotosyntezę, więc zatem i plony. Mechanizm ten może prowadzić do spadku zawartości materii organicznej w glebach tylko poprzez sam mechanizm RPE (Carney i in., 2007; Langley i *in.*, 2009). Oczywiście, nasilona praktyka trwałego nawożenia zielonego może przyczynić się do zmian sprzecznych z zamiarami. Promowanie jak najlepszej fotosyntezy poprzez regularne nawożenie dolistne w nadziei na magazynowanie węgla poprzez jego transfer do mykoryzy może zostać udaremnione przez ten efekt sprzężenia zwrotnego, który neutralizuje oczekiwane pozytywne efekty. Korelacja roślina-ryzosfera jest bardzo delikatna i działa natychmiastowo. W jednym z badań wykazano, że na naturalnych wielogatunkowych użytkach zielonych koszenie spowodowało 56% spadek mineralizacji w środowisku korzeniowym w ciągu 24 godzin (Shahzad *et al.*, 2020). Prawdą jest również sytuacja odwrotna. Zwiększony poziom fotosyntezy idzie w parze ze zwiększoną mineralizacją materii organicznej w glebie. **Ogólnie rzecz biorąc, bilans strumieni magazynowania i mineralizacji w ryzosferze ma tendencję do wzajemnego równoważenia się. W celu zwiększonego gromadzenia węgla w glebie konieczne będzie oparcie się na innym mechanizmie biologicznym tworzonym przez grzyby saprofityczne, żywiące się martwymi resztkami roślinnymi.**

7.4 Wniosek: tropikalizacja praktyk rolniczych

Praktyka nawozów zielonych i zasada trwałego pokrycia gleby roślinami zielonymi została najpierw opracowana teoretycznie, a następnie sprawdzona na modelach w środowiskach tropikalnych (Brazylia). Jednak gleby w regionach umiarkowanych nie funkcjonują w taki sam sposób, jak gleby tropikalne. W dalszej części zobaczymy, jak zasada niedojrzałej okrywy zimowej skutecznie tropikalizuje nasze praktyki rolnicze i jak ta tropikalizacja generuje znaczącą zmianę w biologii systemu glebowego.

8   INNE TROPY I WNIOSKI

W ostatnich latach obserwujemy rozwój praktyk polowych, które polegają na wzbogacaniu gleb w materię organiczną poprzez wykorzystanie źródeł zewnętrznych, nierolniczych. Wykorzystanie ekosystemów leśnych i drewna w postaci RCW (rozdrobnione drewno) daje dobre rezultaty agronomiczne, podobnie jak ściółkowanie słomą zbożową. Dobre wyniki uzyskane dzięki tym praktykom są kolejnym dowodem na wartość dostarczania glebie sporej ilości dojrzałej, starszej materii roślinnej o dużej zawartości celulozy i lignin. Z drugiej strony zauważamy, że są one częścią transferu żyzności z lasów na pola, którego nie można uogólniać.

Obserwujemy odrodzenie aktywności biologicznej gleby, z gwałtownie rosnącą populacją dżdżownic. Towarzyszą temu: mniejsza wrażliwość roślin na choroby i suszę. Wydaje się nawet, że słynny "głód azotowy" nie pojawia się tak, jak to teoretycznie powinno mieć miejsce. Projekty takie jak "*Maraîchage en sol vivant*" ("Ogrodnictwo rynkowe w żywej glebie") i "*Ver de terre Production*" ("Produkcja dżdżownic") udowadnianiają to w rzeczywistości rynkowej. Jednakże stosowane ilości transferowanej masy organicznej są często ogromne i wiążą się wprost z transferem żyzności. Często mówimy o odzyskiwaniu bezwartościowych odpadów. Z ekonomicznego punktu widzenia (cena słomy, kory drzew czy gałęzi jest niska) jest to prawda, ale z biologicznego punktu widzenia jest zupełnie odwrotnie. Te materiały zdrewniałe i drewnopochodne są najbardziej wartościowymi substancjami dla gleby, jakie możemy mieć. Dlatego ich zastosowanie w rolnictwie tak dobrze się sprawdza.

8.1 Rozdrobnione drewno (RCW) i mulczowanie: zainteresowanie zastosowaniem dojrzałych materiałów roślinnych

8.1.1 Praktyki nie uogólnione, lub takie, których nie można uogólnić

Rozdrobnione drewno (RCW) z drzew iglastych jest regularnie wykorzystywane, a jego nakłady wynoszą od 100 do 800 ton na hektar rocznie! Zasoby RCW są jednak ograniczone. Belgijscy leśnicy oszacowali swój potencjał produkcyjny w ramach zrównoważonego zarządzania lasami na 137.000 t/rok. Przy wspomnianych ilościach starczy to na mniej niż 1.000 ha. Nie jest to więc praktyka, która może być szeroko stosowana. Można ją jedynie wykorzystać do wzbogacenia kilku gruntów przeznaczonych na produkcję specjalistyczną o bardzo dużej wartości produktów. Podobnie jest z niektórymi koncepcjami, które zalecają zewnętrzny dopływ słomy w wysokości od 20 do 100 ton /ha/rok. Pomysł taki zakłada pozbawienie 5 do 25 ha zbóż (lub nawet więcej) słomy w celu użyźnienia jednego hektara. Jest to dalekie od prawidłowego systemu gospodarki cyrkulacyjnej. Bardzo szybko mogą pojawić się konflikty między użytkownikami gleb. Ponadto coraz więcej rolników dostrzega znaczenie wykorzystania słomy dla swoich gruntów i odmawia jej sprzedaży, chyba, że w ramach jednoczesnej wymiany słomy na nawóz organiczny.

Koncentracja organicznych produktów ubocznych z obszarów nierolniczych na niewielkiej powierzchni nie jest samowystarczalnością, lecz przeniesieniem żyzności. Jest to możliwe dzięki wartości dodanej sprzedawanych produktów, a czasem nawet dzięki wartości produktu według określonego modelu biznesowego, gdzie np. pola eksperymentalne służą w celach szkoleniowych, pokazowych lub publikacyjnych.

8.1.2 Las funkcjonuje produkując tylko 3 t/ha suchej masy organicznej ściółki

Roczna produktywność lasu w strefie klimatu umiarkowanego szacowana jest na 2 do 4 t/ha suchej masy ściółki, z czego 50 do 80% stanowią liście, 3 do 30% gałązki i kora, a 1 do 30% inne organy (Mangenot, 1980). Ilość drewna w pniach nie jest brana pod uwagę. W zasadzie w typowym lesie zrębowym są one pomijalne. Ilość materii organicznej korzeni jest trudniejsza do oszacowania. Ilości roślin zielonych i mchów mają niewielkie znaczenie ilościowe. Zakładając, że te ilości są pomijalne, można wnioskować, że las jest w stanie utrzymać własną żyzność przy 50 do 200 razy mniejszym ilościach materii organicznej, niż zalecenia dotyczące ilości stosowanego RCW! Co więcej, systemy uprawowe rolnicze są w stanie dostarczyć glebie uzupełnień równoważnych nakładom leśnym (3 do 4 t/ha suchej masy rocznie).

8.1.3 Ziemia nie potrzebuje tak wiele

Istnieją rozwiązania, które pozwalają uniknąć ograbiania Piotra, aby zapłacić Pawłowi. Opierają się one na wdrożeniu kompletnych, spójnych systemów, w których optymalizuje się efektywność każdej z głównych funkcji gleby (humifikacja i mineralizacja), w których usuwa się główne przeszkody (allelopatia, niedobory mineralne, zagęszczenia i zalania gleby itp.). Christine Jones udowodniła, że gleby rolnicze mogą być nie tylko samowystarczalne w węgiel, ale że mogą również wejść w proces przywracania żyzności. Można to osiągnąć bez dodawania substancji organicznej z zewnątrz. Problem malejącej zasobności materii organicznej w glebach nie jest prostym problemem księgowym typu weszło-wyszło. Jest to problem, który może być rozwiązany jedynie poprzez uwzględnienie biologii gleby. W tym przypadku niezbędne jest uwzględnienie grzybów. Budują one próchnicę, wytwarzane przez nie ściany komórkowe mają okres półtrwania od trzydziestu do czterdziestu lat. Długotrwale magazynują węgiel w glebie. Ich grzybnia została opisana jako "Internet natury" (*por.* Paul Stamets). Zapewniają komunikację między roślinami i umożliwiają przenoszenie składników odżywczych z jednej rośliny do drugiej. Buforują ekstrema fizykochemiczne wynikające z charakteru skał macierzystych (pH gleby, obecność toksycznych metali). W warunkach polowych ograniczają one niejednorodność przestrzenną gleby i zapewniają zrównoważone odżywianie roślin. Ale te populacje grzybów są również najbardziej uszkadzane w glebach rolniczych. Orka, uprawa mieszająca glebę, fungicydy, nawozy syntetyczne... Wszystkie obecne praktyki rolnicze są przeciw nim. To właśnie hamowanie działania grzybów wyjaśnia większość przypadków zubożenia gleb rolniczych, szczególnie w stabilną materię organiczną. Zanim dodamy do gleby więcej materii organicznej, zadajmy sobie pytanie, czy gleba jest w stanie przekształcić ją w stabilną próchnicę. Następnie dostosujmy nasze praktyki tak, aby faworyzować ten szczególny łańcuch pokarmowy, zachowując grzyby w jak największym stopniu w dobrej kondycji.

8.2 Wnioski: Grzyby saprofityczne są kluczem do budowy próchnicy w glebach

Widzieliśmy, że tempo magazynowania węgla w tkankach jest bardzo różne w zależności od zaangażowanych w to mikroorganizmów. W przypadku bakterii zachowuje się 15% węgla, natomiast grzyby przechowują nawet 50% węgla w swoich ścianach komórkowych oraz w stabilnych związkach organicznych. Właśnie o to chodzi i tu tkwi cała zmienność we współczynnikach humifikacji stosowanych w bilansach, 0,05, czy 0,15, a może 0,20 % efektywności? Wszystko zależy od tego, jakie organizmy sa odpowiedzialne za przetworzenie materii organicznej. Jaki stopień dojrzałości roślin prowadzi do aktywacji którego podmiotu?

Widzieliśmy, że w glebach występują trzy główne grupy funkcjonalne:

1. **Symbionty** (np. bakterie azotowe i organizmy mykoryzowe), które bezpośrednio przyczyniają się do wzrostu plonów.
2. **Saprofity** (np. organizmy celulolityczne i ligninolityczne), które przyczyniają się głównie **do** zwiększenia efektywności magazynowania węgla.
3. **Pasożyty,** które każdy brak równowagi pokarmowej przekładają na zniszczenie żywej rośliny.

Wszystkie podmioty są ważne: **symbionty** są niezbędne dla produktywności upraw i ekonomiki systemu, ale widzieliśmy, że bilans ich aktywności w cyklu węglowym jest neutralny. Ich zwiększona aktywność przeważnie skutkuje zwiększoną mineralizacją próchnicy glebowej.

Saprofity to te, w przypadku których mamy ogromne szanse możliwego postępu w glebach (bakterie rozkładające celulozę, a zwłaszcza grzyby workowe i podstawczaki). To one trzymają prym w przemianach martwych roślin i zwierząt w glebie oraz wpływają na tempo przemiany świeżej materii organicznej w próchnicę.

W czasach, gdy mówimy o globalnym ociepleniu, wpływ ekosystemu uprawnego i gleb w obiegu węgla jest źródłem wielu niepokojów, jak również nadziei. Z jednej strony jest to źródło niepokoju, ponieważ gleby magazynują dwie trzecie węgla na Ziemi, a procesy zachodzące w nich prowadzą do obniżenia ilości materii organicznej. Z drugiej strony jest to źródło nadziei, ponieważ badania pokazują, że zdolność gleb do magazynowania materii organicznej mogłaby sama w sobie umożliwić wychwytywanie nadmiaru CO_2 generowanego przez działalność człowieka. Procesy fotosyntezy roślin rolniczych i powrotu materii organicznej do gleby mają potencjał, aby w sposób naturalny, ekonomiczny i obliczalny usunąć z atmosfery więcej dwutlenku węgla, niż jakakolwiek inna technologia. To właśnie na bazie tego pomysłu powstają programy magazynowania CO_2 w glebach (np. "Cztery na tysiąc", zainicjowane przez Francję na COP 21).

Przy korzystnym magazynowaniu materii organicznej w glebach, jak widzimy to w kontekście praktyki wdrażanych środków naprawczych, cele te wydają się całkowicie osiągalne.

Zdrowa gleba ? Czy produktywna ? Jedno i drugie !

Aby gleba była produktywna w dłuższej perspektywie, musi być również zdrowa. Zdrowa gleba to taka, w której procesy biologiczne, które rządziły jej powstaniem, są nadal aktywne, respektowane i w razie potrzeby przywracane. Należą do nich: przepływy wody, cykl materii organicznej, równowaga mineralna i cykle: azotowy i węglowy. Odpowiada to sytuacji, w której rośliny korzystają z gleby i podglebia, najlepiej aż do skały macierzystej, a płodozmian/zmianowanie i zarządzanie nimi jest zbliżone do naturalnego punktu optimum dla wegetacji roślin.

C

C - PUNKT KULMINACYJNY: KLUCZ DO ZINTENSYFIKOWANIA A ZRÓWNOWAŻONEGO AGROSYSTEMU

Gleby rolne były uprawiane przez 10 000 lat w pierwotnych ekosystemach, które we Francji nazywamy kulminacją ekologiczną.
Punkt kulminacyjny stanowi ostateczny ewolucyjny etap równowagi między klimatem, glebą i żyjącymi tam gatunkami. Różnorodność biologiczna, produktywność i funkcjonalność osiągają etap szczytowy. Jest to niezwykle interesujące dla rolnika, aby zrozumieć kulminację regionu, w którym znajduje się jego ziemia, aby ocenić jej potencjał i aby zidentyfikować wszystko, co jest możliwe do przywrócenia, odtworzenia, zwłaszcza osłabione, lub zniszczone, naturalne funkcje gleby. To tutaj znajdują się rzeczywiste, nowe i trwałe rezerwuary produktywności.

9 WYDAJNOŚĆ DZIĘKI EKOLOGII STOSOWANEJ

9.1 Nowe podstawy ekologii gleb

Gleby, które odziedziczymy, są wynikiem równowagi, której ustanowienie zajęło dziesiątki tysięcy lat. Nasze praktyki zdegradowały je do wcześniejszych i przejściowych stanów ewolucyjnych. Jednak ich naturalna dynamika dąży wciąż do ich odbudowania. Dzieje się to z pomocą gatunków organizmów pionierskich, z których niektóre są dla nas wyraźnie widoczne ze względu na niedogodności, jakie nam sprawiają. Są to chwasty, szkodniki, pasożyty itp.

9.1.1 Każdy ma swoje miejsce i zajmuje swoją niszę ekologiczną

■ Zasada Gause'a

Ekologia i obserwacja przyrody uczą nas, że w ramach tych stabilnych ekosystemów każdy gatunek zajmuje bardzo wąską niszę ekologiczną (miejsce w ekosystemie obejmujące środowisko i interakcje, takie jak odżywianie). Zgodnie z zasadą Gause'a (1934), dwa gatunki o podobnych niszach ekologicznych nie mogą współistnieć jednocześnie w jednym miejscu i w sposób zrównoważony. W dłuższej perspektywie procesy selekcji nieuchronnie doprowadziłyby do zaniku gorzej przystosowanego gatunku kosztem drugiego. Wynika z tego, że w obrębie ekosystemu każdy gatunek ma **unikalną dietę z możliwymi, ale ograniczonymi, "nakładkami"** w stosunku do innych gatunków. Ponadto w tych stabilnych ekosystemach brak jednego ogniwa w łańcuchu, prawdopodobnie może zakłócić całość systemu.

■ "Role" funkcjonalne dla każdego gatunku

Drapieżnictwo, produkcja pierwotna, produkcja wtórna... W tym wielkim teatrze ekosystemów podział ról ustalił się przez tysiące lat. Każdy gatunek spełnia w ekosystemie określoną funkcję. Ta rola przybiera różne formy w zależności od gatunku, ale rezultatem jest zawsze przeciwstawienie się wszelkim ekstremalnym zdarzeniom, które mogą się pojawić. Gepard chwyta chorą gazelę, zanim ta zarazi stado, sęp sprząta padlinę, przeżuwacze pasą się i zwracają do gleby odchody bogate w ligninę i inne niestrawne substancje, pierwotniaki pożerają bakterie, niektóre grzyby zjadają nicienie... Każdy gatunek potrzebuje innych do swojego przetrwania. Ofiara potrzebuje drapieżnika w takim samym stopniu, jak drapieżnik potrzebuje ofiary. Te funkcje samokontroli ekosystemu są wszechobecne. Bioróżnorodność sprawia niekiedy wrażenie chaotycznej i wybujałej obfitości nieuporządkowanych gatunków. Tak jednak nie jest. W przyrodzie wszystko jest wyjątkowo dobrze poukładane. **Różnorodność biologiczna działa jak** skuteczna **"policja",** która pozwala na rozkwit wszystkiego, co może utrwalić główne równowagi i tłumi wszystko, co mogłoby je zaburzyć.

■ Pasożyty to czerwone światło naszych agrosystemów

W ekosystemie nie ma "dobrych" i "złych". Wszystkie formy życia mają swoje zastosowanie, pod warunkiem, że każda z nich pozostaje w swoim obszarze działania, w tym zrównoważonym, stabilnym i trwałym systemie. W glebie bakterie, robaki, owady, skorupiaki i grzyby są częścią łańcucha pokarmowego i są zależne od siebie. Niektóre pasożyty uświadamiają nam, że coś poszło nie tak z odżywianiem i zdrowiem rośliny. Ich występowanie często zawiera w sobie część rozwiązania problemów systemu uprawy. Jeśli widzimy nadchodzącego szkodnika, to znaczy, że otworzyliśmy jego niszę ekologiczną. Musimy zrozumieć ten proces, a następnie mieć nadzieję, że uda nam się tę niszę zamknąć. W 80% sytuacji problemy są związane z niedomaganiem systemu glebowego.

9.1.2   Ekosystemy zdegradowane do stanu sprzed kulminacji

■ Las o modelu kulminacyjnym nigdy nie jest chory

W toku ewolucji, a przed głębokimi zmianami spowodowanymi przez człowieka, ekosystemy rozwijały się, aż do osiągnięcia punktów stabilności (kulminacji). Ekosystem, który osiągnął punkt równowagi między klimatem, glebą i gatunkami, nazywany jest przez ekologów kulminacją. Na nizinach klimatu umiarkowanego i wilgotnego kulminacją jest najczęściej las. Jak widzieliśmy, w tych ekosystemach kulminacyjnych, które pozostają w równowadze od tysięcy lat, wszystko przyczynia się do zachowania równowagi w środowisku. Te systemy nie chorują. To, co nazywamy pasożytnictwem, jest kwestią krótkotrwałych, ograniczonych i tymczasowych mechanizmów samoregulacji ekosystemu.

Ćma bukszpanowa, korniki, choroby grzybowe roślin itp. są. Nasze obecne lasy strefy umiarkowanej nie są oszczędzane przed agresją pasożytów, co przeczy często przyjmowanemu poglądowi, że "las nigdy nie jest chory". Jednak nie tyle las nigdy nie jest chory, ile sama kulminacja, czyli punkt stabilnej równowagi między gatunkiem, a środowiskiem jego życia. Las uprawny jest sytuacją pośrednią, która, gdy nie uwzględniła charakteru gatunków endemicznych, może również wywołać katastrofalne skutki dla środowiska i ewolucji gleby. Równowagi glebowo-roślinne budowane są przez tysiące lat. Na przykład drzewa iglaste są przystosowane do pewnych szerokości geograficznych lub wysokości. Zakwaszenie gleby, zubożenie fauny, mikrofauny i związanej z nią mikrobiologii mają wpływ na drzewa. Sadzenie drzew iglastych w miejscach, gdzie kiedyś rosły tylko drzewa liściaste, jest często szkodliwe dla ekosystemu. W większości rejonów świata ekosystem leśny przestał już być ekosystemem kulminacyjnym, a duże nisze ekologiczne zostały otwarte dla pasożytów. Lasy są często bardzo uzależnione od działalności człowieka. Wydawać by się mogło, że jedyne "ocalałe" lasy pierwotne w Europie istnieją dziś tylko w Finlandii, Polsce i na Ukrainie oraz jako kilka strzępów w większości krajów europejskich, w tym w krajach śródziemnomorskich.

Jedynie niekiedy posadzone lub wybrane przez człowieka gatunki są dostosowane do ekologii danego miejsca. Funkcje samokontroli gatunków i cenoz stają się mniej skuteczne. W jeszcze większym stopniu dotyczy to sytuacji, gdy wprowadzono nowe gatunki z innych części świata. Lasy są również miejscem dużego eksportu żyzności w wyniku działalności człowieka. W ten sposób nawet ekosystem leśny może być ekologicznie niedostosowany do swojej gleby, klimatu i całej biocenozy. W wyniku tego niedopasowania ekosystemy leśne znajdują się w stanie osłabienia swoich funkcji ekologicznych. Także w tym przypadku wydaje nam się, że obowiązkiem człowieka jest interwencja w główne funkcje ekologiczne lasu, które uszkodził. Lasy zasługują więc również na zmiany, nawet jeśli skala czasowa jest znacznie dłuższa, niż w przypadku upraw polowych.

■ Brak 3 "P" („pérenne, profond et permanent", czyli: wieloletni, głęboki i trwały)

Widzieliśmy, że większość ziem uprawnych na świecie została odzyskana z dawnych ekosystemów leśnych. Gleby ekosystemu uprawnego tracą w ten sposób korzyści z obecności biocenozy kulminacyjnej i wielkiej równowagi ekologicznej, która przeciwstawia się niedostatkom przejawiającym się w postaci chorób lub stresów. Ponadto gleby tracą korzyści z obecności drzew o wieloletnim, trwałym i głębokim systemie korzeniowym (3P). Recykling głęboko położonych minerałów i ich recyrkulacja na powierzchnię jest bez drzew jest znacznie mniej efektywna. Człowiek, który uprawia glebę, odbiera jej bardzo ważną część zdolności do samoregeneracji i odporności na np. zakwaszenie związane z ucieczką kationów metali w warstwy niedostępne dla roślin uprawnych. Brak baldachimu koron drzew lub resztek gałęzi i liści nie chroni już skutecznie powierzchni gleby przed niszczącym efektem "rozbryzgu" powodowanym przez krople deszczu. Osłabieniu ulega tworzenie mykoryz, funkcjonowanie gospodarki wodnej itp.

■ Uproszczone środowiska są wrażliwe na nieoczekiwane zdarzenia

Powstanie rolnictwa spowodowało również duże uproszczenie środowiska. Od polikultury roślin i polihodowli zwierząt nastąpiło przejście w kierunku wyspecjalizowanej hodowli zwierząt i rotacyjnej uprawy roślin, a w końcu do monokultury. To uproszczenie ma swoje odzwierciedlenie w mikrobiomie glebowym. Oprócz braku roślin głęboko korzeniących się, praktyki rolnicze regularnie zmniejszają różnorodność funkcji biologicznych gleby. Zanikają bufory i śluzy chroniące glebę, a środowisko jest bardziej wrażliwe na wszelkie formy nadmiaru i niedoboru (susza, pH, zalanie, zasolenie itp.). Warunki te sprzyjają gatunkom roślin pionierskich, często zdominowanym przez najbardziej wytrzymałe, problematyczne dla rolnika.

■ Faworyzujemy gatunki pionierskie i ekstremofilne

Konsekwencją spowodowanych przez człowieka zaburzeń w ekosystemach jest systematyczne faworyzowanie form życia ceniących sobie warunki ekstremalne (ekstremofile) i bardziej autonomicznych (autotrofy), często pionierskich (beztlenowce, archeony, chwasty inwazyjne itp.). Te formy życia reagują pozytywnie na nowe warunki panujące w glebie cofającej się w rozwoju. Spełniają ekologiczną funkcję przywracania stanu wyjściowego, budując pierwsze etapy i przygotowując ponownie następne. Ich zbyt duża obecność jest wskaźnikiem zubożenia i zmęczenia naturalnych funkcji gleby. Gdybyśmy dopuścili do takiej sytuacji, odbudowa lasu "wtórnego", który przypominałby las pierwotny, trwałaby około 300 lat. W przypadku upraw jednorocznych, co roku ekosystem musi zaczynać prawie od zera, przynajmniej blisko powierzchni gleby. Oznacza to, że co roku otwierane są ogromne nisze ekologiczne dla nowego "wejścia intruzów". Niemniej jednak duża część funkcjonalności naturalnego ekosystemu może być utrzymana lub częściowo przywrócona. Dlaczego więc mamy być skazani na życie z pasożytami? Dlaczego efektywność odżywiania roślin musi być utracona? Dlaczego gleby mają być skazane na erozję i utratę struktury? Żadna z tych rzeczy nie jest przesądzona i nieunikniona. Te zjawiska są tak powszechne, że obecnie uważamy je wręcz za normalne. W rzeczywistości nie ma w nich nic normalnego, są to sygnały ostrzegawcze. Nigdy nie powinniśmy rezygnować z poszukiwania rzeczywistych przyczyn i prawdziwych źródeł problemu.

9.1.3   Interwencjonizm jest koniecznością

■ Strzeż się pokusy naśladowania agrosystemów

Biomimikra to nauka stosowana, której celem jest wprowadzanie innowacji poprzez czerpanie inspiracji z naturalnych mechanizmów biologicznych. Zamek błyskawiczny, rzep, kształt japońskiego szybkiego pociągu, najnowsza generacja igieł do strzykawek, materiały o strukturze plastra miodu, antybiotyki... Wszystkie te innowacje prawdopodobnie nie byłyby możliwe bez inspiracji technologicznych znalezionych w naturze. Jednak przebranie się za niedźwiedzia nigdy nikomu nie dało większej siły. Przebieranie się za kangura, by skakać wyżej, nigdy nie działało. Dlaczego więc "przebranie się" za las deszczowy (patrz następny rozdział), gdy jesteś europejskim ekosystemem, miałoby większe szanse powodzenia?

W przypadku braku procesu odzysku kationów z głębokich warstw gleby zapewnionego przez duże drzewa, rozsądnym rozwiązaniem może być przywrócenie żyzności poprzez wapnowanie lub rozważenie orki agronomicznej (patrz: nasza definicja poniżej). Widzimy, **że funkcja gleby może być przywrócona w sposób, który bardzo różni się od sposobów stosowanych w pierwotnym agrosystemie. Jest to spotkanie dwóch technik: biomimikry i analizy funkcjonalnej.**

Wciśnięcie ekosystemu uprawnego w formę ekosystemu "naturalnego" jest w teorii atrakcyjnym pomysłem, ale szybko wchodzi w konflikt z obserwacjami praktycznymi i zdrowym rozsądkiem. Struktura gleby, brak zakwaszenia powierzchni, brak chorób itd. Natura, kulminacja, jest rzeczywiście naszym modelem, naszym ideałem, naszym źródłem inspiracji. Jednak naszym celem jest odzyskanie równoważnych funkcji w ekosystemie uprawnym. Nie musi to jednak oznaczać ćwiczenia z mimikry. W przeciwnym razie problemy pojawią się szybko, jak w przypadku coraz częstszego występowania w glebach podeszwy płużnej przy stosowaniu technologii bezuprawowej (patrz część D, rozdział 13.1). W następnym rozdziale podamy kilka pomysłów, jak ograniczyć skutki luki ekologicznej, którą narzucamy ekosystemom.

■ Nie mylmy celu ze środkami

Należy założyć, że konieczny jest interwencjonizm wyważony i bardzo skalkulowany bo trzeba zrozumieć mechanizmy, które sprzeciwiają się przywróceniu oczekiwanych funkcjonalności i odpowiednio dostosować praktyki. Tak zwane rolnictwo zachowawcze i techniki regeneracyjne są doskonałe, ale pod warunkiem, że uwzględni się ich cele. Nie zawsze wystarczy zastosować siewnik "no-till" i okrywę roślinną gleby, aby zrekompensować naturalne funkcje osłabionego przez uprawę ekosystemu. Nie mylmy celu ze środkami. Technologia "no-till', czy siew bezpośredni, są środkami, a nie celem. Zasługują na to, aby je obserwować, oceniać na podstawie faktów oraz stosować z pełnym rozeznaniem dobrych i złych skutków.

Kiedy zaniechanie działania jest przestępstwem nieudzielenia pomocy zagrożonemu ekosystemowi, przykład: las łęgowy nad Loarą
Niektóre tereny aluwialne, często sklasyfikowane jako Natura 2000, podlegają ograniczeniom rolno-środowiskowo-klimatycznym (MAEC) zakazującym stosowania wszelkiego rodzaju nawozów i działań ze względów "ekologicznych", polegających na utrzymaniu naturalnego charakteru obszaru wraz z jego różnorodnością biologiczną. Jeden z tych MAEC dotyczy Doliny Loary, długiej rzeki, która ma swój początek w rejonie Ardèche pochodzenia wulkanicznego. Na całym swoim biegu niesie więc kwaśne piaski pozbawione wapnia. Na długo przed dotarciem do oceanu przecina regiony o podłożu wapiennym w Nevers, Tours i Angers. Roślinność, która kiedyś występowała tam naturalnie, to łęgowe lasy wierzbowe i jesionowe, o głębokich korzeniach. Gatunki te potrafią pobierać wapń ze skały wapiennej, a następnie transportować go w swoich pniach, gałęziach i liściach, które opadają z powrotem na ziemię. Jest to naturalny i dobrze działający dla tego ekosystemu proces recyklingu mineralnego. Dziś te gleby, w większości łąkowe zalewowe, nie korzystają już z obecności drzew, są osłabione bez recyklingu minerałów z głębi gleby. Poprawa dzięki wapnowaniu umożliwiłyby przywrócenie prawidłowego funkcjonowania tych gleb, ale jest to zabronione przez MAEC. Bez takiej interwencji człowieka te obszary łąk skazane są na pogrążanie się ich gleb w procesie zakwaszania powierzchniowego i degradację powierzchniowej flory łąkowej. Intencje MAEC są godne pochwały, ale zalecany tu brak interwencji jest równoznaczny z zaniechaniem pomocy zagrożonemu ekosystemowi. Odwieczne wylesianie tych terenów wymaga od człowieka zastąpienia zniszczonych przez niego mechanizmów innymi. Jest to obowiązek rolnika i dzierżawcy, a także imperatyw ekologiczny.

9.2 Zarządzanie zmianami klimatycznymi agrosystemu na jego glebie

Ekosystem rolniczy zawsze będzie niedostosowany do ekosystemu kulminacyjnego. Zarządzanie i łagodzenie skutków tego niedopasowania na podstawie naukowej wiedzy ekologicznej to nowy rezerwuar produktywności, tym razem niewyczerpany i trwały. Trzeba to zrobić biorąc pod uwagę fakty i model "naturalny" oraz postrzegać jako całość i przełożyć na:

- Identyfikację zanikłych zdarzeń i procesów.
- Interwencję rolnika w celu ich przywrócenia.

9.2.1 W regionach o umiarkowanym klimacie zimowa przerwa jest niezbędna do wytworzenia próchnicy

■ Ekosystemy tropikalne i umiarkowane mają bardzo różne cykle

Naukowcy i pracownicy zajmujący się rozszerzaniem wiedzy, którzy obecnie wpływają na praktyki rolnicze w Europie i innych miejscach, czerpią inspirację z równikowych i tropikalnych modeli rolnictwa zachowawczego lub regeneracyjnego, głównie w Brazylii. Ustalają oni kilka założeń, którymi są:

- trwałe pokrycie gleby;
- uprawa bezorkowa i siew bezpośredni;
- różnorodność upraw i płodozmian.

W tle, w sposób uzupełniający, zaleca się stosowanie nawożenia miejscowego. Inne szkoły myślenia mają na celu wspieranie produkcji wydzielin korzeniowych i rozwoju grzybów mykoryzowych, a w razie potrzeby powtarzalne nawożenie dolistne. Wyraziliśmy już nasze zastrzeżenia co do niektórych aspektów tych praktyk, których celem jest poprawa struktury gleby, a przede wszystkim magazynowanie węgla w glebach rolnych.

Te działania przynoszą wielką poprawę w stosunku do systemu głębokiej orki, przyorywania resztek roślinnych, gdzie gleby pozostają gołe przez sześć miesięcy w roku. Wydaje nam się jednak, że aby osiągnąć pożądane cele, konieczne są korekty. Zanim rozważymy te dostosowania, przyjrzyjmy się najpierw naszemu reżimowi klimatu umiarkowanego.

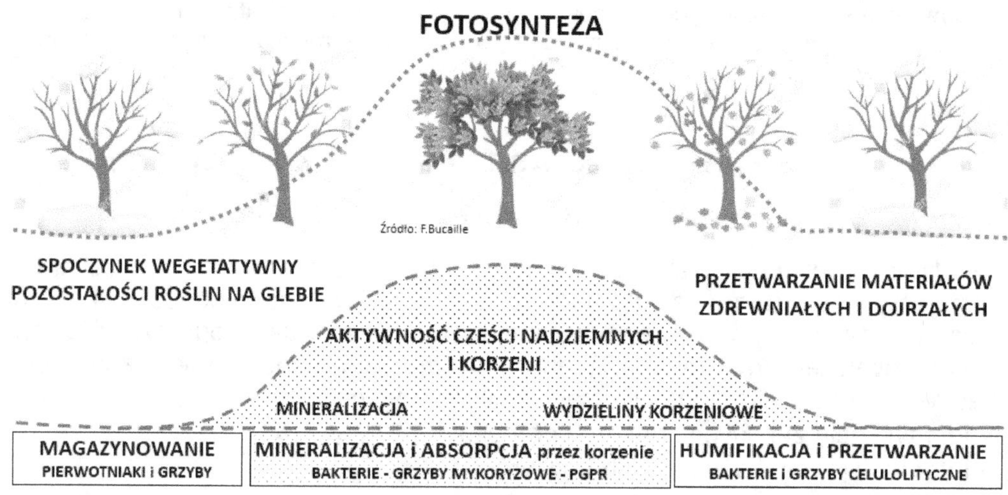

Rysunek 9.1 - Cykl mineralizacji, pobierania, humifikacji i magazynowania w glebie, w klimacie umiarkowanym (PGPR [*Plant Growth Promoting Rhizobacteria*]: bakterie promujące pobieranie, a tym samym mineralizację) (drzewa: MarBom/shutterstock.com)

Stałe pokrycie gleby przez zieloną i aktywną roślinność wcale nie odpowiada kulminacji stref umiarkowanych. Jest to model dla systemów tropikalnych. W warunkach strefy tropikalnej i równikowej naturalnym modelem jest magazynowanie wszystkiego, co może być utracone wraz z wodą, w postaci roślin, zwierząt, mikrofauny i mikrobów. Iły kaolinowe na tych bardzo starych glebach o niskim potencjale wymienności kationów CEC (40 do 100 meq/kg), niskiej zdolności retencyjnej, nasilonej mineralizacji przez 12 miesięcy w roku oraz obfitych opadach (do 3000 mm/rok) powodują, że **jedynym możliwym magazynem wszystkiego co rozpuszczalne jest samo życie.** Jednoczesne procesy mineralizacji i humifikacji są trwałe. Stała pokrywa roślinna jest koniecznością. W Brazylii umożliwia to uprawę do trzech roślin rocznie: pszenicy, "dużej" kukurydzy i tzw. "małej" kukurydzy.

■ **Cykl klimatu umiarkowanego to naprzemienne gromadzenie próchnicy i jej mineralizacja z przerwą zimową**

W naszych klimatach o bardzo różnych porach roku działają inne procesy, całkiem odmienne od cykli tropikalnych (patrz rysunek 9.1). Oto jak działają pory roku w przypadku gleb klimatu umiarkowanego:

• **Wiosna i lato: okres intensywnej mineralizacji** i mobilizacji wszystkich mechanizmów współpracujących z roślinami w ich sąsiedztwie . W lecie obserwujemy wyczerpywanie się rezerw mineralnych, humusowych i wodnych gleby, które zasilają wzrost roślin. Dzieje się tak, gdy gleba jest jeszcze przykryta i chroniona przed letnim słońcem. Nie ma gołej gleby. Glebowe formy życia są ciągle w cieniu roślin. Robaki, chrząszcze, skoczogonki, mikrofauna, mikroflora, drożdże, glony mogą się rozwijać. Wszystko jest nastawione na aktywność chlorofilu, czemu sprzyjają mykoryzy i mikroflora ryzosfery. Mineralizacja wywołana wzrostem temperatury oraz efekt RPE (*Rhizosphere Priming Effect*) powodują przepływy gleba-roślina, które przewyższają przepływy z roślin do ryzosfery.

• **Jesień: okres humifikacji.** Jesień to czas, kiedy dojrzałe materiały, bogate w celulozę i ligninę, wracają do gleby. Pracuje mikrobiologia rozkładu: bakterie celulolityczne, workowce, podstawczaki. Jest to moment, w którym "pożyczka" udzielona roślinie przez glebę w okresie letnim zostaje spłacona poprzez zwrot zdrewniałych substancji. Jest to kluczowy moment, w którym musi nastąpić zrównoważenie bilansu humusowego. Jest to moment, w którym stawką jest spadek lub wzrost wskaźnika zasobności materii organicznej. To tutaj **toczy się gra:** jeśli aktywna roślinność (na przykład nawóz zielony) jest nadal na miejscu, mineralizacja przez RPE będzie nadal intensywna, a wykorzystywanie zasobności gleby będzie kontynuowane. Również w tym miejscu można uzyskać korzyści z całorocznego zarządzania uprawą:

Jeśli pod koniec cyklu nie stosowano żadnych fungicydów, jeśli bilans mineralny jest prawidłowy (P, S, N, patrz rozdział 10), jeśli słoma nie zostanie zabrana, jeśli przywrócono glebie dobrze dojrzałą biomasę roślinną, to grzyby wyspecjalizowane w rozkładaniu (workowce i podstawczaki) tych materiałów spłacą "pożyczkę" z odsetkami. Ich wydajność w recyklingu węgla z pozostałości roślinnych wynosi nawet 50%. **Bilans humusowy będzie wtedy dodatni.**

Jeśli - przeciwnie - przewaga konkurencyjna jest zapewniona bakteriom mineralizującym przez jeden lub więcej z następujących powodów: słoma z fungicydami, glifosatem, nadmiarem azotu i/lub fosforu, obecność młodego materiału roślinnego bogatego w cukry proste, nadmiar wody, wtedy "pożyczka" będzie większa, niż "zwrot". Wydajność bakterii w zakresie recyklingu i reorganizacji węgla wynosi tylko najwyżej 15%. **Bilans humusowy będzie więc ujemny.**

- **Zima: okres przechowywania.** Zima to czas, w którym proces rozkładu zostaje zakończony. Zależy on od temperatury otoczenia i rodzaju rozkładanego materiału. Temperatura gruntu utrzymywana jest dzięki osłonie drzew przed wiatrem, a światło słoneczne dociera do ziemi po opadnięciu liści. Gleby te nie posiadają aktywnej roślinności, ale nie są też gołe: na ziemi znajduje się mnóstwo ściółki. Jest to również czas odpoczynku i magazynowania. Wiele z naszych umiarkowanych gleb brunatnych ma wysoką pojemność wymienną kationów CEC (100 do 350 meq/kg), a więc znacznie większe możliwości magazynowania kationów, niż tropikalne gleby ferralitowe (40 do 100 meq/kg). Mechanizmy magazynowania zależą też w dużym stopniu od mikroflory i mikrofauny.

Zimą grzybnie same stają się centrami magazynowymi: ich ściany zbudowane z glomaliny, chityny i melaniny chronią je przed szybką degradacją. Zawarte w nich materiały azotowe i lipidy są w ten sposób chronione przed wymywaniem. Stąd znaczenie wspierania wysokich populacji grzybów glebowych. Wreszcie, znaczna śmiertelność bakterii spowodowana ustaniem wegetacji (ustanie efektu RPE) i spadkiem temperatury, jak również ich intensywne zużycie przez pierwotniaki, którymi się żywią, generuje produkcję azotu amonowego i amin (NH_2 i NH_4). Kiedy te formy azotu stają się wolne, są magazynowane na substancjach ilastych, tak jak inne kationy. Te formy azotu nie są łatwo wymywalne. Tak długo, jak temperatura pozostaje niska i tak długo, jak roślina nie aktywuje mineralizacji (RPE) następnej wiosny, pozostają one bezpiecznie zmagazynowane. Oczywiście te procesy magazynowania nie dotyczą pozostałości azotowych powstałych w wyniku źle skalibrowanego nawożenia azotowego, ani azotanów powstałych w wyniku mineralizacji poprzedniego lata i niewykorzystanych z powodu braku wegetacji, ponieważ azotany nie są wiązane przez kompleks sorpcyjny kationów CEC. Kiedy mikrobiologia jest aktywna i działa ekosystem bakteryjno-grzybowy, wtedy ten mechanizm oszczędzania zasobów, który sięga setek tysięcy lat wstecz, wchodzi w pełni do gry. Jest to również okres magazynowania wody. W sytuacjach braku nawadniania i/lub w latach z niskimi opadami, woda ta nie musi być zużywana przez ozimą i wczesnowiosenną roślinę okrywową, która jest prawdziwą "pompą wodną". Tej wody może okrutnie zabraknąć do produkcji wiosenno-letniej. postaci powtórnej orki agrotechnicznej, głęboszowania w razie potrzeby lub wyrównywania w przypadku wystąpienia kolein.

Uwzględnienie ekologicznej roli ferii zimowych

Mechanizm sezonowy charakterystyczny dla regionów umiarkowanych - z pauzą wegetacyjną w zimie - powinien być uwzględniony i "naśladowany" w swoich funkcjach w ramach programów rewitalizacji gleb. Modele powinny uwzględniać znaczenie grzybów rozkładających stare tkanki roślinne, które są tak niedoceniane, mimo że znajdują się w centrum zagadnienia magazynowania węgla. Wszystkie formy amin i amoniaku są doskonale magazynowane w glebie bez strat. Zintegrujemy również wpływ fazy wegetacyjnej materiałów zwracanych do gleby oraz pory roku sprzyjające pokrywie roślinnej. Poniżej kilka przykładów możliwych wariantów rolnictwa rewitalizacyjnego, w różnych agrosystemach, inspirowanych klimatem, który jest naszym udziałem.

Rysunek 9.2 - Przystosowanie systemów upraw do cykli klimatycznych klimatu umiarkowanego

9.2.2 Uprawa gleby była i jest kluczem do dobrego zarządzania jej ekologią

Uprawa roli to praktyka, która w dzisiejszych czasach jest często potępiana. Jest to jednak jedna z historycznych zasad, którą człowiek zidentyfikował jako przywracającą pewne osłabione funkcje gleb uprawnych. Poprzez orkę agronomiczną starożytni rozumieli, że mogą w ten sposób wydobyć na powierzchnię elementy, które są wymywane i w ten sposób zarządzać brakiem głębokiego recyklingu mineralnego prowadzonego przez duże drzewa – choć tego tak do końca nie byli w stanie sformułować. W systemach bezuprawowych zaczyna się mówić, że regularne wapnowanie jest korzystne dla neutralizacji kwasowości powierzchni. W pewnych sytuacjach możliwe są reakcje, których skutki mogą sięgać od dziesięciu do czterdziestu lat do przodu.

119

■ **Uprawa zerowa jest czasem zbyt obciążająca dla ekosystemu**

W tej chwili jest to stwierdzenie kontrowersyjne, ale brak uprawy gleby jest czasem błędem ekologicznym, bo działalność kretów, lisów i żuków gnojowych nie tworzy już jej makropor w ziemi, a brak potężnych i trwałych korzeni drzew nie zapobiega utracie struktury gleb piaszczysto-gliniastych.

Rolnictwo ewoluuje i zmienia się i to jest dobra rzecz. Jednakże naszym zdaniem istnieją pewne pułapki, których należy unikać. Był okres, kiedy chodziło o to, aby zaorać jak najgłębiej, stosując korpusy 16-calowe, potem 18-calowe, oczywiście z gloryfikując te praktyki dzięki konkursom orki. Kryteria, na podstawie których wyłaniano mistrza to: dobrze zaorana, głęboka i regularna orka, a przede wszystkim brak nawet jednej garści słomy na powierzchni. To właśnie taki rodzaj orki odebrał zalety temu zabiegowi uprawowemu. Dziś jesteśmy świadkami kolejnego wyścigu na rekordy: kto wyprodukuje okrywę roślinną o największej ilości ton/ha, kto wyprodukuje najwięcej "sałatek" z jednostki powierzchni, kto ma w swoich mieszankach najbardziej egzotyczne rośliny. Wahadło kołysze się od jednego zbędnego nadmiaru do drugiego. Agrosystemy muszą odnieść korzyści z naszego "średniowiecza" opisanego na początku książki. Dziś spotykamy rolników z "syndromem uważnego ucznia" opisanym przez J-P. Sartre'a w *Byciu i nicości*, który tak bardzo skupiony jest na byciu uważnym na słowa nauczyciela, że nie rozumie już treści, gdyż cała jego istota i energia jest ukierunkowana wyłacznie na byciu uważnym. Podobnie, niektórzy ludzie są tak zajęci posiadaniem zielonych roślin przez cały rok, że zapomnieli, co szepcze im do ucha biologia: gleby bezorkowe (opisane w § 13.2.2) to letni deficyt wody... Uważamy, że ta huśtawka z jednej skrajności w drugą jest wynikiem poważnych nieporozumień w interpretacji faktów, przyczyn i skutków, szczególnie w zakresie uprawy gleby.

■ **Dobra orka naszych przodków**

☐ **Nasi przodkowie stosując orkę nie niszczyli gleby**

Od wieków człowiek orał. Przez bardzo długi czas ta orka była, z dzisiejszego punktu widzenia, tylko "powierzchownym kopaniem gleby". Nie można twierdzić, że ten długi okres praktyki pozostawił rolnikowi XX wieku gleby ubogie w próchnicę, bez dżdżownic i z załamaną bioróżnorodnością. Wszyscy zgadzają się, że to właśnie od połowy XX wieku, od lat 50. ubiegłego wieku, wskaźniki żyzności zaczęły się pogarszać. Agronomia oznacza przyjęcie długoterminowej perspektywy, a ze względu na rygor naukowy powinno to nas zachęcić do tego, aby nie brać pod uwagę jedynie wybranych badań z ostatnich czterdziestu lat. Dlatego spojrzenie wstecz i ponowne włączenie tej ogromnej masy doświadczeń do budowy trzeciej drogi w rolnictwie może zaoszczędzić czas i pomoże uniknąć błędów.

□ **Płytka orka**

Po agronomicznych rozważaniach Oliviera de Serres (*Théâtre d'agriculture et Mesnage des champs*, 1600), Diderot w swojej encyklopedii[8] opisał mniej więcej w ten sam sposób dobre praktyki agronomiczne związane z orką.

■ **Głęboka orka "nieuczciwych rolników"**

"Wystarczy czterocalowa orka, aby przewrócić trawę, wystawiając jej korzeń na działanie powietrza, tak że wysycha i roślina ginie.
Cztery cale... Orka, o której tu mówimy, ma dziesięć centymetrów! Płytka orka ścierniskowa w dzisiejszym języku. Nie ma to nic wspólnego z upowszechnionymi w ostatnich czasach karykaturami orki. I to właśnie dodaje Diderot, gdy mówi o głębokiej orce, poza warstwą korzeni roślinności: **"Głębokość orki musi być proporcjonalna do głębokości humusu lub wierzchniej warstwy gleby,** do potrzeb nasion, które mają być zasiane, oraz do okoliczności, które decydują o orce, po pierwsze do głębokości warstwy próchnicznej. Jest dość dużo ziemi nadającej się do produkcji pszenicy, choć ma ona tylko sześć lub siedem cali głębokości. **Jeśli orze się głębiej, wydobywa się na powierzchnię rodzaj gliny,** która, nie będąc urodzajną, czyni ziemię niezdatną do produkcji pszenicy... Pierwsza warstwa podniesiona, niesie ze sobą część drugiej; i wtedy mówi się, że ziemia jest zamulona. **Nieuczciwi dzierżawcy, którzy są zmuszeni do opuszczenia pól, psują zbyt głęboką orką te części swojej ziemi, które będa oddane. W ten sposób zbierają więcej drobnego zboża, a jednocześnie szkodzą osobie, która ma ich zastąpić."**
Czy nie jest to właśnie to, co zrobiliśmy? Czy nie bawimy się w "nieuczciwego rolnika" od pięćdziesięciu lat? Czy to nie dziwne, że chociaż praktyka orki z XVIII wieku i orki z XXI wieku tak bardzo się różnią, to właśnie orka jako całość została zakwestionowana? Wyobraźmy sobie, że przeszliśmy od orki na dziesięć centymetrów (4 cale), maksymalnie piętnaście centymetrów (6 cali), wykonywanej w idealnych warunkach wilgotnościowych i nigdy nie poddawanej niszczącej sile naszych środków mechanicznych, do orki na 35, 40, 45 centymetrów (15, 16, 18 cali), niekiedy w najgorszych warunkach, bo niekiedy na mokro, po burakach. Przy okazji: w czasach Diderota buraków cukrowych nie było. Przemysłowiec Benjamin Delessert, uruchomił tę uprawę na prośbę Napoleona, aby zapewnić produkcję cukru dla Francji, objętej angielską blokadą morską.

■ **Oszczędne gospodarowanie pokrywą roślinną poprzez wypas**

Diderot pisał także: "Anglicy dali nam w tej kwestii najbardziej zachęcający przykład: odkąd sztuczne pastwiska pomnożyły ich stada i nawożenie ziemi, ich zbiory wzrosły do stopnia, który byłby wątpliwy, gdyby można było odmówić wiary świadkom, którzy to mówią. (...) każąc stadom wypasać trawy, które nieustannie się odradzają, w niektórych prowincjach inteligentni oracze pożyczają owce tym,

---

[8]"Labour", *The Encyclopaedia,* wydanie pierwsze, 1751, s. 146-147.

którzy ich nie mają. Kupują prawo, aby przez pewien czas żyły na ich ziemi, a obfitość zbiorów jest zawsze owocem tego użyczenia".

Najlepsze wykorzystanie nawozu zielonego zostało już odkryte przez ówczesnych agronomów: nie oddaje się materiału niezdrewniałego bezpośrednio do gleby. Wiedzieli o tym "inteligentni oracze". Nie wiedzieli o istnieniu proporcji bakterii i grzybów, o działaniu fermentacji na rośliny i o mikrobiologii, którą opisaliśmy, ale ich wnikliwa obserwacja wzbogacona doświadczeniem dziesiątków pokoleń oraczy doprowadziła do tego wniosku. Czy po odegraniu roli **"nieuczciwego rolnika"** z orką antyagronomiczną, nie przechodzimy właśnie do aktu II i odgrywania **"nieinteligentnego oracza"** z naszym obecnym zarządzaniem sukcesją upraw i nawozami zielonymi?

10 UWZGLĘDNIENIE ZMIAN KLIMATU DLA GŁÓWNYCH RODZAJÓW UPRAW

Widzieliśmy jak ważne jest uwzględnienie pierwotnego ekosystemu, jego kulminacji, przy ustalaniu naszych praktyk rolniczych. Tutaj podajemy kilka pomysłów na refleksję i działania, aby lepiej zarządzać przesunięciami ekologicznymi wywołanymi przez różne rodzaje roślin uprawnych. Przyjrzymy się zatem następującym agrocenozom (w środowiskach klimatu umiarkowanego):

- Zboża,
- uprawy jare (kukurydza, sorgo, słonecznik, soja, proso itp.) oraz nawozy zielone,
- łąka.

10.1 Zboża: zmiana, którą należy kontrolować w klimacie umiarkowanym

Większość roślin uprawianych w klimacie umiarkowanym o relatywnie dużych opadach - np. zboża - to rośliny zużywające około 500 mm wody rocznie. Niestety sezonowość tych upraw jest asynchroniczna z opadami w rejonach o umiarkowanym klimacie. Różnice wymagają od rolników specjalnego zarządzania uprawami.

10.1.1 Pszenica jest egzotyczną rośliną śródziemnomorską

Rolnictwo, a wraz z nim uprawa pszenicy, narodziło się około 10 000 lat temu. Człowiek uprawiał pierwsze zboża znalezione w stanie dzikim. Wybierając najładniejsze kłosy, wyłoniono dwa gatunki pszenicy: pszenica samopsza *Triticum monococcum* i *Triticum dicocooides*, oba pochodzące z obszaru obejmującego obecnie Turcję, Iran, Izrael, Jordanię i Syrię. Następnie doszło do nowej spontanicznej krzyżówki roślin z dziką trawą *Aegilops squarrosa* również pochodzącą z terenu tego samego "żyznego półksiężyca". Jej genom został dodany do genomu dzikiej pszenicy i powstał nowy gatunek: *Triticum aestivum*, który później został nazwany pszenicą miękką. W tym samym czasie dzika, pierwotna pszenica dała początek pszenicy twardej. W basenie Morza Śródziemnego odbywały się liczne wymiany pszenicy egipskiej, greckiej, a następnie rzymskiej. Wraz z chrystianizacją i kolonizacją rzymską uprawa pszenicy jako podstawowego pożywienia rozprzestrzeniła się na północ, zastępując leszczynę, dąb i kasztanowce, które były mniej wydajne, ale lepiej niż pszenica przystosowane do gleby i klimatu.

Jak "bucaille" przybyła za późno i przegapiła swoją okazję
Gryka ("bucaille" w języku starofrancuskim) jest rośliną, której cykl wiosenny jest bardziej zrównoważony, niż pszenicy w naszym, umiarkowanym klimacie. Niestety, gryka pochodzi z Chin i Nepalu, a do Europy dotarła dopiero w XIV wieku. Wartość spożywcza i kulturowa pszenicy była już wtedy dobrze ugruntowana w Europie. Pszenica pochodząca z Mezopotamii i Palestyny już od dawna związana była z silną symboliką, zarówno z tą, związaną z przaśnym chlebem gospodarza jak i galijską bagietką. Gryka zaczynała z kilkoma ważnymi wadami. Nie ma glutenu, więc nie można upiec z niej chleba, można tylko z niej robić kaszę lub naleśniki. W normalnych warunkach rośnie aż do przymrozków, a jej nasiona mają ciągle różny stopień dojrzałości. Z drugiej strony może być bez ryzyka uprawiana w klimacie umiarkowanym, jest oszczędna w zapotrzebowaniu na składniki pokarmowe, zwłaszcza w azot, jest niewrażliwa na choroby i szkodniki i jest konkurencyjna w stosunku do chwastów. Mimo tych i wielu innych zalet, uprawa ta zbyt późno dotarła na na zachód Europy więc nie zdążyła się zadomowić i upowszechnić. Hodowcy nie zainteresowali się nią i nie poprawili jej dobrych cech ani nie zmniejszyli cech negatywnych.

10.1.2 Niższe i asynchroniczne zapotrzebowanie na wodę

Pomimo swojej symbolicznej aury w Europie kontynentalnej, pszenica pozostaje rośliną "egzotyczną" w Europie Północnej. Jej pochodzenie jest śródziemnomorskie, a jej wymagania wodne (od 300 do 500 mm rocznie) odpowiadają obszarom sawanny lub stepu. Siew zbóż na obszarach takich jak wielkie połacie Ameryki Północnej czy Kazachstanu ma charakter ekologicznie zgodny z terenem. W naszych strefach klimatycznych prowadzi jednak do poważnych zmian w życiu gleby. Uprawy pszenicy nie wykorzystują wystarczająco wody, a zapotrzebowanie na nią przypada w innym czasie, niż naturalnych biocenoz tego regionu oraz rzeczywistych opadów. Dodatkowo okres dojrzewania tkanek roślinnych u pszenicy następuje bardzo wcześnie (czerwiec/lipiec). Uprawiane jako rośliny ozime zboża zajmują glebę także zimą, a latem pozostawiają ją gołą. Ta nietypowa sytuacja jest bardzo niekorzystna latem dla mikrofauny powierzchniowej, która nie toleruje bezpośredniego nasłonecznienia (patrz zdjęcie na tylnej okładce). Ponadto, brak aktywnej roślinności w tych gorących miesiącach nie pozwala na wykorzystanie produktów mineralizacji substancji organicznej, które z pewnością wystąpią, co zmusza do odtworzenia okrywy roślinnej przed zimą w celu odzyskania tych uwolnionych azotanów. Pozostałości azotu, będące źródłem strat i zanieczyszczeń, często wynikają z niedopasowania naturalnej uprawy do warunków klimatycznych.
Wariantem naprawczym będzie siew rośliny okrywowej o bardzo krótkim cyklu, tak aby zdążyła ona wystarczająco dojrzeć przed mrozem i odbudować celulozę i ligninę. Moha (*Setaria italica*) i proso mogą być interesujące do tego celu, ponieważ kiełkują przy bardzo małej wilgotności i mają krótki cykl wegetacyjny (60 dni).
Uwaga: najważniejszym punktem nie jest ilość wyprodukowanej biomasy/ha, ale dojrzałość biologiczna rośliny w momencie jej zniszczenia i synchronizacja jej wzrostu z naturalną roślinnością strefy klimatycznej.

Zanieczyszczenie azotanami: czy to wina pszenicy?
Kontynuacja mineralizacji substancji organicznej gleby po zbiorach, niepełne wykorzystanie nawożenia syntetycznego stosowanego wiosną, zatrzymanie wegetacji w lecie, niezgodnie z klimatem, niewydolność mechanizmów magazynowania azotu - to wszystko są zmiany ekologiczne związane z samym cyklem rozwoju zbóż, które sprzyjają niskiej efektywności wykorzystania azotu. Uprawa taka jak kukurydza (patrz następny akapit) jest znacznie bardziej zharmonizowana z klimatem umiarkowanym i bardziej efektywna w wykorzystaniu azotu. Właśnie to klimatyczne niedopasowanie zbóż do środowiska sprawia, że wyłapywanie azotanów w międzyplonach i okrywa roślinna są niezbędną koniecznością oraz zabezpieczeniem dla środowiska.

10.1.3 Dobre praktyki w zakresie uprawy nawozu zielonego po zbożach

Pokarm dla gleby
Powrót do gleby niedojrzałej okrywy roślinnej miedzyplonów/poplonów to sytuacja, która stała się bardzo powszechna, a nawet promowana przez współczesną praktykę rolniczą. W momencie zbioru zboża można kosić je jak najwyżej, a słomę rozdrabniać i w pokrytą nią glebę wysiewać nawóz zielony. Po zniszczeniu nawozu zielonego jednoczesne wprowadzenie tkanek zbyt młodej rośliny i pozostawionej na powierzchni pociętej słomy da mniej rozregulowany pokarm dla mikrobów glebowych. Ważna jest synchronizacja czasu wymieszania tych dwóch materiałów z glebą.

Zbyt młody nawóz zielony: wypas jest bardzo korzystnym rozwiązaniem
Gdy jest to możliwe, należy preferować wypas pokrywy roślinnej, która jest jeszcze zbyt młoda, aby wyżywić korzystną florę glebową rozkładającą materię organiczną. Jak widzieliśmy wcześniej, przejście przez układ pokarmowy przeżuwacza pozostawia po sobie materiały bardzo sprzyjające rozwojowi mikroflory humifikującej. Szybko rozkładalne składniki, cukry proste i młoda celuloza - korzystne dla bakterii, które mają słabe zdolności wiązania węgla - zostaną strawione i wykorzystane do produkcji przez zwierzęta.

10.2 Kukurydza, sorgo, słonecznik, soja, burak - rośliny zgodne z ekologią gleby!

Lasy powstają w strefach klimatycznych o opadach powyżej 650-700 mm/rok. Naukowy i obiektywny pogląd ekologiczny pokazuje, że wiele z upraw tak często krytykowanych - na przykład kukurydza - ma cykle rozwojowe znacznie lepiej naśladujące las pierwotny w naszych regionach. Drzewa liściaste prowadzą aktywną wegetację od wiosny do jesieni, zużywając przy tym dużo wody. Jesienią pozostawiają na ziemi ciężką pokrywę z resztek roślinnych, które przez całą zimę się humifikują, ale także chronią glebę przed niszczącym działaniem deszczu. Kukurydza zbierana na ziarno, gdzie słoma wraca do gleby, oferuje te same roczne krzywe zużycia wody, zwrotu resztek roślinnych, ochrony gleby przez jej łan przed letnimi burzami i przed zimową erozją poprzez resztki roślinne pokrywające i chroniące glebę. Ponadto jest to uprawa, która nie wymaga ochrony fungicydowej, przynajmniej w Europie.

10.2.1 Różnorodność biologiczna pod osłoną kukurydzy bywa zaskakująca

Aby zilustrować to stwierdzenie rzeczywistymi przykładami, wspomnimy badanie przeprowadzone w ciągu ostatnich trzech lat przez stowarzyszenie "Symbiose 03", którego celem jest połączenie wyników pomiarów terenowych i systemów upraw w około trzydziestu gospodarstwach działających w identycznych agrosystemach. Protokół został sporządzony przez Muséum National d'Histoire Naturelle w Paryżu, a dane przeanalizowane i przetworzone przez INRAE w Clermont-Ferrand. Nawet jeśli sytuacje i zmierzone wyniki są bardzo zbliżone, to warto przyjrzeć się bliżej konwencjonalnemu gospodarstwu na skraju departamentu Allier (Maurice L. w Toulon sur Allier). Okazuje się, że bioróżnorodność i aktywność biologiczna gleby są wyższe na działkach nawadnianych, z monokulturą kukurydzy na ziarno prowadzoną przez pięćdziesiąt trzy lata (z pełnym przyoraniem słomy w glebie), niż na sąsiednich, nienawadnianych, ekstensywnych działkach naturalnych użytków zielonych, a różnorodność biologiczna jest nawet tak wysoka, jak w naturalnych dzikich miejscach tego regionu.

10.2.2 Brak wymywania azotanów

To gospodarstwo w Alliere posiada siedem studni zlokalizowanych pośrodku 300 hektarów ziemi. Comiesięczne monitorowanie jakości wody od ponad 30 lat pokazuje, że te uprawy kukurydzy skutecznie zatrzymują azot w glebie. Poziomy azotanów stwierdzone w lustrze wody i w trzech studniach w 2019 r. wynosiły 14 mg/litr a wszystkie miesięczne próbki pobrane w ciągu roku mieszczą się w zakresie od 5 do 28 mg/litr i są one znacznie niższe, niż wartości stwierdzone w sąsiednich, rozległych, naturalnych łąkach wypasanych przez krowy rasy Charolais. **Kukurydza, podobnie jak sorgo, czy słonecznik, wykorzystuje wszystkie azotany uwalniane w wyniku mineralizacji, ponieważ ich wzrost i potrzeby są zsynchronizowane z dostępnością tych minerałów.** W warunkach ograniczonej ilości wody należy preferować sorgo, słonecznik lub proso. Utworzenie ścierniska i pokrywy z martwych roślin, nie przyoranych lub tylko bardzo powierzchownie wymieszanych z glebą, chroni ją przed działaniem zimowych opadów i pozwala uniknąć jej zasklepienia. Powierzchniowa humifikacja wzmacnia system glebowy. W tych warunkach zimowa uprawa roślin okrywowych staje się całkowicie bezużyteczna, a nawet szkodliwa, gdyż zasoby wodne są ograniczone. Zimowa i wiosenna uprawa roślin okrywowych zużywa wodę, której tak bardzo brakuje w okresie wegetacji rośliny głównej. W takich sytuacjach twierdzimy, że dobrze prowadzone monokultury kukurydzy są uprawami zgodnymi z ekologią gleby mogącymi osiągać plony suchego ziarna powyżej 100 q/ha. W tym gospodarstwie przez 45 lat stosowano tradycyjną orkę, a uproszczone techniki uprawy przyjęto dopiero w ostatnich pięciu latach. W tym typowym gospodarstwie w dolinie Allier, o bardzo niejednorodnych i piaszczystych glebach, po pięćdziesięciu latach uprawy kukurydzy na ziarno utworzyły się płytkie gleby brunatne. Poziom materii organicznej w piaskach wzrósł z 1,4 do 1,8% próchnicy, a w "mocniejszych" miejscach z 3,2 do 4%. Wszystkie wskaźniki stały się ponownie pozytywne: bioróżnorodność, produktywność, wykorzystanie azotu, brak zanieczyszczeń i poziom próchnicy. Wszystko to bez nawozów zielonych, ale z poszanowaniem synchronizacji klimatycznej.

Nawadnianie: działanie przyjazne dla środowiska
Jak widzieliśmy naturalne ekosystemy w naszych regionach były zasadniczo oparte na lasach. Drzewa mogą pobierać wodę z dużych głębokości dzięki swoim korzeniom. Ekologicznie odpowiedzialną postawą jest przywrócenie tej funkcji utraconej podczas wylesiania. Pobieranie wody z lustra wody w glebie, którą drzewo pobierałoby samo, jest sposobem na zapewnienie letniej pokrywy roślinnej. W ten sposób zapewniamy osłonę i świeżość dla bioróżnorodności, która w przeciwnym razie by zniknęła. Umożliwiamy rozwój całej fauny chrząszczy, pierścienic i skoczogonków. Z ekologicznego punktu widzenia celowe jest stworzenie rezerwy wodnej, która pozwoli całemu łańcuchowi życia przetrwać likwidację lasów.

10.3Bilans ekologiczny upraw wieloletnich

10.3.1 Agroleśnictwo: system, który utrzymuje własną żyzność
Pojawiają się możliwości agronomiczne, takie jak agroleśnictwo, mające na celu przywrócenie funkcjonalności drzew w obecnych agrocenozach. Pomysły te są z pewnością obiecujące, wiążą się jednak z głębokimi zmianami w organizacji i ekonomice systemów rolniczych. Jest to z pewnością droga istotna z ekologicznego punktu widzenia, bo funkcje życiowe ekosystemu zostają częściowo przywrócone. Z drugiej strony jest to jedna z sytuacji, w których odzyskiwanie RCW – drobnego materiału drzewnego - odpowiada jednemu z postawionych przez nas postulatów: aby wszystkie użytkowane hektary miały własne narzędzia do produkcji i przywracania żyzności. Tutaj RCW byłoby produkowane i wykorzystywane na miejscu jego wykorzystania.

10.3.2 Sady: należy znieść blokadę fitosanitarną
Są one z definicji tymi uprawami, które najlepiej naśladują cykl leśny, gdyż mają ten sam cykl wzrostu, dojrzewania, zaprzestania wegetacji i zwrotu do gleby starej materii organicznej jesienią. Wielką czarną plamą w tym korzystnym obrazie jest ochrona sanitarna, która jest w sadach bardzo intensywna, zwłaszcza w przypadku fungicydów. Tu właśnie tkwi problem, bo oczywiście grzyby pasożytnicze dzięki niej zostają pod kontrolą, ale jednocześnie grzyby budujące próchnicę zostają silnie zahamowane, czy to fungicydami syntetycznymi, czy preparatami miedziowymi lub niektórymi olejkami eterycznymi. Ta blokada fitosanitarna będzie zniesiona, gdy będziemy mieli skuteczne produkty ochronne, takie jak elicytory odporności roślin, które są wolne od niezamierzonych, lecz

negatywnych skutków. Wiemy również, że żywa, biologicznie aktywna gleba może w każdym przypadku znacznie zmniejszyć presję chorób. Okrywa roślinna będzie mile widziana, jeśli pozwoli się jej rosnąć późnym latem, aby wytworzyć zdrewniałą tkankę. Będą te rośliny stanowiły doskonałe źródło pożywienia dla flory grzybowej humifikującej, o ile te pokrywy roślinne nie zostaną wyjałowione fungicydami. Niestety opryski są wykonywane w całym sezonie produkcji sadowniczej. Gdyby wypasanie roślin pomiedzy drzewami było możliwe, to było by to najbardziej korzystne i zrównoważone rozwiązanie.

10.3.3 Winorośl: pozostawienie aktywnej pokrywy roślinnej w lecie

Cykl rozwoju winorośli, podobnie jak w przypadku drzew owocowych, dobrze naśladuje roślinność drzewiastą stref umiarkowanych. Trudności związane z ochroną sanitarną są jednak takie same jak w przypadku sadów. Szczególnie interesujące jest zarządzanie pokrywą roślinną przez obsianie trawą, którą można prowadzić z uwzględnieniem cyklu samej winorośli. Aby nie konkurować z winoroślą wiosną i do momentu kwitnienia - winorośl przed tym terminem pobiera 80% swoich potrzeb wegetacyjnych - należy kontrolować pokrywę roślinną poprzez koszenie lub wypas. Koszenie wiosną zmniejsza głębokość ukorzenienia murawy i zużycie wody. Następnie należy pozwolić łanowi rosnąć tak, jak mu się podoba. Będzie miał czas na rozwój, produkcję nasion i w końcu na zaschnięcie. Ma to wiele zalet: aktywny wzrost w lipcu/sierpniu pozwoli na wchłonięcie zmineralizowanego azotu po ewentualnych letnich opadach. Zapobiegnie to wytwarzaniu przez winorośl odrostów i zaoszczędzi wiele pracy przy przycinaniu, zapewniając jednocześnie dobre formowanie drewna i łóz. Ostatnią zaletą jest pozostawienie na koniec sezonu dojrzałej trawy, która pozostanie na ziemi przez całą zimę, razem z martwymi liśćmi, co w ten sposób umożliwi florze grzybowej znalezienie wybornego źródła pożywienia po niezbyt korzystnym dla niej sezonie stosowania fungicydów.

10.3.4 Zboża wieloletnie dają nadzieję

Coraz więcej słyszymy o badaniach nad rozwojem upraw zbóż wieloletnich. Rozwój wieloletnich odmian zbóż, roślin strączkowych i oleistych pozwoliłby na odzyskanie niektórych funkcji ekosystemu leśnego poprzez przywrócenie trwałej, a nawet głębokiej pokrywy roślinnej. Pionierem w tej dziedzinie był amerykański biolog Wes Jackson, który zainicjował badania w tym zakresie (stworzył w tym celu Land Institute w Salina, Kansas, USA). Wyselekcjonowano już kilka odmian, w tym nowe zboże o nazwie "kernza". Jednak plony tych "wieloletnich" upraw zbóż są wciąż zbyt niskie, aby osiągnąć znaczenie gospodarcze. Zakładanie tych upraw w regionach o umiarkowanym klimacie pozostanie jednak w oderwaniu od rzeczywistej ekologii środowiska i nadal punktem krytycznym pozostanie właściwe zagospodarowanie przerwy wegetacyjnej. Z drugiej strony takie rośliny dobrze odpowiadają obszarom, na których istniały duże tereny trawiaste w Stanach Zjednoczonych (obszary o 400/500 mm opadów rocznie).

10.4 Utrzymanie systemu korzeniowego użytków zielonych

W naszym umiarkowanym klimacie bardzo często zdarza się, że wiosną wypalane są łąki. W niektórych krajach jest to tak powszechne, że uważane wręcz za normalne. Kiedy jednak nasze łąki są wypalane wiosną, wystarczy się rozejrzeć, aby przekonać się, że nie wszędzie tak jest. Trawa na poboczach pól (patrz zdjęcie na tylnej okładce) jest często jasnozielona. Kukurydza jest również bujna, podobnie jak las. Dlaczego latem trawa na łąkach jest sucha? Czy rzeczywiście jesteśmy skazani na krzywe wzrostu trawy podawane w podręcznikach agronomii? W rzeczywistości jest całkiem możliwe porównanie wzrostu trawy (oczywiście w pewnych granicach) do wzrostu lasu. Takie gospodarowanie polega na zwróceniu uwagi na właściwości ukorzeniania się roślin.

10.4.1 Wpływ koszenia trawy na fotosyntezę i ukorzenienie

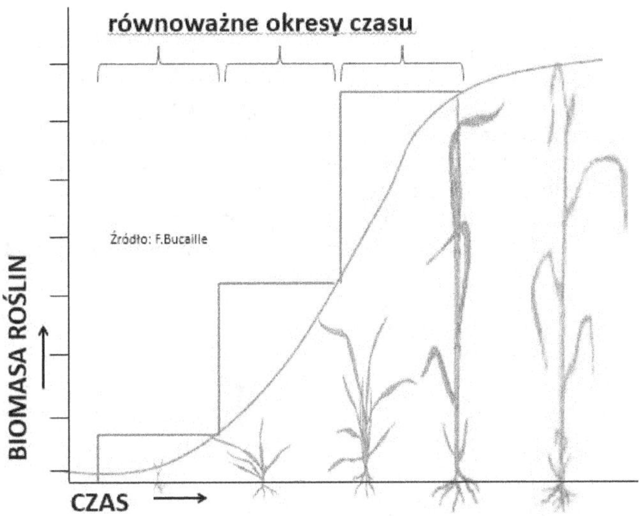

Rysunek 10.1 - Odrastanie trawy i krzywa wzrostu

Pierwszym punktem ważnym w gospodarowaniu trawą jest wzięcie pod uwagę faktu, że ścięcie trawy spowoduje usunięcie części jej zdolności fotosyntetycznych. Jeżeli trawa zostanie przycięta zbyt krótko (poniżej dziesięciu centymetrów wysokości), czas, w którym roślina będzie produkować swoje "panele fotowoltaiczne", będzie długi. Wzrost będzie zatem utrudniony przez dwa do trzech tygodni, zanim jego tempo osiągnie 250/300 kg suchej masy dziennie/ha.

Jednak w przypadku użytków zielonych kara dla rolnika za niskie koszenie jest znacznie większa. Po nadmiernej redukcji liści rośliny nie mają już środków do utrzymania pełnej sieci korzeniowej. Powoduje to znaczną śmiertelność korzeni i ograniczenie głębokości eksploracji gleby. Wydzielanie z korzeni w głębszych warstwach gleby zostaje wówczas zatrzymane a związana z nim mikroflora nie jest już odżywiana. Jak na ironię - mimo, że rośliny mają mniejsze zapotrzebowanie na wodę, natychmiast ucierpią z powodu jej niedostatku, ponieważ nie będą już miały odpowiedniej długości, ani powiązania z grzybami, aby dosięgnąć do wody i pobrać ją. To właśnie powtarzające się zjawisko powoduje przedstawione we wstępie powszechne sytuacje, w których latem widzimy zielone pobocza dróg i pól, bo nie były nisko koszone oraz "spalone" łąki, bo były koszone zbyt nisko. Konieczne jest więc, jeśli chcemy zachować bujny wzrost porostu pastwisk, zapobiegać nadmiernemu wypasowi, a także praktykowanie bardzo szybkiej rotacji zwierząt na kwaterach: jeden dzień, jedna kwatera, jedna zmiana dzienie. Jest to najlepszy sposób, aby uniknąć konieczności dokaszania pastwisk, które może doprowadzić do wyczerpania roślin. Jest to najlepszy sposób na zapewnienie wysokiej produkcji użytków zielonych przez cały sezon.

Naśladując "instynkt dużych stad"
Duże stada dzikich zwierząt liczące setki tysięcy osobników mają instynkt dobrego zarządzania wypasem. Nigdy nie pozostają na miejscu dłużej niż jeden dzień. Nie ma pozostających roślin, ponieważ to, co nie jest spożywane, jest zdeptane wskutek dużego zagęszczenia zwierząt w stadzie ("*mob-grazing*" wg Allan Savory), wspierany przez strach przed dużymi drapieżnikami (lwy, wilki, pumy itp.). Trawy zachowują wystarczającą wysokość, aby utrzymać swój pełny system korzeniowy. Stada nigdy nie wracają w to samo miejsce przez sześć do ośmiu tygodni, co pozwala im uniknąć infekcji pasożytami, których cykle przeważnie wynoszą około 21 dni.

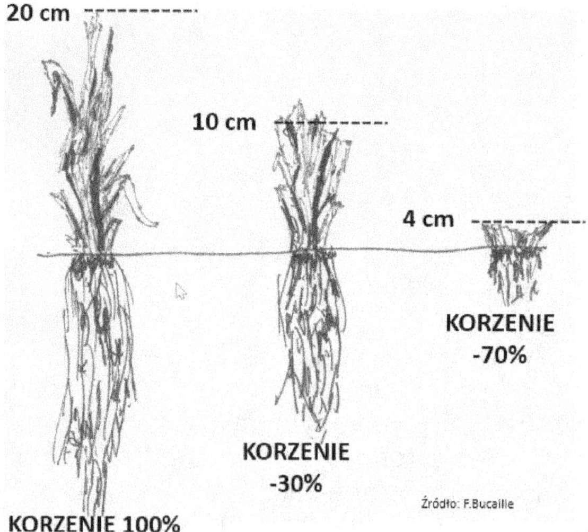

Rysunek 10.2 - Wpływ wysokości cięcia na głębokość ukorzenienia i wydajność traw.

10.4.2 Zapewnienie dostępności rosplenicy perłowej lub kukurydzy na wypas w przypadku suszy

Dobra gospodarka pastwiskowa, jaką zalecamy, nie jest 100% gwarancją uzyskania dobrego odrostu latem. W latach, w których występuje długotrwała susza, użytki zielone nie będą w stanie utrzymać swojej produktywności. Błędem, którego nie należy popełniać w takich sytuacjach jest nadmierny wypas. W tym przypadku pastwisko powinno być "niewypasane" a porost pozostawiony na wysokości 20 centymetrów. Nawet jeśli trawa wygląda na zieloną lub brązową, będzie mogła ponownie zacząć produkować, gdy tylko powrócą deszcze. W międzyczasie należy wypasać rosplenicę perłową lub kukurydzę paszową (szczególnie wyższe odmiany). Zgodność klimatyczną tych letnich roślin opisaliśmy już wcześniej.

Nadmierny wypas powoduje wymywanie azotanów
Łąka "ogołocona" latem znajduje się w stanie dużej redukcji głębokości i gęstości systemu korzeniowego z powodu braku fotosyntezy. Gleba wystawiona na bezpośrednie działanie ciepła słonecznego podnosi temperaturę i przy braku opadów utrzymuje w płytkich, warstwach spowolnioną mineralizację. Gdy tylko nadejdą pierwsze deszcze, gleba jest gotowa do wznowienia mineralizacji na wszystkich głębokościach. Zjawisko to "wybucha" jeszcze przed odbudową korzeni trawy pastwiska. Ta odbudowa korzeni trwa długo, bo zaczyna się prawie od zera. Wypłukiwanie azotu z gleby jest wtedy błyskawiczne i nieuniknione.

10.5 Aktywna roślinność letnia: korzyść ekologiczna

■ **Bakterie, które sprawiają, że pada deszcz**

Już wcześniej zaobserwowano, że bakterie mogą być przenoszone na duże odległości. Niektórzy wykazali nawet, że po gwałtownych burzach na ziemi osadzają się miliony bakterii unoszących się w powietrzu. Niemieccy naukowcy przeanalizowali 42 duże gradziny z burzy, która nawiedziła Lublanę (Słowenia) w 2009 roku. Okazało się, że liczba i gęstość bakterii w tych gradzinach odpowiadała tym, które można znaleźć w wodzie rzecznej. Wiele z tych bakterii posiada brązowe pigmenty, które dają im odporność na promieniowanie UV nawet na dużych wysokościach. Naukowcy uważają, że to nie przypadek, że tak duże ilości bakterii znajdują się w deszczu burzowym i gradzie. Naukowcy zaczynają dostrzegać mocne dowody **na to,** że chmury powodują silne prądy wznoszące, a **bakterie normalnie bytujące na liściach są przenoszone powietrzem do chmur i powodują tam kondensację pary wodnej skutkującą opadami deszczu.**

☐ Brak roślin w lecie, brak bakterii epifitycznych, to i brak deszczu...

Chmury nie wystarczą, aby padał z nich deszcz. Cząsteczki pary wodnej muszą się łączyć w kropelki. Aby kropelki mogły się skleić, potrzebne jest jądro koncentracji pary uruchamiające to zjawisko. Następnie kropelki rosną, stają się cięższe i osiągają masę krytyczną. Wtedy, pomimo wciąż obecnych w tych chmurach prądów wznoszących, spadają: pada deszcz! Bakterie na liściach roślin są bogate w pigmenty chroniące przed promieniami UV i mają dokładnie te same cechy, które występują w wodzie deszczowej i w gradzie. Oczywistym warunkiem jest istnienie wegetacji od lipca do września. Oprócz wytworzonej ewapotranspiracji i wynikającym z niej powstawaniu chmur, aktywna roślinność oraz transfer mikrobów na niej bytującymi przekształca te chmury w deszcz. Ta interakcja, którą podejrzewano od dawna, okazuje się być zjawiskiem powszechnym i bardzo ważnym.

Inspirująca jest myśl, że może być tutaj zilustrowana teoria Gai (James Lovelock). Bakterie są zasysane do chmur przez korzystny wiatr, aby wywołać deszcz, który zasila łan, w którym namnażają się kolejne pokolenia bakterii. Przestrzeganie czasu klimatycznego (wegetacja w środku lata) wpływa więc pozytywnie na glebę, ale i na... niebo!

☐ Miliony hektarów biologicznie wymarłych latem

Miliony hektarów ściernisk, na których tworzenie się pokrywy roślinnej jest przypadkowe i zależne od klimatu. Miliony hektarów „wypalonych" łąk, które wystawiają gołą glebę na działanie promieni słonecznych. Wszystko to może tylko sprawić, że mikrofauna powierzchniowa będzie cierpieć. Wszystko to może tylko podnieść temperaturę otoczenia. Wszystkie te powierzchnie, biologicznie wygaszone latem, nie zasilają atmosfery w wilgoć przez ewapotranspirację i pozbawiają chmury żywych jąder koncentracji wilgoci. Jaka szkoda odparowywać zimą i wiosną przez pokrywę roślinną całą tę wodę, która dałaby tyle pozytywnych efektów latem. Starożytni mieli intuicję: "jeśli chcesz mieć wodę, utrzymuj las przy życiu". To nie przypadek, że zarządcy gruntów w minionych wiekach stworzyli dział "Woda i Lasy". Te dwie dziedziny są ze sobą ściśle powiązane.

Zmniejszenie luki klimatycznej: nowy rezerwuar wydajności

Nawet jeśli spójne ekosystemy klimatyczne są obecnie rzadkością, to odniesienie się do nich jest dla rolników niezwykle interesujące. Ich własne zdolności do wymiany, recyklingu, magazynowania, absorpcji, ewapotranspiracji, zwalczania chorób i produktywności są maksymalne i to bez żadnej zewnętrznej interwencji. Obserwacja kulminacji daje więc każdemu możliwość wyobrażenia sobie niezwykłego potencjału, który jest przed nami, wiedząc, że duża część funkcji pogorszonych przez wykorzystanie rolnicze gleby może zostać reaktywowana. Zawód rolnika będzie musiał w coraz większym stopniu integrować to zadanie zmniejszania lub ograniczania negatywnych skutków luki ekologicznej w porównaniau z ekosystemem kulminacyjnym. To tam leży rezerwuar produktywności zgodny z ekonomią i rentownością gospodarstwa, zgodny z oczekiwaniami społeczeństwa, zgodny z planetą, zgodny z ludzkim zdrowiem, zgodny z życiem.

10.6 Niezbędne jest „otworzenie" umysłów ludzi w celu zmiany paradygmatów

Człowiek musi porzucić wizję siebie samego na szczycie piramidy życia. W tym rozdziale podzielimy się ponownie wyzwaniem, które podjęliśmy we wstępie tej książki. Człowiek ma wszystko do zyskania, wyłamując się z tej błędnej wizji. Uważamy, że tylko w ten sposób będzie mógł zrozumieć, jak ważna jest równowaga pierwotnego ekosystemu klimatycznego. W przeciwnym razie rozwód z glebą będzie trwał nadal.

10.6.1 Nasz sposób myślenia decyduje o naszych praktykach rolniczych

Ta zmiana może wydawać się nieistotna, ponieważ wszyscy myślą, że agronomia i rolnictwo to nic innego, niż techniki uprawy, hodowla roślin i przepisy dotyczące nawożenia, ochrony, które należy stosować w odniesieniu do gleby i roślin. Nigdy nie wzbudzamy większego zainteresowania, niż wtedy, gdy podajemy zalecenia na stosowanie czegoś dolistnie lub na wzmocnienie działania glifosatu, aby zmniejszyć dawkę, a tym samym obniżyć wpływ na glebę. Mają Państwo rację: agronomia to 99% techniki i 1% kultury. Ale wcale nie odbiegamy od tematu, bo to właśnie ten 1% kulturowej i zbiorowej świadomości (*por.* archetypy C.G. Junga) napędza pozostałe 99%. Ten 1% kanalizuje kierunki badań, rozwoju i w efekcie - produkcji. Dla przykładu weźmy historię INRAE (Państwowy Instytut Badawczy Rolnictwa, Żywności i Środowiska we Francji), którego genealogia jest typowa dla dwóch ostatnich wieków rolnictwa, tak, jak je opisaliśmy: w 1955 roku utworzenie zakładu publicznego CNEEMA (Centre National d'études et d'Expérimentations du Machinisme Agricole), który w 1981 roku stał się CEMAGREF (Centre national du machinisme agricole, du génie rural, des eaux et forêts), następnie IRSTEA (Institut national de recherche en sciences et technologies pour l'environnement et l'Agriculture). Wreszcie, łącząc się z INRA, stał się, w tym przemodelowanym nurcie badań, INRAE (National Research Institute for Agriculture, Food and the Environment). To przejście od maszyn do żywności, a następnie do środowiska, ze wszystkimi tymi etapami pośrednimi, jest wyraźnie widoczne. Nastąpiło przesunięcie semantyczne i ewolucja przedmiotów ich misji. Czy uważają Państwo, że to właśnie te organizacje poprzedzają zbiorową nieświadomość, której jednym z aspektów jest opinia publiczna? Nie, to one są jej bezpośrednim produktem. Pierwszeństwo mają kulturowe i mentalne modele postrzegania świata.

10.6.2 Kultura rządzi rolnictwem

Dziś na tej samej planecie widzimy Francję, która kpi z Kervrana z jego biologicznych transmutacji pierwiastków, z Benvenisty i jego "pamięci wody" oraz z Indii, które cenią swoich homeopatów za rozcieńczenia 100-krotne chemii stosowanej w rolnictwie. Mamy amerykańskich farmerów, którzy bez żadnych skrupułów wyrównują swoje pola laserami, aby nawadniać je zalewowo i plemiona

Waipi w Ameryce Południowej, które po błaganiach duchów lasu o przebaczenie praktykują bardzo kontrolowany proces, który prawdopodobnie dał początek słynnej uprawie "Terra preta". W tym samym czasie, w tej samej zachodniej części Europy, w 2020 r. Portugalia będzie sadzić winnice, usuwając wierzchnią warstwę gleby w celu jej ponownego tam umieszczenia, po dokładnym zniwelowaniu terenu, gdy Francja zakazuje jakiegokolwiek transportu gleby lub jakichkolwiek operacji zmiany kształtu gleby, aby chronić swoje uświęcone tradycją tereny uprawy winorośli...

10.6.3 Znalezienie właściwego kierunku

Na podstawie tych kilku przykładów, z którymi mieliśmy do czynienia i które można by mnożyć w nieskończoność, rozumiemy, że to **projekcja człowieka w jego relacji z Ziemią i z glebą, że to dziedzictwo kulturowe i edukacyjne będzie dyktować jutrzejszy sposób uprawiania**, orania, religijnie lub nie, respektowania naturalnych praw klimatu lub nie, zapewnienia, że uprawy mogą poradzić sobie bez fungicydów lub nie, odtworzenia zapasów humusu lub nie. Nie ma wątpliwości, że prawie wszystkie rozwiązania techniczne już istnieją. Potrzeba tylko, aby indywidualna wola i zbiorowe decyzje przebiły się przez mody i przyzwyczajenia. Trzecia era rolnictwa będzie złota, jeśli tak postanowimy, a na pewno będzie jutro tym, co postanowimy zrobić dzisiaj.

D

D - CAŁOŚCIOWE PODEJŚCIE DO GLEBY: PROFIL GLEBOWY

Widzieliśmy, że główne funkcje gleby osiągają szczyt w obecności równowagi kulminacyjnej. Aby uprawiane rośliny były bardziej konkurencyjne, rolnik „ekolog" musi starać się odtworzyć zbiór naturalnych funkcji gleby, które zostały osłabione, zdegradowane lub uśpione. Aby to osiągnąć, koniecznie trzeba poznać glebę, sposób jej funkcjonowania, jej mocne i słabe strony oraz potencjał. Francuski poeta i pisarz Victor Hugo wyraził to w lirycznej formie: „Czytałem. Co czytałem? Och, stara, surowa księga, wieczne wiersze! - Biblia? - Nie, Ziemia" (Les Contemplations, V. Hugo). Spróbujemy to zrobić tutaj za pomocą syntetycznego, globalnego, pragmatycznego i trójwymiarowego podejścia do gleby, jej profilu glebowego, w świetle aktualnej wiedzy.

Podejście całościowe łączy w sobie badanie krótkookresowe (odnajdywanie śladów i konsekwencji praktyk rolniczych i ich zaradzenie) i strategii długoterminowej (uwzględnienie mechanizmów tworzenia gleby) przy użyciu wskaźników z czterech nauk uzupełniających (biologii, fizyki, chemii, hydrauliki). Proponuję również oszacować odwracalność i nieodwracalność skutków spowodowanych naturalnym starzeniem się gleb, ale także spowodowanych działalnością człowieka.

11 BUDOWA GLEBY I PROFIL UPRAWNY

11.1 Budowa gleby: przez żywych, dla żywych

11.1.1 Historia gleby: od tworzenia gleb do wiedzy o glebie

Wszystkie gleby powstają w wyniku przemian podłoża mineralnego. Większość gleb jest przekształceniem skały macierzystej, będącej źródłem jej frakcji mineralnej. Skała macierzysta może być osadowa (kreda, wapień, piasek, osady wietrzne), magmowa (bazalt, granit, lawa itp.) lub metamorficzna (łupek, gnejs itp.). Jednakże gleby pochodzące z osadów wietrznych (eolicznych), lądowych lub morskich osadów aluwialnych (namulonych), takich jak poldery lub moreny lodowcowe, stanowią wyjątek, który zasługuje jednak na uwzględnienie w podejściu agronomicznym, prowadzący do nieco innego zarządzania nawozami i środkami ulepszającymi glebę.

To, co przekształciło te obojętne materiały w złożone środowisko sprzyjające wielu formom życia, to było samo życie, poprzez procesy ewolucyjne, od prostych, czasem ekstremofilnych jednokomórkowców na początku, do wielopoziomowego ekosystemu, jaki znamy dzisiaj. Najpierw przyjrzymy się niektórym pierwotnym mechanizmom tworzenia gleby.

11.1.2 Kluczowa rola bakterii

Gleba jest częściowo mineralna, a częściowo żywa. Wszystkie formy humusu (mor, moder, mull) są wynikiem działalności życia glebowego, czyli "ogółu drobnych organizmów żyjących w glebie i wpływających na jej strukturę". Ale poza materią organiczną okazuje się, że nawet najobficiej występująca materia mineralna i najbardziej wspomagająca tworzenie próchnicy – glina - jest wynikiem działalności mikrobiologicznej. Wiemy obecnie, że wytwarzanie glin ze skał macierzystych jest przyspieszane aktywnością bakterii (Gui Li Li, 2019). Zespoły badaczy wykazały, że w ciągu kilku dni bakterie były w stanie stworzyć glinki typu kaolinowego z obojętnych materiałów wulkanicznych lub osadowych (Saverio Fiore, 2011).

11.1.3 Dżdżownice

Dżdżownice z rodzaju *Anecium* mają bardzo dużą zdolność regeneracji gleby. W klimacie umiarkowanym są aktywne przez około 200 dni w roku, w tym czasie codziennie przetwarzają glebę równą swojej masie. Jedna tona dżdżownic na hektar może zatem przemieścić na powierzchnię gleby masę 200 t/ha/rok swoich odchodów. Za każdym razem wydobywają one z głębi ziemi substancje ilaste utracone w wyniku wymywania oraz kationy (wapń, magnez, potas itp.). Dzięki tzw. gruczołom Morrena, tzw. "zakładowi rozpuszczania minerałów", w tym wapnia, *Anecium* są w stanie powiązać gliny z próchnicą. Tworzą na nowo kompleks sorpcyjny! Jednak w klimacie umiarkowanym, tropikalnym i półtropikalnym niektóre gleby, zwłaszcza krzemionkowe, nie nadają się dla tych zwierząt. W takich przypadkach często to termity lub mrówki są skuteczne w regeneracji gleby poprzez jej mieszanie. Pierwszy wniosek jest więc taki, że dżdżownice nie mogą być jedynym kryterium oceny żyzności gleby.

Darwin i dżdżownice

Mało znany jest fakt, że Karol Darwin spędził połowę swojego życia czerpiąc niezmierną przyjemność z naukowej obserwacji dżdżownic. Do tego stopnia, że kiedy w 1881 roku miał opublikować swoją książkę *The Role of Earthworms in the Formation of Topsoil* zadbał o to, by ostrzec swojego mentora, profesora Carusa, w następujących słowach: "Wysłałem teraz do drukarni rękopis małej książki, która dotyczy tworzenia wierzchniej warstwy gleby przez dżdżownice. Jest to temat mało ważny i nie wiem, czy zainteresuje jakichś czytelników. Ale mnie zainteresował." W rzeczywistości przeszła ta publikacja drogę od małej książki o niewielkim znaczeniu do dużego dzieła. Mieszanie gleby przez zwierzęta, transfery żyzności, głębokie deponowanie materii organicznej, recykling minerałów, rozdrabnianie fragmentów skał, kształtowanie terytoriów itp. W swojej książce opisuje niemal wszystkie funkcjonalności dżdżownic, jakie znamy dzisiaj.

11.1.4 Minerały ilaste

Oprócz mieszania gleby zapewnianej przez dżdżownice, mrówki i termity, inny mechanizm zdolny do przywrócenia struktury gleby jest związany z aktywnością strukturalną glin. Tak zwane "pęczniejące" gliny (illity, montmorylonity), dzięki swojej strukturze przypominającej kartki papieru, mają zdolność do pęcznienia pod wpływem wody. W czasie suszy woda znika, gliny kurczą się i pojawiają się pęknięcia. Zjawisko to jest czysto fizyczne i zależy tylko od rodzaju i ilości substancji ilastych.

11.1.5 Niektóre gleby są szczególnie wrażliwe

Są to gleby złożone głównie z piasków krzemionkowych, piaszczystych lub piaszczysto-ilastych (obszar nałożenia stref wyznaczonych linią ciągłą i linią przerywaną). Ten typ gleby można zidentyfikować za pomocą poniższego trójkąta struktury na podstawie zawartości gliny (rzędna) i wartości iłu (odcięta). Dodając gliny i iły oraz odejmując wartość 100, otrzymujemy procentową zawartość piasku. (100 - (40% gliny + 15% mułu) = 45% piasku).

Gleby krzemionkowe nie nadają się do dobrego rozwoju dżdżownic, ponieważ są zbyt piaszczyste i nie posiadają ważnego czynnika strukturalnego, jakim są substancje ilaste. Należy zaznaczyć, że piaski, o których mowa w tej ostatniej uwadze, to piaski krzemionkowe (dżdżownice nie mają takiej samej awersji do piasków wapiennych). Tym glebom, szczególnie zagrożonym, należy poświęcić szczególną uwagę. Techniki uprawy zerowej lub uproszczonej są tam znacznie trudniejsze do wdrożenia, niż gdzie indziej i mogą wymagać sporadycznego użycia głeboszy po odpowiednim rozpoznaniu sytuacji.

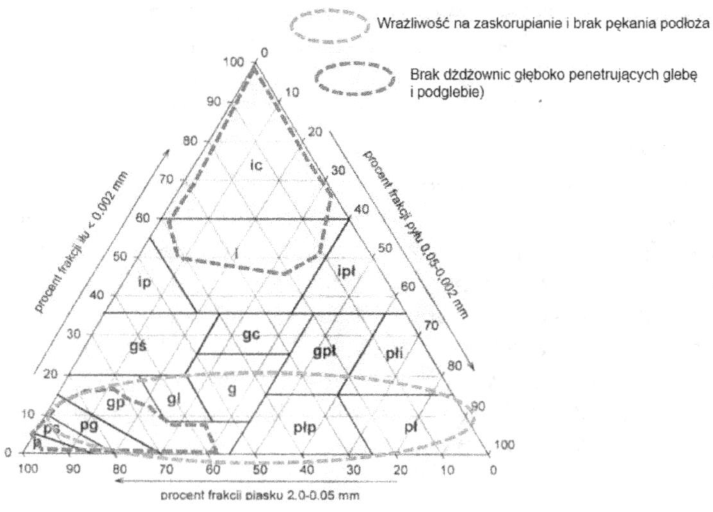

Rysunek 11.1 - Trójkąt typu gleby. Zakresy podatności na uszkodzenia gleby i brak dżdżownic
(przyp. tłumacza: w pierwotnej wersji publikowany był "trójkąt gleby GPPA", który używany jest jedynie w Francji. Obecna wersja jest dostosowana do odbiorcy polskiego).

Tabela 11.1.

	Rodzaj gleby	Pojemność wodna użyteczna
p	Piasek luźny	0,5
ps	Piasek słabo gliniasty	0,5
pg	Piasek gliniasty	0,7
gp	Glina piaszczysta	1,0
gl	Glina lekka	1,8
g	Glina	2,0
gcp	Glina ciężka piaszczysta	1,9
gc	Glina ciężka	1,9
gpł	Glina pylasta	1,9
płp	Pył piaszczysty	1,8
pł	Pył	1,8
płi	Pył ilasty	1,8
ip	Ił piaszczysty	1,85
ipł	Ił pylasty	1,70
i	Ił	1,85
ic	Ił ciężki	1,85

139

W swojej pierwotnej kulminacji (roślinność drzewiasta) gleby te korzystały z aktywności dużych drzew: gęstego, trwałego i obszernego ukorzenienia dużych drzew, które zapobiegało zleganiu gleby. W takich sytuacjach orka agronomiczna nadal ma sens i może częściowo zrekompensować funkcje zniszczone przez rolnictwo poprzez okresową restrukturyzację fizyczną i uzupełnianie kationów.

Orka agronomiczna

Orka agronomiczna to orka stosowana przez naszych przodków. Jest to orka, która nie powinna przekraczać głębokości od 12 do 15 centymetrów, z maksymalnie 12-calowymi lemieszami, tak aby spowodować prawidłowy obrót gleby bez konieczności orki głębokiej. Brak odkładnic odwracających skibę, aby nie wrzucać świeżej materii organicznej w bruzdę oraz z dużą liczbą redlic, aby umożliwić odpowiednie wyrównanie. Zalety płytkiej orki to oszczędność paliwa, recykling składników mineralnych (w tym wapnia), walka z zakwaszeniem powierzchni, zachowanie skuteczności działania środków chwastobójczych doglebowych oraz brak podeszwy płużnej.

11.2 Badanie trzeciego wymiaru gleby za pomocą profilu uprawowego

11.2.1 Przestrzenne podejście do gleby

Analizy glebowe, mapy przewodności, mapy plonów, obecność koprolitów dżdżownic... Często zadowalamy się badaniem gleb rolniczych w sposób pośredni i powierzchowny (analizy glebowe, penetrometr itp.) w dwóch wymiarach poprzez obserwację powierzchni gleby i tworzenie map. Wiąże się to z dwoma pułapkami. Po pierwsze, wszystko co opiera się na pomiarach pośrednich nie odpowiada dokładnie rzeczywistości, ale jest jedynie jej interpretacją. Po drugie, nie uprawiamy tylko gleby wyrażonej w hektarach, ale także objętości. Nie stosujemy tych samych praktyk, gdy rozważamy uprawę hektara przy warstwie ziemi o głębokości 30, 50 lub 150 cm! Pierwsze 30 centymetrów to około 4,500 ton gleby na hektar. Jednak w przypadku upraw jednorocznych potencjał eksploracji korzeniami może wzrosnąć do 10.000 t, 20.000 t, 25.000 t/ha, a nawet znacznie więcej w przypadku upraw wieloletnich, np. lucerny! Wzrost samowystarczalności, wydajności i ekologii gleby zależy w dużej mierze od tego nowego podejścia do gleb w całym ich profilu.

11.2.2 Wykonanie profilu glebowego

■ **Niektóre kwestie dotyczące metodologii**

• **Głębokość.** Podstawowym celem sprawdzenia profilu glebowego jest obserwacja funkcjonowania gleby aż do granicy ukorzenienia. Dlatego profil glebowy musi być wykopany co najmniej do tej granicy. W regionach o umiarkowanym klimacie może on sięgać dwóch metrów lub nawet więcej w przypadku roślin jednorocznych.

- **Długość.** Długość profilu powinna wynosić co najmniej 3 - 4 metry i powinien być on wykonany prostopadle do kierunku uprawy. Ma to na celu ujawnienie wpływu transportu polowego i pracy sprzętu rolniczego oraz dokonanie obserwacji jak najbardziej reprezentatywnej dla danego pola. Odpowiednia długość jest również konieczna, aby ograniczyć ryzyko obserwacji szczególnego, nietypowego fragmentu gleby (w przeszłości już głęboko wymieszanej, lokalnie zagęszczonej itp.).
- **Orientacja.** Obecność cieni rzucanych na ścianę profilu oświetlonego przez słońce utrudnia obserwacje. Idealnie do oceny jest wybrać tę stronę profilu, która w czasie obserwacji pozostanie w cieniu.
- **Odświeżanie.** Profil musi być odświeżany za pomocą noża. Odbywa się to poprzez przesuwanie ostrza po przekątnej z góry na dół. W ten sposób oderwane resztki spadają na te części profilu, które nie zostały jeszcze odświeżone.
- **Rolnik jest najważniejszy.** Najważniejszą zasadą jest z pewnością przejęcie przez rolnika odpowiedzialności za obserwację profilu glebowego. Sporządzanie profilu glebowego jest naukowym doświadczeniem agronomicznym, ale jest także doświadczeniem emocjonalnym. Kiedy zaglądasz w swoją glebę, często jesteś zaskoczony tym, co tam znajdujesz: kolorami, fauną, głębokością korzeni. Jest to jedyny sposób, aby zobaczyć konsekwencje wcześniejszych prac sprzętem mechanicznych i wyobrazić sobie najbardziej odpowiednie przyszłe działania techniczne: uprawę, nawożenie, nawadnianie i drenaż.

Dostęp do pamięci gleby

Z agronomicznego punktu widzenia głównym interesem tego ćwiczenia polegającego na "konsultowaniu się" z pamięcią gleby jest znalezienie śladów istniejącego wcześniej ekosystemu kulminacyjnego i określenie, które funkcje mogą być przywrócone i w jakim stopniu. Tylko w ten sposób można określić zakresy możliwej poprawy gleby.

■ **Niezbędny materiał**

□ **To, co najważniejsze**

Koparka, taśma miernicza, nóż, kwas solny, pH-metr (typu Helliga), duża butelka lub puszka z wodą, notes, lupa binokularna x20, woreczek plastikowy...

□ **Dodatki opcjonalne**

Tiocyjanian potasu, infiltrometr lub permeametr Guelph, karta kolorów Munsell...

11.2.3 Określenie rodzaju gleby

■ Horyzonty glebowe

Pierwszą obserwacją, która rzuca się w oczy przy otwieraniu profilu glebowego, jest kolorystyczne zróżnicowanie poszczególnych horyzontów, schematycznie przedstawione poniżej. Ogólnie rzecz biorąc, bardzo mocne kontrasty mogą być interpretowane jako znak skutecznego mieszania przez zwierzęta różnych warstw gleby. Im bardziej widoczne różnice, tym lepszy potencjał gruntu.

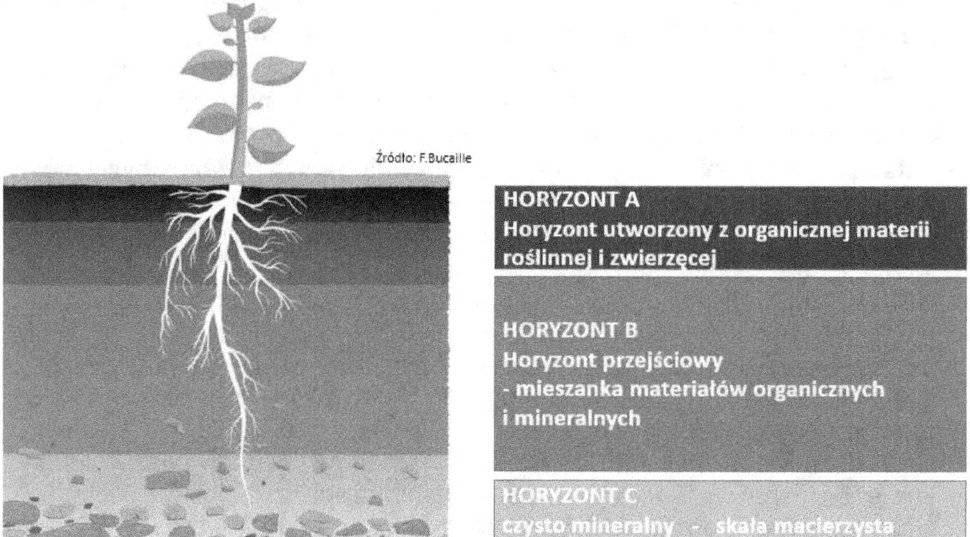

Rysunek 11.2 - Horyzonty glebowe – Tworzenie gleby. Żywa gleba jest nadal połączona ze skałą macierzystą (źródło: Gaïago)

■ Chronologia i charakter elementów opisu

Gleba rolnicza czerpie większość swojej żyzności z kompleksu iłowo-humusowego, czyli połączenia dwóch materiałów, które w zasadzie są sobie przeciwstawne. W rzeczywistości oba te materiały posiadają ujemne ładunki elektryczne i dlatego powinny się odpychać, jednak łączące je mostki zapewnione przez minerały dwuwartościowe, takie jak wapń, magnez i żelazo, zapewniają stabilność całości. OM (materia organiczna gleby) pochodzi z żywych tkanek. Geneza glin, jak już widzieliśmy, jest również procesem biologicznym. Dlatego najpierw przyjrzymy się aktywności biologicznej, a potem pozostałym rodzajom żyzności:

- Żyzność biologiczna: głębokość ukorzenienia, dżdżownice i głębokość ich działania, obecność makrofauny, przetwarzanie ścierniska i wszelkich resztek pożniwnych.
- Żyzność fizyczna: ułożenie agregatów glebowych względem siebie, struktura powierzchni i podglebia.
- Żyzność chemiczna: zawartość węglanów, kwasowość powierzchni gleby i warstw głębszych, potencjał redox i obecność gleju.

- Żyzność wodna: magazynowanie wody, zdolność infiltracji (wsiąkanie i podsiąk) i uwalnianie wody.

Ta segmentacja składników żyzności jest oczywiście sztuczna, ponieważ, jak zobaczymy, mikrobiologia, fizyka, chemia gleby i funkcjonowanie wody w glebie mają wzajemne i bardzo złożone interakcje.

Rysunek 11.3 - Globalne podejście do gleby

12 ANALIZA BIOLOGICZNEJ ŻYZNOŚCI GLEBY

Dżdżownice, korzenie, strzępki grzybów itp. Porównanie dawnych śladów życia z obecnymi pozwala na interpretację różnic bogatych w informacje o dynamice gleby i maksymalnym potencjale efektywności procesów, na podstawie których rolnik może wyznaczyć osiągalne cele. W terenie spotykamy się z poglądami, które są zarówno zdecydowanie zbyt optymistyczne w stosunku do nowych praktyk, jak i zdecydowanie zbyt pesymistyczne w stosunku do stanu obecnego. W związku z tym, w tej części nauczymy się:

- oceny sytuacji,
- wyznaczania realnych celów poprawy.

12.1 Ocena aktywności makrofauny: mrówek i dżdżownic anecicznych

12.1.1 Zagadnienie: dżdżownice odgrywają ważną rolę

Dżdżownice aneciczne (żyjące w głębszych warstwach gleby) to relatywnie duże zwierzęta, które żyją w glebie tworząc korytarze przeważnie o wertykalnym przebiegu, przenikających cały profil glebowy. Obecność tych dżdżownic jest głównym czynnikiem biologicznej żyzności gleb. Pierwszą rzeczą, którą należy sprawdzić podczas wykonywania profilu glebowego jest sprawdzenie obecności starych i nowych korytarzy tych zwierząt. W niektórych glebach rolę tę spełniają mrówki lub termity. Nie zapominajmy także o aktywności w środowisku glebowym większej fauny, takiej jak różne gryzonie i krety.

12.1.2 Metoda obserwacji

Identyfikacja aktywnych korytarzy. Obserwację populacji dżdżownic anecicznych prowadzi się w profilu glebowym w sposób pośredni, obserwując ich korytarze. Korytarz uznaje się za zajęty i aktywny, gdy jego ściana jest błyszcząca i pokryta delikatnym śluzem, który sprzyja ruchowi dżdżownicy, ale także wzrostowi korzeni. Dzieje się tak dlatego, że śluz wyściełający ścianki galerii zawiera substancje wzrostowe podobne do auksyn oraz związki azotowe, które mogą podwoić tempo wzrostu korzeni. Ten punkt ma kluczowe znaczenie, ponieważ pozwala roślinom wygrać wyścig z ucieczką związków azotu podczas siewu rośliny głównej lub międzyplonowej, której celem jest związanie wolnych azotanów: iść w głąb gleby tak szybko, jak azotany, aby wychwycić ich jak najwięcej. Żywe korzenie i aktywne dżdżownice często współistnieją w tych samych korytarzach. Z kolei opuszczone korytarze wykazują oznaki braku użytkowania, ściany nie są już pokryte śluzem. Widoczne są również ślady wypełnienia kolorowym materiałem składającym się z milimetrowej wielkości granulek kałowych i odchodów zasiedlającej je fauny wtórnej, ale także ślady wymywania gliny, osadów i humusu z górnych warstw gleby. Ślady wymywania są zawsze ciemniejsze od samej gleby. Czasami stare korytarze są całkowicie wypełnione. Wypełniająca je gleba ma bardzo małą spójność z resztą. Jest to znak potwierdzający, że jest to stary korytarz i łatwo go pokazać skrobiąc nożem. Całkowite wypełnienie korytarza oznacza kilkudziesięcioletni okres bezczynności dżdżownic. Ponieważ korytarze początkowo zachowują swoją drożność i funkcję odprowadzania wody, może upłynąć trochę czasu, zanim zauważony zostanie wpływ praktyk rolniczych, które doprowadziły do zaniku zwierząt tworzących te struktury. Należy zauważyć, że zawsze użytkowany korytarz, wyłożony błyszczącą warstwą śluzu dżdżownic, nie tylko umożliwia szybki przepływ wody do głębokich warstw, ale również czyni to bez zabierania ze sobą cząstek gleby, mułu lub gliny, co zapobiega wymywaniu w głąb gleby drobnych jej elementów.

12.1.3 Metoda oceny populacji dżdżownic

- **Służy temu odkrywka o wymiarach 20-100 cm w warstwie podglebia.** Oceny obecności dżdżownic dokonuje się pośrednio poprzez liczenie zajętych i niezajętych korytarzy. W zależności od pory **roku** liczba aktywnych dżdżownic ulega tak dużym wahaniom, że bardziej efektywne wydaje się liczenie liczby korytarzy, niż osobników. **Zalecamy, aby takie liczenie przeprowadzić w poziomie podglebia na powierzchni 1/5 metra kwadratowego, rozróżniając otwory o średnicy mniejszej i większej, niż 3 mm. To rozróżnienie pozwoli na identyfikację gatunków dżdżownic z gatunków żyjących w głębszych warstwach gleby (anecicznych) oraz w warstwie ornej i pod nią (endogeicznych). Wskazane jest przeprowadzenie tego liczenia w najbardziej zagęszczonej glebie, ponieważ jest to horyzont najbardziej ograniczający przemieszczanie się zwierząt,** ale również pozwalający na najlepsze zaobserwowanie liczby wykonanych korytarzy. Zdarzają się sytuacje, równie częste w przypadku systemu orkowego, jak i siewu bezpośredniego, kiedy znaczną aktywność dżdżownic można zaobserwować na powierzchni gleby, bez jej śladów w głębszych warstwach gleby. Sa to najczęściej dżdżownice zamieszkujące wierzchnią warstwę gleby (epigeiczne). Gleba jest żywa, ponieważ poziomy powierzchniowe są zawsze połączone z głębszymi. Niezwykle pożyteczną funkcją dżdżownic jest recycling substancji mineralnych i organicznych oraz mieszanie materiałów z różnych horyzontów: wydobywają glinę na powierzchnię, łącząc ją jednocześnie w swoich jelitach ze świeżą materią organiczną. Produkt ich pracy w postaci koprolitów, jest praktycznie czystym potencjałem wymiany kationów, a gruczoły Morrena budują nawet mostki wapniowe w tym materiale. Te połączenia cząsteczek są zaskakująco stabilne strukturalnie i mogą wytrzymać nawet miesiące opadów. To biologiczne mieszanie gleby umożliwia również przenoszenie szczątków roślinnych do głębokich jej warstw.

- **Policzyć korytarze i obliczyć wskaźnik zajętości.** Suma aktywnych i nieaktywnych korytarzy daje nam maksymalną ich liczbę, jaką może osiągnąć gleba w swoim optymalnym reżimie funkcjonowania. W idealnej sytuacji, gdy gleba funkcjonuje w sposób optymalny, wskaźnik zajętości korytarzy wynosi 80-95%. Obserwacja zajętości korytarzy dostarcza również informacji na temat dynamiki populacji dżdżownic. Punktem odniesienia powinna być liczba korytarzy, która występowała w szczytowym momencie rozwoju populacji dżdżownic w relatywnie płytkich warstwach gleby (powyżej 40 cm głębokości, pod ewentualną podeszwą płużną).

  (100 x Liczba zajętych korytarzy) / Całkowita liczba korytarzy = Współczynnik zajętości

12.1.4 Analiza: dynamika populacji, na którą należy zwrócić uwagę

- Profil glebowy pozwala nam ujawnić procesy zanikania, braku, spadku, poprawy i optimum populacji dżdżownic.
- **– Zanikanie.** Gleba, która nie wykazuje oznak aktywności dżdżownic, w której znajdujemy niezajętą galerię lub galerię zatkaną, wskazuje na niedawne zniknięcie tych zwierząt. Pełna analiza historii upraw i praktyk stosowanych na polu często pozwala na znalezienie przyczyn przed ustaleniem planu odbudowy, np. mniej agresywnej uprawy, płytszej orki, zaprzestania stosowania szkodliwych substancji, takich jak niektóre środki przeciw ślimakom, olejki eteryczne, preparaty miedziowe, itp.
- **– Naturalny brak.** W niektórych przypadkach gleba nie wykazuje ani obecnych, ani starych śladów korytarzy, nawet w najgłębszych horyzontach gleby, gdzie pamięć gleby sięga kilku tysiącleci wstecz. Gleby te nie posiadają żadnych śladów aktywności dżdżownic anecicznych i w stanie "naturalnym" nie będą mogły stanowić miejsca egzystencji tych zwierząt. Dotyczy to zwłaszcza krzemionkowych gleb piaszczystych, niektórych gleb nadmiernie nawodnionych, a nawet plastycznych gleb gliniastych (patrz trójkąt struktury gleby). Jednak zmiany środowiska przeprowadzone przez ludzi, w przypadku gleb podmokłych poprzez ich odwodnienie, pozwala w niektórych przypadkach na zasiedlenie ich dżdżownicami, które wcześniej nie były tam obecne. Poza tymi kilkoma szczególnymi przypadkami złudne jest myślenie, że praktyki rolnicze, nawet jeśli są zrównoważone, będą w stanie uzyskać osiągnięcie lepszych wyników, niż te, które natura zdołała osiągnąć w ciągu ostatnich tysiącleci. Mówimy tu o głębokiej eksploracji gleby przez pierścienice aneciczne. Jednak stosując ogromne ilości rozdrobnionych, zdrewniałych resztek lub nawozu zielonego, możemy stworzyć duże populacje dżdżownic epigeicznych z gatunku *Eisenia foetida,* które żyją blisko powierzchni gleby.
- **– Optimum, spadek lub poprawa.** Wskaźnik zajętości galerii 80-95% w zagęszczonej warstwie gleby wskazuje, że populacje dżdżownic są w

optymalnym stanie. Wskaźnik poniżej 70%, przy świeżo nieużywanych korytarzach (tzn. pozbawionych śluzu, ale jeszcze nie zamkniętych) jest oznaką trwającego spadku populacji.

Czy "drogi ruchu" korytarzami są optymalne?

Obserwując korytarze dżdżownic, należy również zwrócić uwagę na ich układ. W idealnej sytuacji różnice w poziomach gleby nie powinny utrudniać ruchu dżdżownic (patrz schemat). Jeśli obserwuje się obejścia, oznacza to, że środowisko glebowe nie jest optymalne. Niektóre warstwy są słabo przenikane korytarzami. Czasami w ogóle brak tam korytarzy, co ogranicza kontakt pierścienic z powierzchnią gleby i świadczy, że proces regeneracji gleby uległ załamaniu. Dobrze funkcjonująca gleba jest zawsze połączona ze skałą macierzystą poprzez różne procesy.

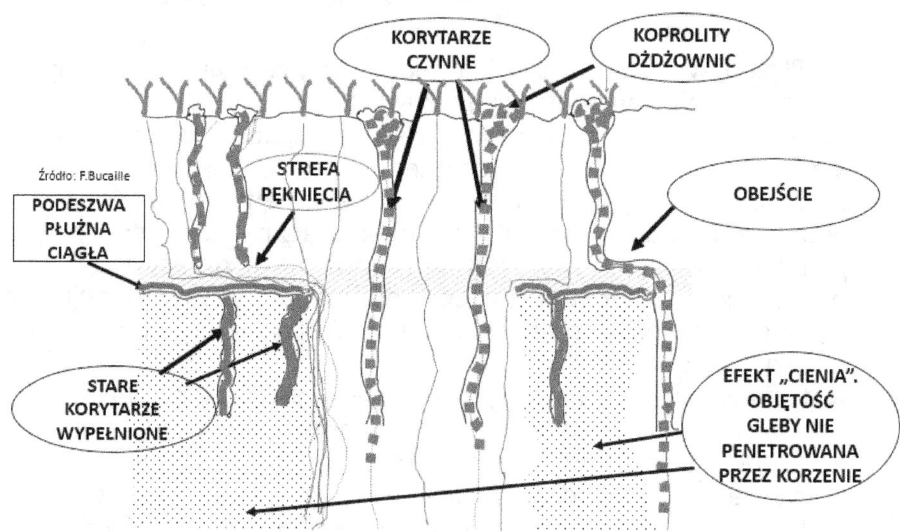

Rysunek 12.1 – Schemat budowy korytarzy przez dżdżownice i zajmowania gleby przez korzenie

Liczenie dżdżownic przy użyciu proszku z gorczycy jest niewystarczające

Proszek z gorczycy to substancja wykorzystywana czasem do liczenia dżdżownic. Polega jego stosowanie na wylaniu na glebę roztworu zawierającego tę przyprawę. To powoduje, że dżdżownice wychodzą na powierzchnię. Proces ten można ewentualnie wykorzystać do celów edukacyjnych, ale wnioski są technicznie bardzo ograniczone. Z jednej strony - w zależności od pory roku i warunków pogodowych - nie wszystkie dżdżownice są aktywne. W szczególności, dżdżownice aneciczne mają zdolność do wchodzenia w stan uśpienia. Z drugiej strony, liczba dżdżownic stwierdzona na powierzchni nie świadczy o ich obecności w głębszych warstwach i zdolności do przbywania we wszystkich warstwach gleby. Znajdujące się głębiej pozostają niewrażliwe na podrażnienia proszkiem z gorczycy. Jednak najbardziej niezwykła pozytywna funkcja regeneracyjna dżdżownic wynika z ich zdolności do recyklingu głęboko położonych składników gleby. Z tych samych powodów liczenie liczby koprolitów na powierzchni również stanowi zbyt niebezpieczny i być może mylący wskaźnik. Zdarza się, że pozostawianie koprolitów na powierzchni jest blokowane przez podeszwę płużną. Dżdżownice nie mogą znaleźć miejsca na ich wydalenie w ograniczonej objętości swoich korytarzy. Zebranie koprolitów z powierzchni jednego metra kwadratowego i ich zważenie może być wiarygodnym sposobem oceny aktywności dżdżownic. Jest to ocena, która nie jest zależna od ich wysoce sezonowej aktywności.

12.2 Inne rodzaje mieszania gleby przez organizmy żywe

W glebach, w których dżdżownice nie mogą bytować, ich rolę mogą przejąć dwie inne grupy organizmów. Nie należy ich lekceważyć, gdyż są głównymi, a czasem jedynymi wykonawcami tej pracy na około 30% gruntów rolnych:

- Mrówki, które poprzez swoją liczebność w kolonii są w stanie przemieszczać bardzo duże ilości gleby, nawet w klimacie umiarkowanym, gdy gleba nie jest naruszana przez zabiegi mechaniczne. Z tego punktu widzenia mrówki są nawet bardziej niż dżdżownice wrażliwe na powtarzające się zabiegi uprawowe. Dlatego też częściej spotykamy je na użytkach zielonych. Mrówki zawsze osiedlają się w bardzo zdrowej, niezalanej wodą glebie. Piasek czy glina piaszczysta nie zniechęcają ich. Podobnie jak dżdżownice, mrówki wykorzystują mikrobiologię, aby uczynić niektóre składniki odżywcze bardziej przyswajalnymi. Niektóre są nawet w stanie hodować grzyby. Termity w ciepłym klimacie wykonują jeszcze bardziej imponujące prace ziemne i "inżynieryjne" budując swoje gniazda i korytarze.
- Żuki gnojowe: występują na wszystkich szerokościach geograficznych i, jak sama nazwa wskazuje, towarzyszą głównie przeżuwaczom jako niezbędne ogniwo w łańcuchu ekologicznym łączącym użytki zielone, przeżuwaczy i glebę. Doświadczyła tego Australia, po tym jak pierwsi osadnicy sprowadzili przeżuwacze, ale nie było tam żuków gnojowych. Aby uniknąć zablokowania ekosystemu słabo rozkładanym obornikiem, musieli wprowadzić do środowiska to małe zwierzę, aby zamknąć cykl. Mogą one kopać norki na głębokość do 30 centymetrów, trawić odchody zwierząt roślinożernych i w ten sposób przyspieszać proces humifikacji oraz powrotu składników do cyklu produkcyjnego, wpływając przy tym porowatość gleby.
- Lisy, króliki, krety i kretoszczury (w Afryce) przyczyniają się również do bydowy korytarzy w glebie i mieszania jej warstw. Niektóre badania wydają

się wskazywać, że spadek produktywności łąk spowodowany przez obecność kretowisk jest rekompensowany wzrostem plonów w kolejnych latach, spowodowanych odmłodzeniem porostu łąk i wzrostem jego aktywności biologicznej.

12.3 Analiza jakości ukorzeniania się roślin

12.3.1 Zagadnienie: objętość i szybkość wzrostu

Właściwości ukorzenienia są kluczowe z dwóch głównych powodów. Pierwszy i chyba najbardziej oczywisty związany jest z objętością gleby zajętą korzeniami w sposób funkcjonalny. Objętość ta stanowi bezpośredni rezerwuar żyzności, do którego roślina będzie miała dostęp (nie licząc rezerwuarów pośrednich poprzez wymianę mykoryzową). Po drugie, czynnikami determinującymi są również jakość i szybkość ukorzeniania rośliny uprawnej w celu wygrania wyścigu z wymywaniem niezbędnych jej pierwiastków z gleby.

12.3.2 Metoda i analiza morfologiczna

- **Architektura systemu korzeniowego.** Idealnie korzenie powinny mieć kształt drzewa, bez nierównomierności. Nie powinny również wykazywać oznak omijania jakichś miejsc w glebie oraz powinny posiadać żywe włośniki we wszystkich horyzontach glebowych. Omijanie miejsc w glebie jest oznaką utraty konkurencyjności rośliny w jej środowisku, najczęściej związaną z obecnością zagęszczeń gleby. Nieprawidłowości rozwoju korzeni mogą być również efektem braku w niej tlenu lub nadmiernego uwodnienia.

- **Włośniki.** Funkcję pobierania z gleby pełnią włośniki. Ich obecność i jasny kolor świadczy o tym, że funkcja ta jest dobrze rozwinięta. Natomiast brak na różnych poziomach gleby włośników na korzeniach świadczy o tym, że odżywianie rośliny nie przebiega tam prawidłowo. Funkcja korzeni w tych miejscach jest wtedy ograniczona jedynie do transportu. Często najbardziej zagnieciona gleba nie jest eksplorowana przez włośniki. Ich odtworzenie na wszystkich poziomach systemu korzeniowego jest celem, który można osiągnąć w średnim okresie czasu na wszystkich typach gleb, a korzyści z tego płynące mogą mieć duże znaczenie dla stanu roślin.

- **Inne cechy korzeni: liczba, kolor, kształt.** Zdrowe korzenie są zwykle białe, (wyjątkowo czarne korzenie występują u niektórych gatunków, np. lawenda, skrzyp, rośliny drzewiaste itp.) Korzenie żółte, spłaszczone lub ościste są oznaką nadmiernego zwarcia i nieprawidłowego funkcjonowania systemu korzeniowego. Zwijanie się korzeni jest powszechne w glebach, w których wskutek zabiegów mechanicznych tworzą się kieszenie powietrzne pomiędzy grudami gleby. Obecność zwinięcia korzeni świadczy o obecności pustych przestrzeni w glebie, które są pułapkami dla korzeni. To zwijanie w wolnej przestrzeni glebowej jest szkodliwe, ponieważ stanowi wysoki koszt dla rośliny przy bardzo ograniczonym zwrocie z inwestycji.

12.3.3 Metoda i analiza tempa ukorzeniania

Aby przeanalizować tempo rozwoju korzeni interesujące jest wykonanie profili glebowych w czasie wzrostu roślin. Pszenica posiana przed dwoma miesiącami w dobrze funkcjonującej glebie powinna mieć minimalną głębokość ukorzenienia 60-75 cm. Średnio dla roślin jednorocznych poziom wzrostu korzeni powinien osiągać 1 cm na dobę w ciągu pierwszych dwóch miesięcy od zasiewu. Należy pamiętać, że w glebach z dżdżownicami żyjącymi w warstwie ornej i podglebiu pionowe korytarze to prawdziwe "autostrady", które pozwalają korzeniom podwoić tempo wzrostu.

12.3.4 Metoda i analiza głębokości ukorzenienia

Korzenie roślin jednorocznych tworzą tkanki roślinne, które zawsze bardzo dobrze rozkładają się w glebie. Współczynnik C:N korzeni - między 30 a 40:1 (80-100 dla części nadziemnych) - jest rzeczywiście bardzo korzystny dla rozkładu w każdym środowisku, w którym występują te organy. Co więcej, występują one w miejscach, gdzie jest tlen, w przeciwnym razie nie wyrosłyby tutaj. Dlatego też prześledzenie historii ukorzenienia roślin jednorocznych w kilka miesięcy po zbiorach jest trudniejsze, ale nie niemożliwe.

Analiza głębokości ukorzenienia jest łatwiejsza do przeprowadzenia w każdym sezonie w przypadku roślin wieloletnich. W tym przypadku należy obserwować maksymalne głębokości żywych korzeni oraz ślady wcześniejszego ukorzenienia (zdrewniałe, martwe korzenie). Martwe korzenie są łatwe do identyfikacji, ponieważ są ciemne, suche, często kruche i pozbawione soków. Różnica między maksymalną głębokością martwych korzeni a maksymalną głębokością żywych korzeni ujawnia potencjał eksploracji, jaki może osiągnąć roślina w funkcjonującej glebie, ale też ujawnia cały utracony potencjał (częsta sytuacja pod winoroślą). W ten sam sposób możemy również zmierzyć różnicę w maksymalnej średnicy korzenia w każdym stadium rozwoju pomiędzy martwymi i żywymi korzeniami.

Rzeczywista głębokość ukorzenienia to taka, przy której obserwujemy jeszcze osiem do dziesięciu korzeni na metr linii profilu glebowego.

Pojedynczy korzeń schodzący poniżej tej głębokości należy traktować jako wyjątek nie wskazujący efektywnej głębokości ukorzenienia.

Oszacowanie głębokości i objętości gleby historycznie eksplorowanej przez stare korzenie (wciąż widoczne ich resztki), puste przestrzenie i mniej lub bardziej zablokowane korzeniami korytarze w glebie to informacja, która pozwala nam wyznaczyć rozsądny cel odzyskania utraconego potencjału penetracji gleby. Każdy uzyskany decymetr głębokości ukorzenienia to 1300 ton gleby!

Nigdy bez tlenu

Korzenie nigdy nie eksplorują obszarów, w których nie ma tlenu. Ich obecność jest więc sama w sobie znakiem jego obecności.

Tempo ukorzenienia i dżdżownice

Śluz wydzielany przez dżdżownice aneciczne na ścianach korytarzy działa jak hormon auksynopodobny, który stymuluje wzrost korzeni u roślin. W pobliżu aktywnego korytarza tempo wzrostu korzeni jest dwukrotnie większe niż gdzie indziej. Jest to wynik współewolucji roślin i dżdżownic. Tak więc w glebie, w której są czynne korytarze, szybkość rozwoju korzeni upraw znacznie się poprawia. Na przykład zapobieganie wymywaniu azotu z przyoranych nawozów zielonych przez pobranie go korzeniami ma znacznie większe szanse dobrze zadziałać, a cały agrosystem może lepiej funkcjonować i być bardziej samowystarczalny w gospodarowaniu azotem.

12.4 Stabilizująca rola pseudostrzępek

12.4.1 Zagadnienie: pseudostrzępki wiążą kationy, zapobiegają zakwaszeniu gleby i ją buforują

Obserwowanie obecności pseudostrzępek jest nadal zbyt powszechnie ignorowane w praktyce rolniczej. Jesteśmy jednak przekonani, że odgrywają one absolutnie najważniejszą rolę żywieniową w wielu typach gleb obfitych w wapń, który powoduje dwa równoczesne zagrożenia: utratę kationów wapnia, a więc zakwaszenie gleby oraz gromadzenie się tego wapnia wokół korzeni, powodując w ten sposób zaburzenia odżywiania, w tym chlorozę żelazową. W rzeczywistości organizmy żywe, a w szczególności grzyby, wytwarzają kwas szczawiowy, który łączy się z wapniem, tworząc nierozpuszczalne w wodzie kryształy szczawianu wapnia, które natychmiast wytrącają się wokół strzępek. To właśnie rozwój takich pseudostrzępek przez florę grzybową sprawia, że w kumulacji systemu leśnego, mimo procesu rozkładu materii organicznej, zakwaszenie gleby jest spowolnione (z wyjątkiem lasów o przewadze niektórych gatunków, np. lasów iglastych). Te twory pochodzenia grzybowego przyczyniają się również do zwiększenia żyzności wapiennych gleb kamienistych poprzez zwiększenie zdolności jej warstw do zatrzymywania wody (*por.* Gabriel Callot, 1999). Poprzez neutralizację nadmiaru minerałów w glebie (Ca, Fe, Mn, itd.) za pomocą słabych kwasów organicznych (szczawiowego, mlekowego, octowego, itd.), bardzo aktywna mikroflora tworzy bufory czynników - między innymi pH - które byłyby widoczne i szkodliwe, gdyby geologia nie była modyfikowana przez biologię. Dlatego też gleba o niskiej lub niezrównoważonej żyzności biologicznej będzie miała tendencje do wykazywania skrajnych wartości pH (5 lub 8,5).

12.4.2 Metoda i analiza: wykrywanie śladów pseudostrzępek

Ślady pseudostrzępek pojawiają się jako białe twory widoczne gołym okiem, przypominające rozproszoną watę lub perłowe wstążki. Zwykle znajdują się one na głębokości od 10 do 50 cm. Obserwacja za pomocą lupy binokularnej (x 20) ujawnia, że te pseudostrzepkowe twory są strukturami drzewiasto ułożonych kryształów. Bardzo łatwo można zauważyć, czy są to tkanki organiczne, czy też twory mineralne. Kryształy pseudostrzępek to zwykle ziarna szczawianu wapnia (a w niektórych glebach nawet szczawianu żelaza lub magnezu).

12.5 Przekształcenie pozostałości pozbiorowych

Oznaką intensywnej i zrównoważonej aktywności biologicznej jest szybkie przetwarzanie w glebie resztek pożniwnych: słomy i plew. Jest ogólną zasadą, z pewnymi wyjątkami, że rozkład produktów roślinnych trwa tak długo, jak ich wytworzenie. Kukurydza jest tu wyjątkiem, ponieważ jej tkanki zawierają więcej ligniny i celulozy... Znaczna obecność szczątków roślinnych starszych niż rok, które są nadal rozpoznawalne, jest oznaką wadliwego natlenienia gleby i powolnego ich rozkładu.

Badanie biologiczne profilu glebowego obejmuje również badanie węchowe. Przykre zapachy są oznaką dysfunkcji gleby i oznaką jej biologicznej aktywności polegającej na degradacji materii organicznej w warunkach beztlenowych, także wytwarzania zdegradowanych związków organicznych w formach zredukowanych, takich jak metan (CH_4), amoniak (NH_3) lub siarkowodór (H_2S). Elementy te w formie zredukowanej nie są już przydatne drobnoustrojom, a mogą być nawet toksyczne dla roślin i zwierząt. Rozkład świeżej materii organicznej może prowadzić do powstawania alkoholi i aldehydów, które są niekorzystne dla aktywności biologicznej gleby, kiełkowania nasion i wzrostu roślin. Zjawisku nieprawidłowego rozkładu resztek roślinnych sprzyja głębokie przyorywanie roślin. Gdy gleba źle pachnie, bardzo często wynika to ze złego zagospodarowania materii organicznej, zwłaszcza młodej, oraz zagęszczenia gleby. Nos w tej sytuacji jest narzędziem analitycznym nie do zastąpienia: wszystko, co pachnie źle, jest po prostu złe dla gleby i dla roślin.

13 ANALIZA ŻYZNOŚCI FIZYCZNEJ

Obserwacja stanu strukturalnego gleby jest niewątpliwie najbardziej oczekiwanym przez rolnika krokiem. Na podstawie diagnozy żyzności fizycznej rolnik będzie mógł bowiem ze skutkiem natychmiastowym podjąć decyzje dotyczące uprawy lub nieuprawiania gleby pod kolejny siew, czy też głęboszowania i liczyć na szybkie efekty.

13.1 Analizowanie stabilności strukturalnej powierzchni

Obserwacja powierzchni gleby dostarcza informacji o jej stabilności strukturalnej. Obecność zaskorupienia na pierwszych milimetrach lub nawet pierwszych centymetrach gleby świadczy o braku stabilności strukturalnej. Każdy rolnik wie, jak szkodliwe może być tworzenie się zaskorupienia gleby dla upraw, a zwłaszcza przed wschodami. To właśnie tego typu zjawisko było przyczyną tak częstego mechanicznego wzruszania gleby przy uprawie buraków, których siła wschodów była niska. Z drugiej strony, gleba o strukturalnej, drobnogruzełkowej powierzchni świadczy o strukturze dużo bardziej sprzyjającej obiegowi wody, wymianie gazowej i oddychaniu gleby, nasion i korzeni rośliny. Struktura drobnogruzełkowa gleby jest też często pozytywną oznaką aktywności biologicznej, co jest wynikiem aktywności grzybów produkujących polisacharydy, ale także glonów, które wykazują spore zdolności do stabilizacji struktury gleby, nawet w środowiskach jałowych (Isichei, 1990).

Test szklanki wody
Stabilność strukturalną można ocenić za pomocą badania gleby metodą *"slake soil"*. Badanie to polega na umieszczeniu grudki gruntu na siatce drucianej o grubych oczkach, zanurzonej w wodzie i pomiarze czasu rozpadu grudki. Można wykorzystać tę skalę stabilności:
- 1, bardzo niska, 5 sekund.
- 2, niska, 30 sekund.
- 3, średnia, 5 minut.
- 4, mocna, 30 minut.
- 5, bardzo mocna, 2 godziny.

Znormalizowany test zwany *Soil Stability Kit,* opracowany przez USDA, jest dostępny na stronie www.forestry-suppliers.com.

13.2 Obszary zagęszczania gleby przy uprawie orkowej i bezorkowej

13.2.1 Strefy zagęszczania i podeszwa płużna

■ Zagadnienie: główny czynnik ograniczający

Ważne jest, aby przy projektowaniu profilu uprawowego zwrócić większą uwagę na obszary zagęszczonej gleby. Te zagęszczenia ciągłe (podeszwy) lub nieciągłe (np. zagniecenie przez koła sprzętu mechanicznego) obszary są zawsze głównym czynnikiem utraty efektywności systemu uprawowego. Dobrze funkcjonująca gleba to taka, która jest połączona i ciągła w pionie, od powierzchni do skały macierzystej, ze wszystkimi przepływami, transferami i wymianą. Podeszwy w glebie uniemożliwiają pionowy transport w glebie w obu kierunkach, zaburzając jej funkcjonowanie. Sprzyjają pojawianiu się zastoisk wody. Stwarzają więc warunki utrudniające rozwój korzeni. Żyzność gleby będącej w strefie zagęszczonej nie jest wykorzystywana przez rośliny. Obecność tych twardych, gęstych warstw powoduje, że rośliny uprawne są mniej konkurencyjne w stosunku do chwastów, które mają korzenie lepiej przystosowane do eksploracji zagęszczonej gleby. Obecność zagęszczonej warstwy, podeszwy, w glebie znacznie ogranicza objętość gleby penetrowanej przez korzenie rośliny w głębszych warstwach. Korzenie omijające zagęszczoną glebę, dzięki geotropizmowi będą się rozwijać – tam gdzie to już będzie możliwe - w kierunku pionowym (patrz rysunek 12.1). Cała objętość gleby poniżej stref zagęszczonych nie będzie eksplorowana przez korzenie - i tyle samo będzie niewykorzystanego jej potencjału. Co więcej jest to również droga ucieczki pierwiastków wymywanych z gleby, bo nie ma tam korzeni mogących je przechwycić i udostępnić roślinom.

■ Metoda wykrywania zagęszczeń gleby

Zagęszczenia nigdy nie pozostają trwałe na powierzchni gleby. Są one likwidowane przez intensywną aktywność biologiczną, która tam panuje oraz przez zmiany pogodowe (sucho/mokro i zimno/ciepło). Na ogół podeszwy płużne znajdują się na głębokości od 30 do 50 cm. Wszystkie strefy zagęszczenia ujawniają się w trakcie analizy profilu glebowego.

- **Sprawdzenie oporu gleby na penetrację nożem**. Gleba w miejscach zagęszczonych stawia większy opór przy jej ścinaniu nożem. Strefy zagęszczenia można również rozpoznać po obecności plam rdzy (oznaki odkładania się związków Fe^{+3}, po tym jak żelazo wcześniej migrowało w glebie jako Fe^{+2}). Strefy te regularnie wykazują inny kolor, niż reszta gleby i są regularnie obchodzone i nie eksplorowane przez dżdżownice i korzenie.

■ **Penetrometr jako uzupełnienie profilu glebowego**

Zastosowanie samego penetrometru bardzo szybko pokazuje swoje ograniczenia. Odporność gruntu zależy bowiem nie tylko od jego struktury, ale także od warunków wilgotnościowych. Bardzo trudno jest ocenić opór gleby związany z jednym lub drugim czynnikiem. Z drugiej strony, obecność zwartej warstwy gleby może stawiać opór penetrometrowi i nadal mieć zadowalającą porowatość. Tak jest często w przypadku dawnych stóp ornych, które zostały ponownie "podziurawione" przez mikrofaunę, korzenie i mikrobiologię. Możemy mieć "beton komórkowy": twardy, ale porowaty. Dopiero po wykonaniu profilu glebowego można w pełni zinterpretować wyniki penetrometru. Jest to jednak doskonałe narzędzie uzupełniające profil, pozwalające scharakteryzować zjawisko wykryte podczas wykonania profilu glebowego na całej działce. Przed uogólnieniem wyników trzeba jednak wiedzieć, co dokładnie jest mierzone.

- **Przez zróżnicowanie barwy gleby:** bardzo często na skutek następujących po sobie zjawisk utleniania i redukcji w glebie, bezpośrednio nad strefą zagęszczoną, barwa gleby jest specyficzna. Dzieje się tak, ponieważ pierwiastki dające barwne związki (żelazo i mangan) są "wypłukiwane" i gromadzą się dalej w zagnieceniu gleby (patrz opis zjawiska poniżej). Użycie tabeli kolorów Munsell'a może być bardzo przydatne w tym celu, podając bardziej precyzyjne wartości, niż tylko słowny opis (np. ciemny brąz, brązowy/czerwony, itp.).

- **Przez obserwację pod binokularem:** Aby z całą pewnością stwierdzić, że badany obszar jest nie tylko twardy, ale i pozbawiony porowatości, przydatna może być obserwacja grudki gleby za pomocą binokularu (x 20). W polu widzenia obiektywu powinno być widocznych co najmniej pięć lub sześć okrągłych otworów wytworzonych przez korzenie i utrzymywanych przez mikrofaunę). Czasami można znaleźć zwarte, ale mimo to porowate utwory! Funkcjonująca gleba powinna mieć od trzech do pięciu porów na centymetr kwadratowy gleby. Gdy to ma miejsce, zawartość powietrza w glebie wynosi często 15-20%. Sytuacja beztlenowa pojawia się w momencie, gdy w 1 centymetrze sześciennym gleby nie widzimy żadnych porów.

> **Warstwa gleby pod podeszwą płużną/glebą zagęszczoną jest często dobrze natleniona!**
>
> To paradoksalne, ale gleba leżąca pod warstwą zagęszczoną jest prawie zawsze dobrze natleniona. W rzeczywistości jest to miejsce reakcji utleniania, które widać w śladach rdzy (tlenku żelaza trójwartościowego). Górna powierzchnia warstwy jest dość nieprzepuszczalna, więc woda przesiąka bardzo powoli, a wymiana gazów jest utrudniona w dużych masach gleby. Tlen, który przedostaje się przez kilka przejść, pęknięć, kilka otworów przchodzących przez podeszwę, może następnie rozprzestrzeniać się w całej objętości podłoża.

Uprawa roli zwiększa zagęszczenie gleby z powodów fizycznych i mechanicznych. W istocie zbite grudy gleby są wytwarzane przez człowieka w tym samym procesie, który jest stosowany do produkcji cegieł: zwilżanie, ugniatanie i suszenie/wypalanie. Te same fazy zachodzą, gdy gleba jest obrabiana na mokro i pozostawiana do wyschnięcia. Jeśli chodzi o głębszą ingerencję w glebę, to tutaj stosujemy techniki robot ziemnych, czy drogowych, aby nadać gruntowi odpowiedni charakter pod budowę lub autostradę: naturalna gleba jest niszczona przez rozbicie jej porowatości i zniszczenia spoiwa (glomalin, grzybni, porów glebowych, biologicznych lub chemicznych "cementów"), a następnie przez jej zagęszczenie. Dzięki temu zwiększa się jej gęstość i nośność. A jeśli jedno przejście nie wystarczy, to wracamy drugi raz, potem trzeci, by osiągnąć oczekiwany cel.

Czy nadal wypada mówić o podeszwie płużnej?
Mówienie o "podeszwie płużnej" może być mylące, ponieważ semantyka zakłada w rozumowaniu, że przyczyna jest znana i niezmienna. Jest to jednak częściowo prawda. Kontrolę głębokości orki pługiem zapewnia część zwana "piętką", która powoduje silny ucisk na glebę. Z pewnością pług jest narzędziem, które najczęściej powoduje efekt tworzenia podeszwy, ale inne narzędzia mogą go wzmacniać lub utrzymywać. Narzędzia zębate, brony talerzowe z gładkimi brzegami talerzy pracującymi pod kątem zbliżonym do prostego lub brony aktywne - mogą również ugniatać podglebie, gdyż ich części robocze wywierają nacisk pod kątem 60-80° przenosząc swój ciężar na glebę i podglebie. Ale głównym problemem jest to, że gleby nie mają już wymaganej sprężystości, pamięci kształtu nadawanej przez grzybnie, gęstość korzeni, tworzącą jej strukturę glomalinę itp. aby po przejściu narzędzia powrócić do stanu wyjściowego. Fizyka gleby jest również zależna od jej biologii.

13.2.2 Uprawa bezorkowa i warstwy niektórych gleb

W związku z pojawieniem się siewu bezpośredniego i praktyk no-till, obserwujemy dość często w ciągu ostatnich pięciu do dziesięciu lat, że wyniki produkcyjne u wielu rolników pogarszają się. Badanie profilu gleby pól u tych rolników pokazuje dość systematycznie powstawanie zwartej warstwy gleby, którą możemy nazwać "podeszwą no-till", ponieważ jej pojawienie się jest ściśle związane z praktykami no-till. Takie warstwy między innymi mogą pojawiać się w klimacie umiarkowanym na glebach krzemionkowych piaszczystych, ilasto-piaszczystych i piaszczysto-gliniastych (mówimy tu o piaskach krzemionkowych, a nie o piaskach ziarnistych, które mogą być także wapienne). Warstwy zagęszczone tworzą się na głębokości od 20 do 40 cm. Można je rozpoznać po silnie zwartym charakterze i zróżnicowaniu barwy horyzontów: jaśniejszą barwę, wręcz "popielatą", ma warstwa wymywania, a ciemniejsze odcienie zabarwione niekiedy rdzą ma dolna część gleby wyraźnie zagęszczonej.

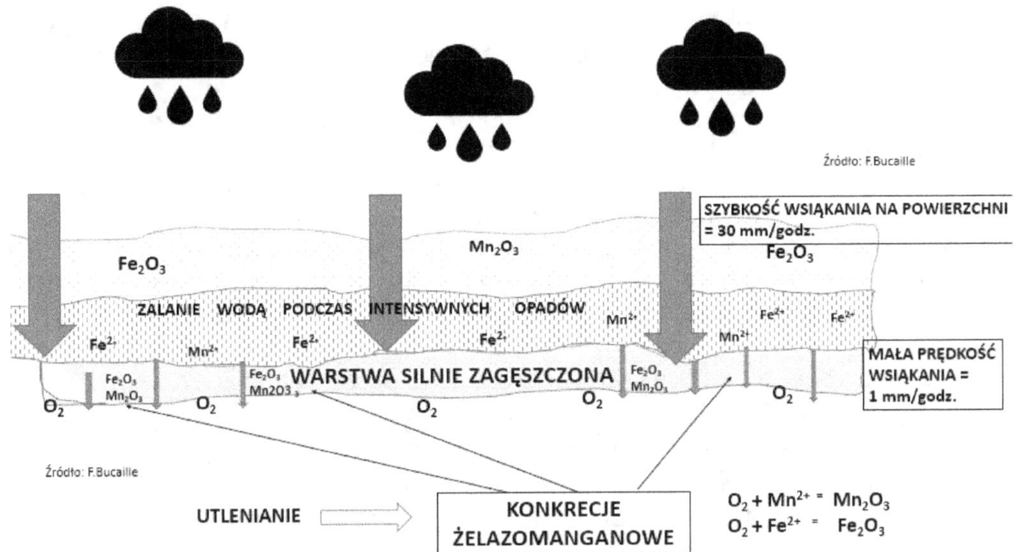

Rys. 13.1 - Mechanizm zagęszczania podglebia po orce i bez orki

■ Mechanizm powstawania

Jak powstają te podeszwy w glebie? Widzieliśmy, że gleby uprawne mają tylko dwa "narzędzia" zapewniające odbudowę ich struktury i dobre napowietrzenie. Są to pęczniejące minerały ilaste i dżdżownice, które tworzą korytarze umożliwiające przepływ wody. Tymczasem gleby piaszczyste, piaszczysto-gliniaste i gliniaste nie zawierają ani jednego, ani drugiego. Jeszcze kilka lat temu gleby te były uprawiane orkowo. Pługi ustawiane były zazwyczaj zbyt głęboko, ale zapewniały przynajmniej chwilowe napowietrzenie i umożliwiały cyrkulację wody na dnie bruzdy. Kiedy gleby te ulegały ponownemu zagęszczeniu zapadały się bez żadnych mechanizmów odbudowy ich struktury (bez substancji ilastych lub fauny glebowej występującej tu w zbyt małych ilościach), stawały się regularnie beztlenowe, zagęszczając jeszcze bardziej się przy każdym większym deszczu. Jest to tym bardziej prawdziwe, że gleby uprawne przechwytują znacznie mniej wody, niż leśne, z którego pochodzi większość naszych gleb.

Zredukowane jony żelaza (Fe^{+2}) są rozpuszczalne w wodzie i przenoszone z nią do głębokich, słabo filtrowanych warstw gleby. Podczas przechodzenia przez te zwarte, ale natlenione dolne warstwy gleby, jony utleniają się i wytrącają w formie nierozpuszczalnego, rdzawego tlenku żelaza Fe_2O_3. Żelazo nie jest jedynym pierwiastkiem biorącym udział w tym procesie, biorą w nim udział również kationy manganu. Ten proces może doprowadzić do tego, że w ciągu kilku lat utworzy się zwarta warstwa, zespolona metalicznymi związkami, co można porównać do zjawisk bielicowych. Taki mechanizm działa jak błędne koło: im szczelniejsza staje się podeszwa w podglebiu, tym dłużej jest ona w stanie zatrzymywać wodę na tym poziomie gleby. Zwiększa to wytrącanie się jonów metali w podeszwie. Warunki beztlenowe mają również wpływ na przemiany materii organicznej i humusu. W obecności bakterii beztlenowych powstają gazy (NH_3, CH_4, CO_2...) oraz szkodliwe dla drobnoustrojów alkohole i aldehydy (w tym formaldehyd). Podobnie jak w gnojowicy materia organiczna ulega częsciowemu rozkładowi a uwolnione minerały są wówczas wymywane, wytrącane, osadzają się i tym samym wzmacniają podeszwę. W dole na gnojowicę będziemy obserwować ten sam proces biochemiczny i obecność osadów twardych jak beton.

W przypadku zaobserwowania takich zjawisk w glebie należy pilnie wykonać głęboszowanie, które natychmiast pozwoli na rozpuszczenie i uwolnienie pierwiastków ze zgromadzonych tlenków i soli. Ukierunkowanie rolnika na siew bezpośredni i brak uprawy roli nie powinna przeszkadzać mu w wykonaniu tego koniecznego, wręcz zbawiennego zabiegu w wyjątkowych przypadkach.

■ Szkody: straty ekologiczne i gospodarcze, zwłaszcza dotyczące azotu

Tworzeniu bezorkowej warstwy siewnej towarzyszy zakwaszenie gleby. Wsiąkanie wody jest słabe, podobnie jak jej retencja. Wrażliwość na suszę jest wysoka. Wymagania dotyczące nawożenia azotowego są wysokie, a mimo to bardzo mało go pozostaje w glebie. W tym przypadku to nie wymywanie azotu jest najbardziej winne. Zapotrzebowanie na azot jest postrzegane jako wysokie, ponieważ częste występowanie silnego nawodnienia gleby powoduje ogromne straty do atmosfery poprzez denitryfikację. Zaopatrzenie roślin w azot jest słabe, ponieważ dostępne formy azotu nie mogą być przyswojone przez rośliny. W takich sytuacjach nie należy interpretować wysokich wymagań azotowych jako wynikających z odtworzenia zasobów próchnicy, jak często słyszymy... Tak nie jest, zasoby próchnicy nie zwiększają się. Po prostu efektywność wykorzystania dostarczanego azotu jest katastrofalnie niska.

Powstawanie tych "podeszw no-till" w glebie nie jest zjawiskiem marginalnym. W glebach gliniastych i piaszczysto-pyłowych zaobserwowaliśmy, że na około jednej trzeciej pól, które były pod uprawą no-till przez pięć do dziesięciu lat, ten problem się pojawia regularnie.

■ Zjawisko spotykane niekiedy na dużą skalę w przyrodzie

Ogólnie rzecz biorąc, naturalny ekosystem w sposób naturalny broni się przed brakiem ciągłości pomiedzy różnymi warstwami gleby. Szczególnie ukorzenienie dużych drzew zapewnia ciągłość gleby i recykling minerałów. Jednak niektóre gleby w stanie kulminacji wykazują zjawisko podeszwy glebowej wysyconej zwiazkami metali. Są to tzw. gleby bielicowe. Powstają one w naturalnych ekosystemach na skałach macierzystych, które same w sobie są dość kwaśne oraz w obecności krzewiastej roślinności kulminacyjnej, często iglastej, która wytwarzając duże ilości kwasów organicznych powoduje wypłukiwanie składników mineralnych. Ponadto roślinność ta, której potrzeby wodne są dość niskie i sezonowe, nie jest w stanie skutecznie przeciwstawić się wymywaniu składników z gleby. Las na torfowiskach Gaskonii jest znany z tego, że jest miejscem szczególnego przypadku bielicowania, które powoduje tworzenie się warstwy piasków zespolonych między innymi tlenkami żelaza i manganu.

13.2.3 Zagęszczanie gleby to przede wszystkim zjawisko biologiczne

■ **Proces zagęszczania**

Zagęszczenie gleby jest wynikiem nacisku maszyn rolniczych. Sprawa została już wyjaśniona, ale skutek nacisku opon jest jedynie efektem wcześniejszych dysfunkcji, głównie pochodzenia biologicznego, wynikających z braku aktywnych, produkujących wydzielinę korzeniową korzeni i braku grzybów mykoryzowych produkujących glomalinę. W typowej, niezaburzonej glebie, to właśnie grzyby, zwłaszcza mykoryzowe, stale produkują glomalinę. Działa ona jak słaby klej, który utrzymuje mikro- i makroagregaty glebowe, a tym samym poprawia stabilność struktury gleby. Same grzybnie działają jak "cząsteczki gumy" nadające mikroagregatom właściwości mechaniczne, które można określić jako "pamięć kształtu". Przywracają one kształt mikroagregatom glebowym do postaci, w jakiej znajdowały się przed przejazdem ciężkiej maszyny. Uzupełnia to stabilizujący efekt gęstego ukorzenienia i elastyczność dana wysoką zawartością substancji organicznej. Glomalina utrzymuje spójność i zapobiega zleganiu gleby, jej erozji i zagęszczaniu, a grzybnie zapewniają sprężystość i zdolność do przywrócenia uprzedniego, wewnętrznego i zewnętrznego układu agregatów. Efekt ten jest długotrwały, ponieważ glomalina, glikoproteina produkowana przez grzyby mykoryzowe, jest substancją bardzo stabilną, a jej okres półtrwania wynosi od 15 do 40 lat. Jest to jej niewątpliwa zaleta, ale ta właśnie długowieczność ma tę wadę, że doprowadziła do bardzo późnej interpretacji i zrozumienia negatywnych skutków praktyk uprawowych degradujących glebę. Pozytywne skutki obecności glomaliny były jeszcze widoczne przez dziesięciolecia, podczas gdy wytwarzające je drobnoustroje w dużej mierze już zniknęły.

■ **"Klej bakteryjny"**

Gleby zaburzone zawierają mniej grzybów, a więcej bakterii. Bakterie mają różne zachowania indywidualne i zbiorowe. Żyją w koloniach i wydzielają głównie polisacharydy, tzw. "gumy bakteryjne", bardzo skuteczne kleje, które mogą zapewnić pewną odporność na erozję, ale które mają również bardzo dużą wadę - sklejają agregaty i mikroagregaty glebowe bardzo ściśle, a gdy są ściskane - ulegają dalszej kompaktacji bez nadziei na spontaniczną odbudowę poprzedniego kształtu i struktury. Duża masa sprzętu rolniczego ściska mikroagregaty, powodując ich mocne chemicznie i fizycznie powiązanie, co powoduje trwałe zagęszczenie gleby. W Brazylii sami zdiagnozowaliśmy silne zagęszczenie gleb w sytuacjach, które wydawały się być korzystne, tj. naprzemienne okresy uprawy przez pięć lat z rokiem tymczasowego wypasu. Okazuje się, że takie systemy generowały najsilniejsze zagęszczenia gleby. Wyjaśnieniem jest fakt, że bydło ugniata glebę bardzo mocno (ciężar zwierząt i nacisk przeliczony na centymetr kwadratowy racic są znacznie większe, niż nacisk wywierany przez oponę), a tymczasowe użytki zielone nie zdążyły w ciągu zaledwie jednego roku ponownie uruchomić aktywnej, strukturotwórczej mikrobiologii, w tym grzybów i silnej tkanki korzeniowej. Dobry stan strukturalny naturalnych użytków zielonych nie wynika zatem z mniejszej obecności maszyn rolniczych, ale przede wszystkim z lepszej zdolności do wytrzymywania naprężeń mechanicznych. Maszyny nie są przyczyną wszystkich naszych nieszczęść, są tylko elementem, który pokazuje, że nasze gleby są gotowe zawalić się z powodu braku fundamentów, które do tej pory utrzymywały ten budynek w miejscu.

Tak więc zagęszczenie gleby jest problemem biologicznym związanym ze zmniejszoną produkcją polisacharydów i glomaliny w glebie. Zagęszczenie gleby jest spowodowane brakiem żywych korzeni i grzybów w glebie.

Dekompresja: pojęcie wprowadzające w błąd

Samo określenie "dekompresja gleby" sugeruje, że ta mechaniczna operacja jest wszystkim, co jest potrzebne do naprawy uszkodzeń strukturalnych spowodowanych przez długie praktyki lub niefortunną interwencję w glebę. Prawda jest inna. Dekompresja, to nic innego jak skruszenie zbitej gleby. Wynikiem tej operacji będzie powstanie grud gleby o średnicy bliskiej 10 cm, które nadal nie odzyskają utraconej porowatości. Odzyskamy zdolność do infiltracji wody, stworzymy przejścia dla korzeni, ale grudy te dopiero po kilku latach staną się zdatne do aktywności biologicznej i początkowo nie będą uczestniczyć w odżywianiu roślin. W takim obszarze gleby będą się funkcjonować jedynie korzenie transportowe, ale nie asymilacyjne.

13.3 Porowatość, czyli droga oddychania gleby

Porowatości są drogami oddechowymi gleby. Makroporowatości tworzą tchawicę, a mikroporowatości pęcherzyki płucne. Wytworzenie wysokiego poziomu porowatości gleby odpowiadającego 25% przestrzeni powietrza w objętości gleby jest zatem niezbędne dla prawidłowego oddychania gleby i ograniczenia występowania stref beztlenowych.

Pory (rurki) biologiczne

Porowatość jest fizyczną cechą gleby, która w dużej mierze związana jest z czynnikami biologicznymi. Na przykład otwory wynikające z aktywności organizmów żywych w dużej mierze przyczyniają się do występowania mikroporowatości gleby. Ich pochodzenie jest biologiczne, związane z działalnością dżdżownic, ale także z aktywnością mikrofauny, takiej jak wazonkowce, a także korzeni. Obfita obecność drobnych kanalików w glebie świadczy o korzystnej dla uprawianego ekosystemu strukturze. Pory biologiczne są wykrywalne gołym okiem, ale obserwacja za pomocą lupy binokularnej daje lepsze wyobrażenie o ich obfitości i sprawności funkcjonalnej.

13.4 Minerały ilaste: to, co najlepsze, zawsze porzuca nas, jako pierwsze

13.4.1 Stabilność glin w glebie

Wyzwaniem jest zapobieganie przyspieszonemu starzeniu się gleb, czyli utracie najlepszych substancji ilastych. Jak widzieliśmy, wiązanie dzięki kationom między cząsteczkami próchnicy a glinami sprawia, że tworzą one agregaty glebowe. "Chronią" się w ten sposób, jedne przed mineralizacją, drugie przed wymywaniem. Kiedy poziom próchnicy spada, bezpośrednią konsekwencją zerwania tego szczęśliwego wiązania jest to, że substancje ilaste uwalniają się. Będą wówczas narażone na ryzyko wymywania, przenoszenia przez wodę do głębszych horyzontów i akumulacji w głębokich warstwach gleby. Ta warstwa nazywana jest "warstwą wmywania". Efektem tego mechanizmu jest coraz bardziej przepuszczalna dla wody gleba powierzchniowa i coraz bardziej zwarta i nieprzepuszczalna warstwa podglebia. To utrudnia i przedłuża czas ponownego nawodnienia gleby. Wreszcie, kompleks sorpcyjny powierzchniowej warstwy gleby zmniejsza się, gdyż budujące go gliny o największych powierzchniach sorpcyjnych i silnych ładunkach elektrycznych rozpuszczają się w wodzie i ulegają wymyciu.

Uwaga: zjawisko utraty substancji ilastych z powierzchni gleby jest nieodwracalne.

13.4.2 Struktura gleby głębokiej

Główną cechą żywej gleby jest posiadanie sprawnych dróg komunikacyjnych dla powietrza i wody pomiędzy powierzchnią a spodem gleby rolniczej (do dwóch lub trzech metrów głębokości w przypadku najlepszych gleb). Wszelkie poziome warstwy w głębi gleby o mniejszej porowatości, są niekorzystne dla funkcjonowania systemu gleba-roślina.

Gleby ciężkie gliniaste mogą mieć szczególne cechy związane z aktywnością strukturalną glin. Mogże to wiązać się z pęknięciami, które pojawiają się zawsze w tych samych miejscach, w odpowiedzi na różne zjawiska klimatyczne (głównie naprzemienną wysoką wilgotność i suszę). Głęboka struktura gleby jest dziedzictwem, w które nie można ingerować agronomicznie, chyba że poprzez uruchomienie znacznych środków: drenażu lub bardzo głębokiego głęboszowania (dla warstw podglebia). Analiza tych struktur jest ważna, niekoniecznie w celu ich modyfikacji, ale w celu zrozumienia potencjału agronomicznego gleby i ukierunkowania praktyk. Te charakterystyczne struktury dobrze widać przy obserwacji profilu glebowego. Nie będziemy szczegółowo opisywać klasyfikacji gleboznawczej dobrze opisanej w wielu specjalistycznych książkach, ale zarysujemy cztery główne typy sytuacji agronomicznych powszechnie występujących w uprawianych glebach, wraz z ich implikacjami ważymi dla rolnika:

- **Struktury kolumnowe i pryzmatyczne.** Gliny kurcząc i rozszerzając się tworzą "kolumny". Te pionowe kolumny mają, widziane z góry, kształt wielościanów o szerokości dziesiątków centymetrów i wysokości od kilku decymetrów do dwóch metrów. Gleby te przyjmują duże ilości wody w momencie wznowienia opadów jesienią (drenaż reaguje w ciągu kilku godzin, więc istnieje ryzyko znacznego wymywania). Z chwilą ponownego napęcznienia glin, gleby te stają się bardzo nieprzepuszczalne i w przypadku nadmiernych opadów mogą ponownie ulec nadmiernemu uwodnieniu. W mokrych latach pękanie gleb gliniastych nie następuje, co znacznie utrudnia jesienny siew. Na wszystkich takich glebach (gliny ze spękaniami skurczowymi) zdecydowanie odradza się uprawę mechaniczną w okresach suchych, gdyż powoduje ona wpadanie drobnych elementów powierzchniowych do szczelin. Powoduje to utratę żyzności gleby powierzchniowej oraz głębokich jej warstw, które podczas ponownego uwodnienia ulegają zwiększonemu ściśnięciu, przez co stają się jeszcze bardziej nieprzepuszczalne. Ten typ struktury gleby jest łatwo rozpoznawalny poprzez obecność dużych pionowych spękań, możliwych do zidentyfikowania w profilu glebowym.

- **Struktury masywne.** Jest to struktura, która nie posiada wyraźnych agregatów. Wiele głębokich glin ma taki wygląd. Gliny te często mają kolor niebieski, szary lub zielony. Na ogół ulegają też zjawiskom skurczowym. Zjawiska skurczowe z czasem w kolejnych warstwach gliny utworzyły duże bloki, niekiedy w skali metra, z charakterystycznymi skośnymi płaszczyznami pęknięć i poślizgu (zwanymi *slickensides*). Te bardzo spoiste gliny nie sprzyjają gęstemu i równomiernemu ukorzenieniu. Ponadto w takich warunkach nigdy nie występują dżdżownice aneciczne. Nie ma więc sensu liczyć na wprowadzenie ich tutaj poprzez praktyki, choćby najlepsze. Gleby te mogą być narażone na powierzchniowe podtopienia. Niektóre gleby piaszczyste mogą przechodzić w masywne struktury (oczywiście bez zjawiska skurczu typowego dla glin). Ewolucja ta może być naturalna, np. w wyniku bielicowania, polegającego na zespalaniu ziaren piasku przez związki tlenków żelaza i manganu. Przyczyną może być również rolnik: poprzez sadzenie krzewów/drzew iglastych - wtedy przyczyną jest zakwaszenie. Również przyczyną może być uprawa roślin, które nie są w stanie wchłonąć średnich opadów w regionie (trawom wystarczy 400 mm/rok w porównaniu do 800 mm/rok i więcej dla roślinności krzewiastej). W tej ostatniej sytuacji przejściowe nadmierne uwilgotnienie gleby związane z niedopasowaniem potrzeb roślinności do zdolności gleby do odprowadzania nadmiaru wody szybko zepsuje początkowo niezły charakter tych gleb. Widzieliśmy już, jak gleby tworzą stuktury masywne pod użytkami zielonymi, a następnie likwidują je uruchamiając głębokie warstwy gleby dzięki zakładaniu na nich sadów jabłoniowych. Są one bardziej zgodne z kulminacją naszych regionów umiarkowanych.

- **Struktury drobne/ gleby niestrukturalne.** Nie ma widocznej organizacji agregatów. Nie można wyróżnić żadnej szczególnej orientacji grubych składników i wydają się one zindywidualizowane i samoistne. Gleby mogą być piaszczyste lub pyłowe (powyżej 20 mikronów). Ogólnie rzecz biorąc, korzenie w nich są zarówno gęste jak i dobrze rozmieszczone. Ponieważ gleby te są na ogół mało gliniaste, nie ulegają spontanicznej restrukturyzacji i dlatego są podatne na zagęszczenia. Gleby piaszczyste i krzemionkowe tego typu nie posiadają licznej populacji dżdżownic, co czyni je jeszcze bardziej podatnymi na zagęszczanie. Przeważnie gleby pyłowe mogą zmieniać się pod wpływem uprawy (orka lub no-till) w kierunku budowy "płytowej" jej struktur (patrz niżej), a gleby piaszczyste w kierunku struktur masywnych (patrz wyżej).

- **Struktura płytowa**. Podobnie jak łupki, ta architektura gleby może być dziedziczona geologicznie, ale także tworzona przez działanie człowieka. Gdy jest pochodzenia naturalnego często zdarza się, że orientacja "warstw łupkowych" jest skośna. Gdy są one stworzone przez człowieka, w pierwszych 50 centymetrach, są idealnie poziome. Struktury te mają wpływ na wszystkie wskaźniki: spowolnienie cyrkulacji wody, utrudnienie przejścia korzeni, utrudnienie życia lub zanikanie fauny glebowej. Ta fizyczna przeszkoda może być dodatkowo wzmocniona przez "opady mineralne" spowodowane zjawiskami biologicznymi opisanymi w innym miejscu książki. Gdy pojawia się to zjawisko, mechaniczne spękania są często nieuniknione, niezależnie od tego, czy powierzchnia jest pokryta roślinami, czy nie.

13.5 Kolor: odzwierciedlenie ewolucji i funkcjonowania gleby

Różne kolory horyzontów glebowych można określić na podstawie wzorca kolorów Munsell'a. Barwa dostarcza informacji o poziomie utlenienia żelaza (ciepłe czerwienie, brązy, pomarańcze przy dobrym natlenieniu), o obecności gleb (gleby glejowe o niebiesko-zielonych barwach), a także o zjawiskach wymywania pigmentów glebowych, którymi są żelazo, mangan i materia organiczna. Zaletą stosowania wykresu Munsell'a jest to, że pozwala on na porównanie różnych sytuacji glebowych w czasie lub przestrzeni. Ponieważ wykres ten jest używany na całym świecie, umożliwia komunikację z innymi agronomami znajdującymi się w innej części świata.

14 ANALIZA ŻYZNOŚCI CHEMICZNEJ

Zjawiska czysto chemiczne są zarówno przyczyną, jak i konsekwencją omówionych powyżej procesów biologicznych i fizycznych. Istnieją jednak pewne wskaźniki czysto chemiczne, które warto mierzyć *"in situ"*, w czasie i w miejscu diagnostyki profilu glebowego. Obserwacje te, jakkolwiek bardzo niepełne w porównaniu z wynikami laboratoryjnymi, mają jednak dużą wartość praktyczną dla decydenta, czyli doradcy lub rolnika. Ich solidność polega bowiem na możliwości wielokrotnego powtarzania i dokładnego umiejscowienia ich w profilu, a tym samym możliwości powiązania ich z aktualnymi zjawiskami.

14.1 pH

14.1.1 Zadanie

Zakwaszenie powierzchni gleby jest częste i potęgowane przez niektóre praktyki uprawowe, takie jak stosowanie siewu bezpośredniego. Jedną z głównych przyczyn zakwaszenia powierzchniowego w glebach uprawnych jest wymywanie kationów takich jak wapń, magnez, potas itp. do głębokich poziomów glebowych. Zjawisko to może być potęgowane przez proces wymywania azotanów lub substancji ilastych i uwalnianie jonów hydroniowych. Pomiar pH może być dobrym wskaźnikiem do wykrywania tych mechanizmów.

14.1.2 Metoda i analiza

Poniżej proponujemy metodę analizy pH w pionie glebowym. Do badania pH zalecamy użycie pH-metru typu Hellig'a, który wykorzystuje płynny odczynnik działający w szerokim zakresie pH (od 4 do 9). Dokładność nie jest zbyt wysoka, ale ten rodzaj pomiaru jest bardzo wiarygodny i szybki do wykonania w terenie. Zalecamy wykonanie co najmniej trzech pomiarów pH w profilu glebowym. Jeden w warstwie powierzchniowej od 0 do 5 cm, drugi nieco powyżej warstwy zagęszczonej gleby, a trzeci na najgłębszym poziomie ukorzenienia, a nawet bezpośrednio na skale macierzystej, jeżeli jest to możliwe. Często obserwuje się zmienność pH zależną od głębokości miejsca pomiaru.

- **Pierwszy pomiar warstwy powierzchniowej**, od 0 do 5 cm, pozwoli zidentyfikować wszelkie zakwaszenie powierzchni, które może być bardzo wyraźne, zwłaszcza w systemach no-till lub z roślinami wieloletnimi. Nawadnianie zalewowe lub zraszające potęguje to zjawisko. Analiza gleby wykonana na podstawie próbki z głębokości 20 cm nie wykaże tego. Nawet gleby nasycone wapniem nie są odporne na zakwaszenie powierzchniowe.

- **Drugi pomiar** w części warstwy ornej (do ok. 30 cm) potwierdzi lub zaprzeczy, że wartościowe składniki są wymywane. Różnica między pierwszym a drugim pomiarem jest już bardzo znacząca. Zjawisko to jest często przejawem braku grzybów glebowych (patrz fragment o pseudostrzępkach). Stwierdzaliśmy często różnice pięciu punktów pH (pH 4 w warstwie 0-5 cm i pH 9 na głębokości 20 cm). Wszystkie wskaźniki analityczne były teoretycznie w porządku, a łączna próbka gleby z warstwy 0-20 cm miała pH 6,8. Drzewa umierały mając dobre średnie pH!

- **Ostatni pomiar** dokonany przy skale macierzystej daje pojęcie o charakterze, zasadowym lub kwaśnym, oryginalnej skały, na której spoczywa gleba uprawna, niezależnie od tego, czy powstała ona z tego podłoża, czy też nie. Jeśli mamy rośliny głęboko zakorzenione może to pomóc w zarządzaniu nawożeniem powierzchniowym, zwracając naszą uwagę tylko na wczesne potrzeby uprawy, co jest szczególnie ważne w przypadku upraw wieloletnich (winorośl, drzewa owocowe itp.).

14.2 Obecność węglanów wapnia: badanie z użyciem kwasu solnego

14.2.1 Zadanie

Wykrycie wapnia w postaci węglanu to informacja do natychmiastowego praktycznego wykorzystania w identyfikacji jednej z możliwych przyczyn obserwowanego antagonizmu między pierwiastkami: chloroza żelazowa, złe zaopatrzenie w fosfor itp. Test ten ukierunkuje rolnika na formy nawożenia dostosowane do gleb o wysokim pH, w których brak jest jonów Al^{+3} i H^+. Fakt zaniku węglanów często związany jest ze starzeniem się gleby, które może być przyspieszone przez kwaśne deszcze czy stosowanie nawozów zakwaszających glebę. Gleby, które są w dużym stopniu pozbawione węglanów, wykazują gorsze zasobności żelaza, fosforu i innych pierwiastków śladowych.

14.2.2 Metoda

Użyj rozcieńczonego kwasu solnego (wlej kwas do wody, nie odwrotnie) i umieść kilka kropel na badanej grudce gleby. Sprawdźcie, czy musowanie występuje w całej jej objętości, czy tylko punktowo na małych cząstkach. Jeśli musowanie występuje tylko lokalnie na grubszych ziarnach piasku i kamykach, antagonizm wapnia prawdopodobnie nie będzie tak silny dla roślin, ponieważ całe objętości gleby zapewniają korzystną przestrzeń dla wymiany pomiędzy roztworem glebowym a korzeniami. Intensywność obserwowanej reakcji można sklasyfikować następująco.

Tabela 14.1 - Analiza zawartości węglanu wapnia na podstawie wyniku badania kwasem solnym

Reakcja z HCl	Zawartość węglanu wapnia	Udział $CaCO_3$
Brak. Nie widać, ani nie słychać reakcji	Brak	< 0,5 %
Reakcja niewidoczna, ale słyszalna	Obecność śladowa	< 1 %
Reakcja ledwo widoczna	Bardzo niska zawartość	< 2 %
Reakcja słaba	Niska zawartość	2 do 10 %
Reakcja średnio intensywna	Średnia zawartość	10 do 25 %
Reakcja intensywna	Wysoka zawartość	25 do 55 %
Reakcja bardzo intensywna	Bardzo wysoka zawartość	> 55 %

Metoda ta pozwala nam określić ewentualne zróżnicowanie w przebiegu profilu glebowego. Zastosowana w opisany sposób spowoduje, że będziemy sprawdzać obecność tylko węglanów wapnia. Jeśli chcemy wykryć obecność wapieni dolomitycznych (gdzie Ca związany jest z $MgCO_3$) w drugiej fazie badania będziemy musieli ogrzać silnym płomieniem niewielką próbkę gleby nasączoną już kwasem solnym, umieszczoną na czubku noża. Jeśli pojawi się musowanie, to można stwierdzić, że są tam również węglany magnezu.

15 ANALIZA FUNKCJI WODY GLEBOWEJ

Hydraulika gleby jest złożona i zależy od struktury gleby, porowatości, obecności korytarzy wytworzonych przez rośliny i zwierzeta, struktury, głębokości ukorzenienia, stosunku wapnia do magnezu i zawartości próchnicy. Dobra żyzność wodna jest definiowana jako zdolność do wchłaniania nadmiaru wody bez erozji lub nadmiernego uwodnienia, do magazynowania większości nadmiarowej wody w głębi gleby, a następnie do udostępniania jej przez podsiąk roślinom, gdy opady są niewystarczające. Rozwój i utrzymanie tej zdolności magazynowania wody jest niezbędne do odtworzenia naturalnego modelu kulminacji w agrosystemach (patrz rozdział o kulminacji).

15.1 Określenie zdolności absorpcji wody przez glebę

Dobrze funkcjonująca gleba jest w stanie wchłonąć przez warstwę powierzchniową do 35 mm wody w czasie krótszym, niż pięć minut. Ten współczynnik wsiąkania wody może być mierzony w profilu glebowym w różnych warstwach gleby. Aby przeprowadzić ten pomiar, wystarczy wykopać stopień na każdej z badanych warstw, umieścić prostą rurkę o średnicy 15 cm i wlać do niej słup wody o wysokości 35 mm. Pomiar można również przeprowadzić bardziej rygorystycznie, stosując infiltrometr dwupierścieniowy, np. permeametr Guelph.
Pomiary wsiąkania powinny być wykonywane najlepiej na suchej glebie. Czas wsiąkania w większości warstw w glebie ornej wynosi od jednej do trzech minut. W warstwie gleby zwartej czas ten może być znacznie dłuższy i trwać nawet do 24 godzin! Czas przesiąku wynoszący pięć minut w warstwie gleby zwartej jest uważany za bardzo dobry.
Jeżeli czas jest dłuższy niż 15 minut, sytuacja jest uznawana za groźną z punktu widzenia obiegu wody w glebie. Te pomiary czasu trwania stagnacji wody mówią nam o podatności gleby na silne uwodnienie. Różnica czasu wsiąkania pomiędzy warstwą orną a poziomem zagęszczonym (poniżej 30 cm) ma decydujące znaczenie dla określenia ryzyka powstawania zastoisk wody podczas intensywnych opadów (powyżej 15 minut czasu wsiąkania gleby można uznać za zagrożone). Należy jednak zaznaczyć, że okresowe podtopienia nie są jednoznaczne z systematycznym tworzeniem się beztlenowego środowiska w glebie. Istnieją bowiem zastoiska wody, zwłaszcza dopływającej do nich, które są bogate w tlen. Opady deszczu również dostarczają tlenu rozpuszczonego w wodzie, więc jego brak staje się widoczny dopiero po kilku dniach od zakończenia opadów (Baize i *in.*, 2014).

15.2 Wykrywanie oznak nadmiernego uwodnienia gleb lub niedostatku w nich tlenu

15.2.1 Zadanie

Nadmierne uwodnienie gleby występuje, gdy pojawią się wszystkie oznaki morfologiczne związane z zaleganiem wody przez wystarczająco długi okres czasu, aby spowodowało stworzenie tzw. warunków redukcyjnych. Tlen uwięziony w glebie lub rozpuszczony w wodzie zostaje wyczerpany przez działalność mikroorganizmów tlenowych w ciągu kilku godzin lub dni. Warunki zubożone w tlen lub wręcz beztlenowe sprzyjają rozwojowi mikroorganizmów beztlenowych. Ich procesy oddechowe nastepują poprzez redukcję różnych związków, w tym żelaza i manganu. Naprzemienność okresów nadmiernego uwodnienia i wysychania połaczonego z natlenieniem objawia się w glebie różnymi śladami.

Gleby nadmiernie uwodnione to gleby, na których w ciągu roku regularnie występują okresy podmokłości o różnej długości. Nadmiar wody i związany z nią brak tlenu wpływają negatywnie na równowagę mineralogiczną gleby i całą biocenozę uprawianej ziemi. Niekiedy brak tlenu nie powstaje bezpośrednio w wyniku podtopień. Może być również spowodowany nadmierną ilością świeżej materii organicznej w głębszej warstwie gleby. Jak już widzieliśmy, rozkład świeżej materii organicznej w głębszych warstwach gleby często powoduje zwiększone biologiczne zapotrzebowanie na tlen, które jest wyraźnie wyższe, niż jego ilość dostępna w tym czasie. Ślady tego "biologicznego" braku tlenu można rozpoznaćpo zapachu, a także po niebieskawym kolorze nadawanym glebie przez jony zredukowanego żelaza.

15.2.2 Metoda i analiza

■ **Śladowe ilości żelaza i manganu**

Warunki niedotlenienia gleby można często rozpoznać po niebieskawych lub zielonkawych śladach zredukowanego żelaza lub, co bardziej typowe, po tworzeniu się guzków żelazowo-manganowych. Gleba nadmiernie uwodniona prawie zawsze będzie wykazywać te cechy. Oto jak powstają te objawy: przy braku tlenu (O_2): bakterie (*Acinetobacter, Bacillus, Pseudomonas...*) szukają "akceptorów elektronów" innych, niż tlen z powietrza, którego brakuje. Znajdują je w atomach tlenu związanych z tlenkami żelaza i manganu. Pierwiastki metaliczne pozbawione swoich atomów tlenu koncentrują się jako zredukowane kationy rozpuszczalne w wodzie i razem z nią przemieszczają się. Kiedy nadmierne uwodnienie ustępuje, powietrze zastępuje wodę w porach gleby. Żelazo i mangan ulegają ponownemu utlenieniu. Stają się ponownie nierozpuszczalne i odkładają się w postaci metalicznych osadów lub guzków o zmiennej wielkości, od dziesiątch części do kilku milimetrów średnicy. Te czarne guzki żelazowo-manganowe tworzą się zawsze w tych samych miejscach. Hydrologia ma bardzo duże znaczenie w procesach glebowych.

■ Dystans migracji jonów metali

Dystans migracji żelaza i manganu waha się od kilku centymetrów do kilku metrów. Odległość guzków od powierzchni gleby stanowi dobry wskaźnik czasu trwania nadmiernego uwilgotnienia gleby w ciągu roku. Gdy guzki znajdują się na głębokości mniejszej, niż 25 centymetrów, jest to oznaka słabego i jedynie przejściowego zalania wodą. Guzki znajdujące się na głębokości od 80 cm do 1,8 m wskazują na długie okresy nadmiaru wody trwające kilka miesięcy w ciągu roku.

■ Inne ślady

Inne ślady mogą być też charakterystyczne dla zalania gleby wodą. Mogą to być częściowe lub całkowite odbarwienia gleby w związku z zanikiem, wypłukaniem żelaza (tzw. albinotyczna matryca glebowa). Poziomy redukcyjne mogą być również identyfikowalne z powodu zielonkawego do niebieskawego zabarwienia w wyniku obecności w nich zredukowanych jonów żelaza. Wskazuje to na niedawny lub może nawet trwający nadmiar wody. Gdy gleba zostanie ponownie natleniona, zabarwienie zaniknie z powodu ponownego utlenienia żelaza. Ta cecha barwna zredukowanego żelaza jest trudna do zaobserwowania w ciemnych, bardzo gliniastych warstwach gleby.

Hydromorfologia: to co zwykłe czasem nie jest normalne
Na niektórych obszarach północnej Francji lub we Flandrii gleby bardzo regularnie wykazują obecność niebieskiej warstwy. Jest to tak powszechne w tym regionie, że rolnicy uważają to za całkowicie normalne. Jest to normalne, ale nie jest prawidłowe. W tym przypadku winne są praktyki rolnicze. Ta niebieska warstwa, która wskazuje na przewagę reakcji redukcyjnych nad utlenianiem w glebie, z obecnością żelaza w formie zredukowanej, jest związana z głębokim przyorywaniem materii organicznej, zagęszczaniem i utratą porowatości gleb, które są szczególnie wrażliwe na warunki beztlenowe.

■ Wewnętrzne badanie hydromorfologiczne

Obecność zredukowanego żelaza (związanego z hydromorfologią) można łatwo wykryć w terenie za pomocą odczynnika sporządzonego na miejscu na bazie 2% żelazocyjanku potasu z 2% kwasem solnym. Roztwór ten nanosi się na badane grudki gleby za pomocą pipety. Dzięki temu można stwierdzić, czy szare warstwy mają taką barwę z powodu utraty swoich pigmentów, w tym żelaza, czy też żelazo występuje w formie zredukowanej Fe^{+2}. Jeśli odczynnik zabarwi się na intensywny niebieski kolor, świadczy to o obecności zredukowanych jonów żelaza (Fe^{+2}), a więc o tym, że w analizowanej części gleby występuje nadmierne uwodnienie. W przeciwnym razie odczynnik pozostaje żółty. Wyniki tego testu wymagają jednak właściwej interpretacji. Intensywna aktywność biologiczna w warstwach uprawnych gleby i jej wysokie zapotrzebowanie na tlen może być również przyczyną przewagi reakcji redukcji nad utlenianiem i obecności zredukowanego żelaza. Obecność licznych sygnałów życia, por i kanalików pozwala na identyfikację rzekomych przypadków hydromorfizmu. Ponadto w warstwach gleby zagęszczonej odczynnik często wykazuje żółte zabarwienie. Jak już wcześniej wyjaśniono, pod warstwami gleby zagęszczonej paradoksalnie grunt jest często bardzo dobrze natleniony.

Żelazo żelazawe, żelazo żelazowe

Żelazo występuje w glebie w dwóch różnych stanach. W środowisku redukującym przyjmuje elektrony z reakcji redoks związanych głównie z oddychaniem bakterii beztlenowych. Żelazo występuje wtedy w zredukowanej formie jonów żelazawych (Fe^{+2}), które łączą się tworząc związki takie jak tlenek żelazawy FeO o niebieskawym zabarwieniu, wodorotlenek żelazawy $Fe(OH)_2$, kwaśny węglan żelazawy $Fe(CO_3H)_2$ i siarczan żelazawy FeS. Wszystkie te formy są bardzo dobrze rozpuszczalne w wodzie. Kiedy rozpuszczone żelazo wraca do warunków utleniających w obecności tlenu, oddaje swoje elektrony. W ten sposób żelazo przyjmuje swoją utlenioną formę jonu żelazowego (Fe^{3+}). Ta nierozpuszczalna w wodzie forma wytrąca się jako tlenek żelazowy (Fe_2O_3) lub wodorotlenek żelazowy $Fe(OH)_3$.

■ Szczególne przypadki gleb bez żelaza

Opisane powyżej metody charakteryzowania i wykrywania nadmiernego uwodnienia gleby opierają się na obserwacji zachowania żelaza w glebie. Zasada ta jest również uznawana przez francuskie ustawodawstwo dotyczące terenów podmokłych, które wywodzi się z ustawy o wodzie. Rozporządzenie to precyzuje jednak, że "w pewnych szczególnych sytuacjach długotrwały nadmiar wody nie skutkuje typowymi, łatwo rozpoznawalnymi cechami hydromorficznymi". Dotyczy to w szczególności gleb namułowych pochodzących z materiałów bardzo ubogich w żelazo, humusowych i bielicowych, piasków kwarcowych lub materiałów składających się prawie wyłącznie z wapieni, albo też gleb całkowicie wypłukanych z żelaza przez liczne cykle redoks (Baize & Ducommun, 2014). W tych szczególnych przypadkach kluczowe znaczenie mają obserwacje na miejscu u rolnika dotyczące faktycznej sytuacji wodnej.

15.3 Ocena żyzności wodnej

Gleba ma zdolność do magazynowania nadmiaru wody i uwalniania jej w okresach suszy. Ta zdolność do wchłaniania wody bez erozji lub spływu powierzchniowego, a następnie uwalniania jej do roślin jest jednym z podstawowych kryteriów żyzności gleby. Idealna gleba powinna zatem zawierać 25% swojej objętości jako pojemność wymienną wody. Żyzność wodna jest elementem, na który człowiek może oddziaływać bezpośrednio np. poprzez nawadnianie lub meliorację oraz pośrednio poprzez optymalizację funkcjonalności gleby: jej porowatości i zawartości materii organicznej.

15.3.1 Pojemność polowa wody

Rodzaj gleby ma duży wpływ na jej zdolność do długotrwałego magazynowania wody. Piaski bardzo szybko przyjmują wodę, ale nie są zbyt dobre w jej magazynowaniu. Z kolei gliny przyjmują wodę bardzo powoli, ale są w stanie długo ją magazynować. Aby zmierzyć właściwości retencji wodnej gleby, zwykle oblicza się jej pojemność polową. Pojemność polowa wody to zdolność gleby do przyjmowania wody, aż do momentu odpływu jej nadmiaru. Innymi słowy, jest to maksymalna ilość wody, którą gleba może przyjąć do punktu przesiąkania, wyrażona jako ilość wody przypadająca na ilość gleby, która została nawodniona. Można ją również zmierzyć poprzez odwodnienie próbki pobranej w punkcie maksymalnego, stabilnego nawodnienia.

15.3.2 Rezerwa łatwo dostępna

Rezerwa łatwo dostępna (komfort wodny) odpowiada ilości wody łatwo dostępnej w glebie dla rośliny, przy normalnej pojemności polowej. Jest ona wyrażana w milimetrach i wynosi średnio 10 mm wody na decymetr głębokości gleby. Wskaźnik ten można zatem łatwo porównać z opadami deszczu lub nawadnianiem, które również wyrażane są w milimetrach na głębokość gleby. Możliwe jest obliczenie tej rezerwy poprzez określenie struktury warstwy gleby, jej grubości i głębokości ukorzenienia roślin. W tym celu istnieją wykresy, które podają dla każdego typu gleby wielkość rezerwy w milimetrach na każdy centymetr grubości gleby (patrz wykres struktury i tabela 11.1). Łatwo dostępna rezerwa jest dobrym wskaźnikiem żyzności wodnej. Gleby o wysokich jej wartościach, takie jak głębokie, dobrze ustrukturyzowane iły, zapewniają wyższy komfort wodny dla roślin. Plantacje tam założone będą bardziej odporne na suszę nawet w przypadku słabego ukorzenienia.

Do rezerwy łatwo dostępnej trzeba dodać przepływ kapilarny

Oszacowanie rezerwy łatwo dostępnej bywa zaniżone, ponieważ nie uwzględnia przepływu wody przez kapilary glebowe. Dzieje się tak w przypadku bardzo dobrych gleb pyłowych, gdzie rezerwa może być skorygowana nawet o kilkadziesiąt milimetrów dodatkowej wysokości słupa wody. To zjawisko kapilarności zmienia się w zależności od rodzaju gleby i stanu jej funkcjonowania. Kapilarność może działać do wysokości jednego metra gleby w bardzo dobrych madach, ale jest ograniczona do kilku centymetrów w glebach piaszczystych.

Te wartości podsiąku wody z warstw poniżej granicy ukorzenienia roślin mogą wynosić 100 mm dla podłoży pyłowych, 50 mm dla glin mocnych i 5 mm dla piasków. Przerwy w ciągłości gleby, jak również miejsca zagęszczenia, zmniejszają efektywność działania kapilarnego, a tym samym zmniejszają żyzność wodną gleby.

15.3.3 Żyzność wodna gleby i materia organiczna

Powszechnie mówi się, że humus glebowy może zmagazynować wodę dziesięciokrotnie większą od swojej masy! Temat ten jest dobrze udokumentowany. Jednym z mniej znanych aspektów jest to, że **materia organiczna i humus są oszczędzaczami wody dla roślin z** dwóch głównych powodów, które wykraczają poza jego zdolność do fizycznego przechowywania wody.

1. Próchnica jest w rzeczywistości kondensacją tkanek roślinnych i materii żywej. W związku z tym jego skład jest bardzo zbliżony do tkanek, z których powstał. Po zmineralizowaniu i udostępnieniu zgromadzonych rezerw, produkty przyswajalne uwalniane do roztworu glebowego występują w proporcjach dokładnie takich, jakich potrzebuje większość roślin. Rośliny mają więc do dyspozycji doskonałe menu. Mają one wymagania, które muszą być spełnione dla każdego z pierwiastków w zakresie dopuszczalnym przez ich własną fizjologię. Jeśli dojdzie do zaburzenia równowagi mineralnej, roślina będzie kontynuować ewapotranspirację, aby uzyskać dostęp do danego minerału, ale nie będzie produkować i gromadzić suchej masy w optymalnym stopniu. Wznowienie pełnej produkcji nastąpi, gdy jej potrzeby dla niedoboru elementu zostały zaspokojone. W tym czasie tworzenie plonu zostanie zatrzymane i stracone. Ucierpi na tym współczynnik wykorzystania wody. Większość roślin potrzebuje od 250 do 750 litrów wody na kilogram wyprodukowanej suchej masy. Dzięki optymalizacji odżywiania roślin przez glebę i próchnicę można utrzymać się w dolnej granicy tego zakresu. Optymalizacja odżywiania w tym zakresie zostanie omówiona w następnym rozdziale.

2. Podczas mineralizacji humus uwalnia minerały i sole nieorganiczne, ale także znacznie bardziej złożone cząsteczki, takie jak aminy, witaminy i sacharydy, które są budulcem życia. Roślina, która wchłania makrocząsteczki, które ponownie wykorzysta jako swoje, zyskuje na energii, wzroście i zużyciu wody.

Oddychanie gleby i kondensacja: mało znane zjawisko
Gleba jest miejscem oddychania charakteryzującego się zjawiskiem "wydechu" w ciągu dnia i "wdechu" w nocy. Wynika to z różnic temperatur, a więc rozszerzania i kurczenia się powietrza glebowego w rytmie dobowym (dzień/noc). Wilgoć zawarta we "wdychanym" nocą powietrza może skraplać się na ściankach mikroporów i przyczyniać się w skromnym, ale regularnym stopniu do poprawy jej żyzności wodnej. Ta zdolność gleby do kondensacji wody zawartej w powietrzu wdychanym przez glebę zależy w dużym stopniu od jej porowatości i życia mikrobiologicznego. Stąd tak ważny jest wysoki poziom mikroporowatości i brak zaskorupień powierzchni. Kiedyś mówiło się "motyka warta dwóch podlewań", gdy pomagała rozbić zaskorupienie gleby. Zdolność gleby do "oddychania" można poprawić stosując nawozy i środki poprawiające właściwości gleby (patrz rozdział 19).

16 NIEKTÓRE SPOSOBY POPRAWY ŻYZNOŚCI BIOLOGICZNEJ, FIZYCZNEJ, CHEMICZNEJ I WODNEJ

16.1 Biologiczna żyzność: przywracanie równowagi mikrobiologicznej

Jak widzieliśmy, to właśnie aktywność biologiczna leży u podstaw tworzenia gleb, we wszystkich jej składnikach, mineralnych i organicznych. Równowaga działania wielu grup mikroflory i mikrofauny, bakterii i grzybów jest decydująca w zmieniających się glebach, z którymi pracujemy. Próchnica jest jednocześnie schronieniem i pożywieniem. Odbudowa gleby wymaga produkcji prekursorów próchnicy i mobilizacji najbardziej odpowiednich czynników mikrobiologicznych.

16.1.1 Metodyka. Jak ustalić "dawki pokarmowe" dla gleby?

Zarządzanie organicznymi substancjami wprowadzanymi do gleby powinno być rozpatrywane w taki sam sposób jak kompletna racja żywnościowa dla przeżuwaczy. Bardzo niezrównoważony materiał nigdy nie powinien być dostarczany do gleby w sposób asynchroniczny. Koncentraty białkowe nie są podawane zwierzętom w poniedziałek, pasze objętościowe we wtorek, minerały w inny dzień. Podobnie jak w przypadku dawki pokarmowej dla krów mlecznych, wszystko musi przejść przez "mieszadło", w przeciwnym razie otrzymujemy dawkę pokarmową, która w swojej średniej rocznej może być oczywiście zbilansowana, ale która będzie generować kolejne nierówności każdego dnia. Nawet jeśli są one oddalone – dla gleby - od siebie tylko o kilka tygodni, nigdy nie przyniesie to oczekiwanego efektu. W systemie upraw polowych powrotowi do gleby bogatych w celulozę resztek pożniwnych powinno towarzyszyć podobne wykorzystanie upraw roślin okrywowych zbyt bogatych w azot i cukry. W tym celu należy zebrać zboża jak najwyżej, zbierając tylko kłosy, a w ściernisko wysiać zielony nawóz. Posługując się metaforą przeżuwaczy, tutaj magazynem paszowym będzie pole z pozostawioną słomą, a wozem paszowym - rośliny okrywowe. Całość warto mulczować łącznie dopiero wtedy, gdy uprawa okrywowa będzie gotowa do zniszczenia. Będzie wtedy działała synergia pokarmowa dla mikroflory glebowej i grzyby glebowe będą miały się lepiej. Dodatkowo słoma pozostawiona na powierzchni będzie miała czas na wypłukanie i rozkład zawartych w nich substancji antyroślinnych, które już nie będą przeszkadzać w uprawie młodej okrywy roślinnej ani w uprawie głównej.

Mechaniczna obróbka słomy nie powinna prowadzić do zbytniego rozdrobnienia. Mogłoby to prowadzić do zaduszenia powierzchniowej warstwy gleby w czasie wilgotnej pogody i stanowić schronienie dla ślimaków. Lepiej jest pozostawić na powierzchni długą sieczkę, niż pokryć glebę dywanem z krótkiej sieczki (metoda Fukuoka).

16.1.2 Spodziewane korzyści

* Ograniczenie wzrostu kwasowości powierzchni gleby poprzez wiązanie kationów, zwłaszcza przez grzybnię rozwijającą się w tym miejscu. Neutralizacja nadmiaru minerałów (Fe, Mn...).
* Poprawa żyzności poprzez lepszą dostępność pierwiastków dla organizmów żywych.
* Brak ryzyka "głodu azotowego".
* Allelopatia słomy zbożowej zostaje zneutralizowana.
* Następuje poprawa struktury powierzchniowej warstwy gleby.
* Gleba jest bardziej odporna mechanicznie i mniej podatna na zagrożenia klimatyczne (erozja).
* Poprawa zdrowotności gleby i upraw.

16.1.3 Zaszczepianie lub kierunkowanie rozwoju pożytecznej flory mikrobiologicznej

■ **Kontekst**

Praktyki rolnicze skutkują ograniczaniem działania niektórych przedstawicieli aktywności biologicznej gleby. Szczególnie cierpi tlenowa mikroflora strefy korzeniowej, która jest bardzo wrażliwa, gdy rośliny kończą wegetację. W warunkach braku równowagi rodzima flora najlepiej przystosowana do środowiska zawsze wyeliminuje organizmy nadmiernie uzależnione od współpracujących z nimi roślin uprawnych.

■ **Metodologia**

Zastosowanie szczepów PGPR (*Plant Growth-Promoting Rhizobacteria*):

* Ponowne wprowadzenie nawozów organicznych (patrz wyżej).
* Stosowanie ukierunkowanych aktywatorów zawierających pierwiastki śladowe, które aktywują enzymy drobnoustrojów (patrz rozdział 18 dotyczący nawożenia).

■ **Przewidywane korzyści (w zależności od rodzajów mikroorganizmów zaszczepionych w glebie)**

* Przywrócenie odporności gleby na choroby (np. pchełka lnowa itp.).
* Zwiększona zawartość składników odżywczych, cukrów i minerałów.

- Rozkład uwstecznionych form mineralnych i natlenienie przeważnie mineralnego horyzontu C (najniższej warstwy gleby nad podglebiem).
- Uwalnianie z gleby pierwiastków odżywczych w formie dostępnej organizmom żywym.
- Stworzony dzięki tej praktyce "most mikrobiologiczny" powoduje wzrost produktywności nawet w glebach zasobnych w związki chemiczne. Podczas pewnych sytuacji, które są bardzo korzystne dla wzrostu roślin (ciepło, wilgotność, długość światła dziennego), mikroorganizmy (np. *Bacillus mucilaginosus*) przyspieszają przepływ minerałów z gleby do korzeni ułatwiając roślinom zwiększoną produkcję suchej masy.

16.1.4 Optymalizacja pracy bakterii azotowych

Wiązanie azotu z powietrza przez bakterie (symbiotyczne lub nie) jest funkcjonalnością agrocenoz, która może być interesująca do jej wykorzystania i dodatkowej aktywacji. Te bakterie mogą ucierpieć z powodu złych warunków glebowych. Interesujące może być ponowne zaszczepienie nimi gleby. Ogólnie rzecz biorąc, bakterie brodawkowe związane symbiotycznie z roślinami strączkowymi pozostają obecne w glebie po ich wprowadzeniu do niej. Wolno żyjące bakterie wiążące azot są bardzo interesujące, ponieważ nie są uzależnione gatunkowo (np. *Azotobacter chroococcum* jest w stanie dostosować się do ryzosfer drzew owocowych, upraw polowych i roślin oleistych) i mogą zapewnić nawet do 30% zapotrzebowania roślin na azot. Mogą wymagać one corocznego doszczepiania nimi gleby. Jednak bakterie te mają pewne potrzeby, które muszą być spełnione:

- **Maksymalna wydajność energetyczna.** W rzeczywistości udaje im się w temperaturze pokojowej zrobić to, co proces Habera-Boscha (produkcja amoniaku z azotu i wodoru) robi w ekstremalnych warunkach temperatury i ciśnienia, które są bardzo energochłonne. Do osiągnięcia tych przemian (N_2=> NH_2-=> NH_3) niezbędny jest transport energii w bakteriach, który wykorzystuje cząsteczki fosforanu adenozyny ADP i ATP (dwu- i trójfosforanu adenozyny). Aby to było możliwe niezbędne jest dostarczenie fosforu (Kashif, 2012).
- **Optymalizacja** poprzez dostępność katalizatorów nitrogenazy - molibdenu i kobaltu.
- **Siarka**: wszystkie bakterie wiążące azot potrzebują siarki, która uczestniczy w wytwarzaniu niektórych aminokwasów (lizyny, metioniny itp.) do budowy własnych tkanek. Azot jest nieograniczonym źródłem dla bakterii azotowych: nad jednym hektarem ziemi znajduje się słup powietrza o masie 100.000 ton, z czego 70.000 ton to azot. Natomiast siarka, fosfor i niezbędne pierwiastki śladowe są ograniczone ich zawartością w glebie. Dlatego siarka musi być również na wystarczającym poziomie, co jest szczególnie ważne przy roślinach pobierających spore ilości siarki (np. rośliny strączkowe).

Wniosek: aby funkcja wiązania azotu z powietrza przez bakterie brodawkowe lub przez wolno żyjące bakterie azotowe była aktywna w glebie, konieczne są minimalne poziomy fosforu, molibdenu, kobaltu i siarki, w formie dostępnej dla

nich. Ich zawartość należy je zmierzyć i w razie potrzeby skorygować (patrz
część E).

16.1.5 Wspieranie mykoryzy

Grzyby mykoryzowe są obiektywnymi sprzymierzeńcami 95% roślin uprawnych.
W związku z tym należy stworzyć korzystne warunki, aby umożliwić im wykazanie
swoich możliwości.

Mykoryza: akcelerator odżywiania dla rośliny
Grzyby nie mogą prowadzić fotosyntezy. Mają natomiast zwiększony dostęp do
składników pokarmowych poprzez swoją grzybnię. Zatem wiążą się z roślinami
dostarczając im składników odżywczych i otrzymując w zamian cukry. Roślina pomaga
grzybowi, a grzyb pomaga roślinie rosnąć. Im szybciej rośnie roślina, tym bardziej rośnie
grzyb i zasila roślinę. Powstaje w ten sposób koło sukcesu. W ten sposób mykoryzowana
roślina korzysta z potencjału absorpcji grzybów, który jest do dziesięciu razy większy, niż
ich własny. Inne korzystne działanie mykoryzy dla roślin związane jest z działaniem
ochronnym dla korzeni przed agresją nicieni i przed innymi patogenami (Beck Malcom,
2005).

Warunki niezbędne do ich zadomowienia na korzeniach roślin zostały w dużej
mierze opisane w rozdziale 18 dotyczącym nawożenia: między innymi stosunek
Ca do Mg i poziom fosforu. Grzyby bardziej obawiają się nadmiernego bogactwa
mineralnego, niż jego braku. Dlatego programy nawożenia mineralnego muszą
być prowadzone z największą ostrożnością. Ponadto fungicydy są dla grzybów
glebowych na ogół szkodliwe, dlatego wskazane jest ograniczenie ich stosowania
w uprawach. Wreszcie niektóre ważne rośliny uprawne nie są tworzą związków
mykoryzowych, a są to: rzepak, kapusta i buraki. Ich częsta obecność w
płodozmianie może w znacznym stopniu wpłynąć na osłabienie związków
mykoryzowych upraw następczych. Badania wykazały, że kukurydza uprawiana
po rzepaku, ugorze lub po buraku miała mniej zmykoryzowanych korzeni, niż
uprawiana po słoneczniku, soi, ziemniaku, kukurydzy lub pszenicy, przy czym
wskaźniki mykoryzacji wahały się od 2% (po rzepaku) do 100% (Arihara &
Karasawa, 2000). Wahania plonów były skorelowane ze stopniem mykoryzacji.
Nagatywny efekt może być dodatkowo wzmocniony, jeśli rośliny kapustowate
będą często stosowane jako rośliny okrywowe na nawóz zielony (gorczyca,
rzepak, rzodkiew, rzepa itp.).
Wydaje się, że mykoryzacja jest znacznie bardziej zależna od praktyk nawożenia,
następstwa upraw i stosowania fungicydów, niż od bezpośredniej inokulacji tymi
grzybami. Inokulacja mykoryzowa może być rozważana jednorazowo na początku
programu rewitalizacji gleby, ale jeśli główne wytyczne opisane powyżej są
przestrzegane, gleba zachowa swoją zdolność mykoryzową w dłuższej
perspektywie czasu.

16.1.6 Usprawnij programy fungicydowe

Pierwszymi podmiotami zdolnymi do produkcji stabilnych związków węgla są
grzyby mykoryzowe oraz workowce i podstawczaki. Poprawa tej funkcjonalności
gleby w celu zwiększenia poziomu materii organicznej wymaga zatem

ograniczenia programów fungicydowych, które, jak sama ich nazwa wskazuje, będą miały wyraźny wpływ nie tylko na patogeny, ale również na pożyteczne grzyby glebowe. Nasze obserwacje doprowadziły nas do wniosku, że ostatni fungicyd zaaplikowany przed żniwami jest znacznie trwalszy i ma duży wpływ na biologię gleby. Ta trwałość ostatniego fungicydu jest tym silniejsza, im bardziej suszowe warunki były po jego aplikacji. Najlepszym sposobem na uniknięcie lub znaczne zmniejszenie dawek ostatniego fungicydu, bez ryzyka, może być tylko równowaga mineralna i mikrobiologiczna gleby. Możemy to nazwać "ochroną odżywczą". Jest to pierwsza linia obrony.

Zawiesiny należy stosować z wiedzą i ostrożnością

Stosowanie beztlenowo wyprodukowanych wyciągów roślinnych o nieprzyjemnym zapachu może być skuteczne w ograniczaniu niektórych chorób lub szkodników. Jednakże, biorąc pod uwagę koncentrację związków zredukowanych (amoniak, siarczki, aldehydy itp.) w tych produktach, mogą one jednak sprzyjać aktywności najmniej pożądanych rodzin mikroorganizmów. Ogólnie rzecz biorąc, wszystko, co ma nieprzyjemny zapach, jest szkodliwe dla biologicznej aktywności gleby lub tkanek zielonych.

16.1.7 Pokrywa roślinna

Wielu specjalistów (La vache Heureuse, VdT Production, "Centre de Développement Agricole", "Pour une Agriculture du Vivant", czasopismo *TCS* itp.) to prawdziwi znawcy tematu, którzy mogą jedynie wnieść pożyteczny wkład w odpowiednie zastosowanie szaty roślinnej dostosowanej do każdej sytuacji.
Stosowanie okrywy roślinnej przynosi duże korzyści dla aktywności biologicznej gleby, utrzymania jej porowatości i odporność na erozję (patrz rozdział 16.2 poniżej). Obraz jest mniej jednoznaczny pod względem trwałego magazynowania węgla w glebie, jeśli nie są spełnione warunki opisane wielokrotnie w książce na temat etapów i wzorców niszczenia substancji organicznej gleby.

16.2 Instrumenty poprawy fizyki gleby

Działania mechaniczne nigdy nie dokonają tego, co potrafią zrobić żywe organizmy. Jednakże działania mechaniczne mogą pomóc w rozwiązaniu pewnych dysfunkcji lub w utrzymaniu szczególnie delikatnych gleb. W tym rozdziale opiszemy kilka sytuacji, w których zastosowanie ciężkich lub już przestarzałych operacji może być jednak interesujące.

16.2.1 Orka agronomiczna

■ Kontekst

W szczególnym przypadku gleb piaszczysto-gliniastych i gliniasto-piaszczystych zalecamy powrót do orki, lub jej utrzymanie. Rzeczywiście, przekonaliśmy się, jak wrażliwe są te gleby z punktu widzenia strukturalnego: brak w nich dżdżownic i pęczniejących minerałow ilastych. Mają też skłonność do utraty kationów z warstwy powierzchniowej. Uzasadniona promocja no-till i uproszczonych technik uprawy zbyt szybko pomija niektóre z zalet agronomicznej uprawy roli. Główne wady przypisywane orce, to te związane z orką głęboką. W niektórych sytuacjach to nie orka powinna być kwestionowana, a jedynie jej głębokość.

■ Metodologia

Aby nie mieszać horyzontów i warstw gleby, orki powinny być płytkie, maksymalnie 10-14 cali (do 34 cm) na glebach głębokich, bez odkładnicy, aby nie doprowadzić do zalegania materii organicznej na dnie bruzdy. Te płytkie orki nie mogą doprowadzić do utworzenia łoża siewnego, ponieważ prace są wykonywane w warunkach w dużym stopniu podlegających wpływom klimatycznym. Najlepiej, aby koła ciągnika nie poruszały się w bruzdach, aby uniknąć ugniatania podglebia. Standardowa orka nie powinna przekraczać głębokości od 12 do 18 cm. Należy tu zaznaczyć, że nasi przodkowie orali glebę bardzo płytko, maksymalnie do 10-15 cm. Stopniowo poszerzano lemiesze po to, aby umożliwić przejazd coraz szerszych opon coraz potężniejszych ciągników. Tak narodziła się głęboka orka. Przy orce agronomicznej stosowany pług powinien mieć maksymalnie 12 calowe skiby, tak aby powodować prawidłową rotację gleby bez konieczności głębokiej uprawy. Pług nie powinien posiadać odkładnic, aby nie wrzucać świeżej materii organicznej na dno bruzdy. Wreszcie pług powinien mieć dużą liczbę redlic, aby umożliwić przejazd ciągnika poza bruzdą. Płytka orka wykonywana "poza bruzdą" nie powoduje powstania podeszwy płużnej: przeniesienie ciężaru z odkładnicy na piętkę jest znacznie mniejsze, na dnie bruzdy nie ma już zagniatającego podglebie koła ciągnika, a ewentualne zagęszczenia znajdują się na głębokości, na której wpływ klimatu i biologii nadal jest korzystny i znaczący dla likwidacji zagęszczeń: zamarzanie-odmarzanie, przemienność warunków: suche-mokre i zagęszczenie korzeni roślin.

Wymaga to akceptacji wykorzystania pługów agronomicznych, czasem jeszcze nazywanych pługami ścierniskowymi. Różni producenci (Bonnel, Bugnot, Charlier, Goizin, Kverneland itd.) ponownie wprowadzili na rynek te produkty. Zaletą płytkiej orki jest oszczędność paliwa i obniżenie zużycia sprzętu. Inne zalety to recykling minerałów (w tym wapnia), które ulegają utracie w wyniku wymywania w głąb gleby, walka z zakwaszeniem powierzchniowej warstwy gleby oraz łatwiejsze zwalczanie chwastów. Nie możemy zapominać, że zwalczanie chwastów było podstawową motywacją naszych przodków do wykonywania orki.

Orka bez odkładnic?

Nie należy stosować odkładnic. W rzeczywistości, przy obecnych szerokich pługach, materia organiczna jest w ten sposób przerzucana z powierzchni na dno bruzdy, gdzie zmniejszenie ilości tlenu oznacza degradację beztlenową. Jednak odkładnice mogą znaleźć swoje miejsce w pługach agronomicznych i w praktyce ekologicznej, na przykład wtedy, gdy nie przewiduje się programu herbicydowego. Ich działanie może być wówczas korzystne dla usunięcia słomy wraz z nasionami chwastów na odpowiednią głębokość i tym samym prowadzić do ograniczenia ich wschodów.

16.2.2 Podglebie – pokruszyć i rozluźnić

■ Kontekst

Pojawienie się podeszwy pod orką lub uprawą no-till jest zjawiskiem, które zazwyczaj nie rozwiązuje się samo. Bez interwencji często zjawiska te powiększają się z roku na rok. W przypadku obecności bardzo zagęszczonych warstw gleby i podglebia, doświadczenie pokazuje, że konieczna jest interwencja mechaniczna, aby przywrócić szybko funkcjonowanie gleby przy rozsądnych kosztach dla rolnika. Samodzielna naprawa gleby, nawet przy pomocy roślin o silnym systemie korzeniowym, nie zawsze się udaje. Należy zatem rozważyć zastosowanie głębosza.

■ Metodologia

Głęboszowanie należy wykonywać poprzez dokładne dostosowanie głębokości roboczej, tak, aby zęby narzędzia mogły sięgać tuż pod zagęszczone podłoże. Nie wolno degradować głębokich horyzontów gleby, które na ogół mają doskonałą strukturę. Kolejność zdarzeń jest bardzo ważna w procesie podejmowania decyzji: zdiagnozuj potrzebę głęboszowania za pomocą analizy profilu glebowego, a następnie określ dokładnie wymaganą głębokość. Przejedź z narzędziem, a następnie upewnij się, że zadanie zostało wykonane zgodnie z założeniem. Głęboszowanie na głębokość większą, niż jest to konieczne powoduje pogorszenie pierwotnej stabilnej porowatości podglebia i zbędne wydatkowanie większej ilości energii, niż jest to rzeczywiście konieczne. Głęboszowanie płytsze od wymaganego spowoduje, że woda opadowa dostanie się glebą do obniżeń pola i powstaną tam nie istniejące wcześniej zamokliska.

■ Przewidywane korzyści

- Recyrkulacja wody, zmniejszenie stref nadmiernie uwodnionych i zanikanie zastoisk wody.
- Ogólne przywrócenie pionowego transportu w glebie i szybkie ukorzenianie się roślin.
- Przywrócenie prawidłowego odżywienia mineralnego i zanik "szarych stref" (obszarów nie przenikanych przez korzenie omijające zagęszczony teren).

■ Możliwe negatywne skutki, punkty, na które należy uważać

- Zagrożeniem wynikającym z systematycznego i zbyt częstego stosowania głębosza jest zagęszczenie gruntu. Powszechną praktyką przy pracach drogowych jest używanie głębosza jako wstępnego etapu do dalszego zagęszczenia gruntu. W rzeczywistości grunt, który został rozdrobniony, jest znacznie łatwiejszy do zagęszczenia, ponieważ stawia mniejszy opór przy ugniataniu.

- W gruntach piaszczystych lub pylistych istnieje ryzyko "zrzucenia" drobnych cząstek ilastych na dno pokruszonej warstwy, szczególnie przy pracy w bardzo suchych warunkach.
- **Głęboszowanie należy wykonać dopiero po dokładnym zdiagnozowaniu potrzeb za pomocą profilu glebowego.**
- "Biologiczna" likwidacja zagęszczeń: wiele roślin może utrzymać prawidłową porowatość podglebia, lecz niewiele z nich może rzeczywiście przywrócić bardzo zdegradowaną strukturę do stanu pożądanego.

Siła kostrzewy w kruszeniu gleby

Bardzo zwarte podeszwy nie mogą być zlikwidowane przez powszechnie uprawiane rośliny nie będące drzewami. Jest jednak jeden wyjątek w klimacie umiarkowanym. Jest nim kostrzewa trzcinowa (*Festuca arudinacea*). Uprawa ta nie jest jednak łatwa do założenia, gdyż ma małe i słabo kiełkujące nasiona. Jej wartość rynkowa jest niska i wymaga zajęcia gleby pola przez co najmniej osiem do dwunastu miesięcy. Być może warto siać ją indywidualnych przypadkach, gdy niemożliwe jest wykonanie głęboszowania (np. w sadach).

16.3 Bardziej kompleksowe podejście do żyzności chemicznej

Ekosystem uprawny rzadko jest w stanie zapewnić całkowity recykling kationów glebowych, nawet jeśli wdrożono wyżej wymienione działania. Dlatego też często konieczne jest rozważenie działań naprawczych wymagających zwiększonych nakładów.

16.3.1 Rozszerzone możliwości decyzji dla nawożenia mineralnego

■ Metodologia

Analiza profilu glebowego stanowi bardzo ciekawe źródło informacji dla zrozumienia zmian w glebie. Pomiary pH w różnych punktach profilu dają nam informacje o objętości gleby dotkniętej zakwaszeniem i ucieczką węglanów. Dawki wapnia muszą więc być obliczane dla tych objętości, których one dotyczą. Można zmniejszyć, gdy głębokie warstwy gleby mają wysoką zawartość wapnia i gdy zaobserwowano, że rośliny mają dostęp do nich. Z drugiej strony, w przypadku obserwacji spadku pH wraz z głębokością, należy rozważyć wprowadzenie wapnia i/lub magnezu, nie tylko w celu skorygowania kwasowości pierwszych kilku centymetrów, ale także całej kolumny gleby.

Uwaga: w skomplikowanych sytuacjach musimy przyjąć kompromisy dzięki obserwacjom poczynionym w profilu glebowym: gleby piaszczyste na powierzchni, leżące na ciężkich glinach na głębokości 60-80 centymetrów, mogły wskazać konieczność zastosowania nawozu o stosunku Ca:Mg na poziomie 60:20 w celu przywrócenia spójności gleby. W dłuższej perspektywie skutkowałoby to jeszcze większą spoistością, lepkością horyzontu gliniastego, a więc spowolnieniem wsiąkania wody, powstaniem zastoisk wody gruntowej i prawdopodobnie zmniejszeniem głębokości ukorzenienia roślin). Rozwiązaniem w tym przypadku jest przyjęcie kompromisu i dodawanie magnezu tylko w umiarkowanych ilościach, znacznie poniżej modelu przedstawionego w części E.

■ **Przewidywane korzyści**

• Poprawa struktury gleby w warstwach powierzchniowych, ale także głębiej.
• Utrwalenie wolnych substancji ilastych - dodatek kationów pozwoli im połączyć się z humusem w twory organiczno-mineralne o mniejszej wymywalności.

16.4 Żyzność wodna: jak ją optymalizować?

16.4.1 Przez operacje mechaniczne
Odwadnianie i nawadnianie. Głeboszowanie może częściowo lub całkowicie wyeliminować efekty zastoisk wodnych i wydłużyć okno czasowe prac uprawowych. Operacja ta pozwala również na zwiększenie magazynowania wody i swobodniejszy dostęp w głąb gleby dla korzeni.

16.4.2 Poprzez bilans Ca:Mg
Dobra praktyka nawożenia (rozdział 18.2) przywróci glebie właściwe proporcje powietrzno-wodne. Umożliwia to magazynowanie wilgoci, prawidłową gęstość korzeni, a tym samym maksymalny zwrot nakładów z uprawy. Zwracając uwagę na ten stosunek można znacznie poprawić potencjał magazynowania wody związanej w glebie (wodna pojemność polowa gleby).

16.4.3 Poprzez uzupełnianie poziomów próchnicy
Przekłada się to na zwiększoną zdolność magazynowania wody (do 20-krotności własnej masy substancji organicznej) oraz gwarancję zrównoważonego uwalniania z niej minerałów do roztworu glebowego - dobrze odpowiadającego potrzebom rośliny - co pozwala na efektywne wykorzystanie dostępnej wody.

16.4.4 Poprzez żyzność biologiczną
Wdrożenie środków, o których była mowa wcześniej: zwiększenie aktywności biologicznej, w tym mykoryzy, jest niezbędne w kontekście optymalizacji zdolności gleby do magazynowania, ale przede wszystkim do przenoszenia zmagazynowanej wody do strefy korzeniowej roślin.

E

E-ODBUDOWA ŻYZNOŚCI GLEBY

17 ANALIZA GLEBY: JAK NAJLEPIEJ WYKORZYSTAĆ JEJ WYNIKI

Dziś widzimy, że wielu rolników mówi, że już nie "wierzy" w analizę gleby. Nawet jeśli analiza glebowa nie zastąpi szczegółowej wiedzy zdobytej dzięki profilowi glebowemu, to jest ona bardzo komplementarna. Dobrze zinterpretowane badanie gleby może być ważnym i niezastąpionym narzędziem decyzyjnym. Uważamy, że obecna nieufność wobec analiz gleby wynikają w szczególności ze sposobu ich interpretacji, która bywa źle przeprowadzona. Metodologia laboratoryjna zawiera różne niejasności, które rzadko są wyjaśniane i brane pod uwagę. Błędy te mogą wynikać z samych praktyk pobierania próbek jak i metod analizy. Ponadto niektóre kryteria oceny nie są mierzone, lecz jedynie obliczane.

W tym rozdziale proponujemy, kryterium po kryterium, kilka kluczy do lepszej interpretacji wyników badania gleby.

17.1 Cel i metody odpowiednich analiz

17.1.1 Metoda: uwzględnianie i ograniczanie jednostronności oceny

W bieżących analizach wykorzystuje się wiele danych liczbowych. Niektóre z nich to pomiary, inne to obliczenia oparte na wzorach zastosowanych do mierzonych elementów. W poniższym opisie zostanie dokonane rozróżnienie tych kryteriów. Należy pamiętać, że analiza gleby jest i powinna pozostać jedynie pomocniczym narzędziem decyzyjnym i często ma jedynie charakter orientacyjny. Nawet jeśli podane wartości są szczegółowe z dokładnością do ppm (części na milion), marginesy błędu pomiaru są bardzo duże w stosunku do użytych jednostek (ppm, g, 0,1 pH, 0,1 meq...). Te marginesy błędu są nieuniknione i nie podważają przydatności tych pomiarów laboratoryjnych.

Zmienność ta wynika przede wszystkim z wiarygodności poboru próbek, czasu ich pobierania, niedawnego zastosowania nawożenia mineralnego i poprawek na obecność substancji organicznej, a także procesów laboratoryjnych i kalibracji instrumentów.

17.1.2 Przyjęcie dobrych praktyk w zakresie pobierania próbek

Żadna procedura laboratoryjna nie jest w stanie skorygować wadliwej metodyki poboru. Dla każdej próby należy pobrać około piętnastu próbek podstawowych, cząstkowych, w miarę możliwości na podstawie lokalizacji i ze stałych elementów krajobrazu, a jeszcze lepiej - poprzez geolokalizację miejsc poboru. Metoda ta pozwala na dokładniejszą obserwację zmian żyzności w czasie. Następnie konieczne jest ujednolicenie, homogenizacja całości pobranych próbek w celu pobrania jednej, jak najbardziej reprezentatywnej próbki do analizy w laboratorium.

Głębokość pobierania próbek musi być absolutnie równomierna. 20 cm, na ubitej glebie i przy konwencjonalnej orce, jest idealną głębokością dla roślin jednorocznych. W celu skonstruowania systemu referencyjnego w gospodarstwie, który będzie użyteczny w czasie, ponieważ nie wprowadza zmiennej w postaci przypadkowej głębokości, konieczne jest pobieranie próbek na dokładnie tej samej głębokości co roku, z wyjątkiem szczególnego, ale obecnie coraz częściej spotykanego przypadku przejścia na siew bezpośredni, opisany poniżej. Konieczne jest wyposażenie w narzędzia do pobierania próbek (laski, próbnika) z ogranicznikiem (który może być regulowany) w celu dokładnego przestrzegania wybranej głębokości (5 cm, 20 cm, 60 cm).

17.1.3 Przypadki szczególne: Uproszczone techniki uprawy i siew bezpośredni

Ponieważ te techniki uprawy roli nie prowadzą już do wymieszania i ujednolicenia warstw, tak jak kiedyś orka, należy zachować szczególne środki ostrożności przy analizie gleb uprawianych metodą uproszczone techniki uprawy lub siewu bezpośredniego. Koncentracja materii na powierzchni gleby, korzystna dla struktury gleby staje się źródłem błędów w interpretacji wartości wynikowych.

Dwa najbardziej wrażliwe na to zjawisko wskaźniki to z jednej strony wskaźnik materii organicznej (skoncentrowanej na powierzchni), a z drugiej strony fosfor, który jest bardzo mało mobilny w glebie. W sytuacjach mniej lub bardziej niedawnego przejścia z orki na system bezorkowy **pożądane są dwa rodzaje pobierania próbek:**

1. **Głębokość próbki musi być taka sama, jak głębokość orki, która była stosowana dawniej** (często 30, 35, 40 centymetrów, a nawet więcej), jeśli ma być ustalona sensowna krzywa ewolucji żyzności organicznej i chemicznej. Jest to jedyna metoda, która pozwala rolnikowi na monitorowanie swoich pól, a laboratoriom na zachowanie wartości porównawczej do starych danych. Brak takiego postępowania prowadzi dość systematycznie do mylnego samozadowolenia u rolnika, które nie pozwoli na szybkie wykrycie globalnego zubożenia żyzności lub doprowadzi do przeszacowania niektórych parametrów, zwłaszcza materii organicznej. Nawet jeśli głębokość pobierania próbek, w czasie konwencjonalnego zarządzania, nie była związana z głębokością orki, znalezione wartości były globalnie reprezentatywne dla całej obrabianej objętości, przez sam fakt homogenizacji przeprowadzonej co najmniej raz do roku. Z tego właśnie powodu do dziś musimy się zastanawiać nad taką samą objętością gleby.

2. **Próbka powinna być pobrana na głębokości od 0 do 5 centymetrów.**
Strefa ta jest potencjalnie narażona na znaczną utratę kationów i
przyspieszone zakwaszenie. Brak orki powoduje, że kationy te (wapń,
magnez, potas, sód) nie wydostają się na powierzchnię. W warunkach
uprawy zerowej bardzo często spotyka się w tej strefie wartości pH
poniżej 5,5, nawet na glebach nasyconych wapniem, gdzie analiza próbki
pobranej z głębokości 20 cm wykaże wartość pH 7,5 lub 8. Jest to
szczególnie kłopotliwe, gdyż w tej strefie kiełkują nasiona i jest to jedyne
środowisko, w którym młode siewki będą musiały zbudować swój system
korzeniowy.

Drugim potencjalnie niepokojącym efektem jest również to, że to właśnie tam
z definicji znajduje się większość zwracanej do gleby materii organicznej (poza
tą zawartą w systemie korzeniowym). Bez orki przemiany materii organicznej
będą skazane na przebieg odpowiedni do tego środowiska. Jakość próchnicy
jest jednak bardzo zależna od pH i obecnych w niej kationów. Od tego zależy
jej okres półtrwania i pojemność wymienna kationów CEC (powstanie warstwy
powierzchniowej typu "mull" z wysoką pojemnością CEC lub przeciwnie -
powstanie warstwy typu "moder/mor" z niższą pojemnością CEC i krótszym
okresem trwałości)!

Rysunek 17.1 pokazuje, że metody uprawy zerowej znacznie zmieniają rozkład materii
organicznej w kolumnie gleby, co uzasadnia zastosowanie odrębnej metodyki pobierania
próbek.

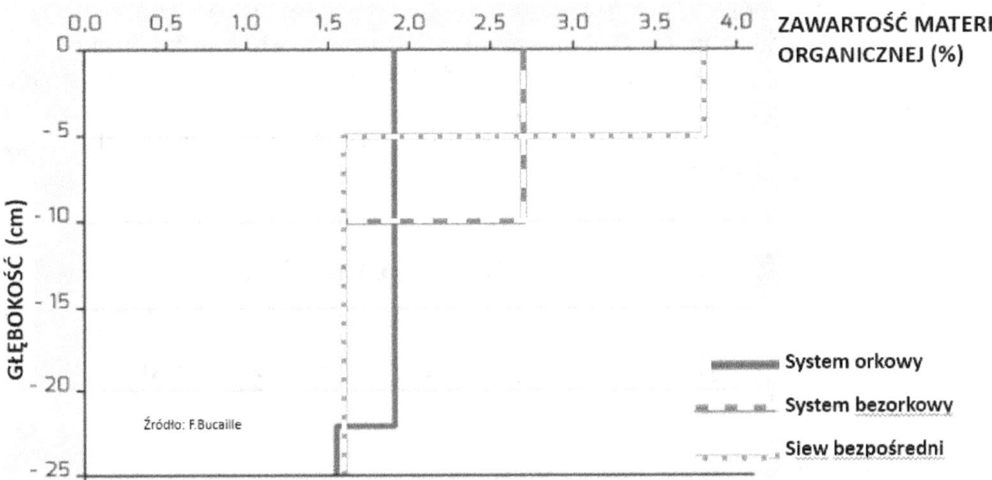

Rysunek 17.1 - Ewolucja zawartości węgla całkowitego w profilu na
poletku ITCF w Boigneville przy zastosowaniu 3 metod: orki (linia ciągła),
strip-till (TCS) i siew bezpośredni - no-till - (linia kropkowana) przez 28 lat
(Labreuche *et al.* , 2001)

17.1.4 Głębokość poboru próbki w zależności od sytuacji glebowej

Można przewidzieć, że kolejnym poziomem pobierania próbek będzie warstwa o głębokości od 60 centymetrów do 2 metrów, czyli głębokiej warstwy, zidentyfikowanej przy wykonaniu profilu glebowego. W zależności od sytuacji, może to być bardzo przydatne przynajmniej raz w karierze rolnika, zwłaszcza w **przypadku upraw wieloletnich (winorośl, drzewa owocowe, chmiel, drzewa oliwne itp.)**, które mają możliwości głębokiego i trwałego korzenienia się. Te głębokie analizy gleby są również zalecane w przypadku upraw polowych we wszystkich **sytuacjach, w których geologia jest zaburzona**. Istnieją bowiem gleby uprawne, których warstwy powierzchniowe niekoniecznie pochodzą ze skały macierzystej leżącej pod nimi (równiny aluwialne, moreny lodowcowe przenoszone nawet kilkaset kilometrów od miejsca ich powstania, jak w regionie Graves; muł pochodzenia eolicznego na obrzeżach morskich w północnej Europie, osady morskie w holenderskich polderach itp.) Między warstwą uprawną, która jest często analizowana, a warstwami, które leżą pod nią, ale do których jednak z pewnością korzenie dochodzą, mogą istnieć ogromne różnice.

Wiedza ta może umożliwić znaczną modyfikację zaleceń dotyczących nawożenia i doprowadzić do znacznych oszczędności w nakładach. Na przykład, może być właściwe zastosowanie jakiegoś pierwiastka tylko w momencie siewu, aby zapewnić jego dostawę we wczesnych fazach uprawy, kiedy wiadomo, że podłoże jest zasobne w ten pierwiastek. W tej sytuacji praktyka uzupełniania może również prowadzić do celowego magazynowania resztek pożniwnych na powierzchni pola przy stosowaniu głęboko korzeniącej się rośliny okrywowej, w celu skorzystania z wydobycia z głębokich warstw gleby pierwiastków, których bardzo brakuje na powierzchni (wapń, magnez, fosfor, pierwiastki mikroelementowe). Nawet jeśli te działania uzupełniające nie wystarczą do przywrócenia optymalnej żyzności chemicznej, przyczyniają się one do zwiększenia opłacalności systemu rolniczego poprzez wykorzystanie wszystkich zasobów danego gruntu.

17.2 Główne narzędzia oceny: pomiar pojemności wymiennej kationów (CEC), pH i zawartości materii organicznej

17.2.1 Wstępna definicja CEC

Pojemność wymienna kationów (CEC) jest sumą kationów, które gleba jest w stanie zatrzymać w sposób odwracalny w swoim kompleksie sorpcyjnym z miejscami elektronegatywnymi i stanowi rezerwę kationów w glebie. Jeśli ta rezerwa jest pełna, mówi się, że pojemność CEC jest nasycona (np. w przypadku gleb zasadowych). Z naszego doświadczenia wynika, że poziom nasycenia 90% jest na ogół optymalny. CEC wynika głównie z pojemności sorpcyjnej minerałów ilastych oraz materii organicznej. Ze względu na metodykę laboratoryjną oznaczania frakcji ilastych i gliniastych, niektóre minerały klasyfikowane jako gliny również posiadają pojemność wymienną kationów.

Kationy związane czasowo nie są częścią składową minerałów ilastych lub materii organicznej, dlatego mogą być łatwo zwrócone do roztworu glebowego i uczestniczyć w odżywianiu roślin. Ta ich cecha reguluje skład roztworu glebowego. To również ta właściwość sprawia, że w klimacie umiarkowanym, pod koniec sezonu, kiedy większość mikroflory i fauny zanika, możliwe jest magazynowanie uwolnionych w ten sposób minerałów, a w szczególności jonów amonowych powstałych z rozkładu białek mikroorganizmów, w tym NH_2^+ i NH_4^+, które w przeciwnym razie zostałyby szybko utlenione do azotanów i wymyte w okresie zimowym. Fakt, że analiza zimowa wykazuje wysokie wartości azotu amonowego NH_4^+ często oznacza, że gleba była miejscem intensywnej aktywności biologicznej w ciepłym sezonie i dlatego ma wysokie wskaźniki. Wartość pojemności kationów CEC jest wyrażana w miliekwiwalentach na 100 gramów lub na 1kg gleby (meq/kg). Miliekwiwalent oblicza się w następujący sposób:

Spotykane skrajne wartości wahają się od 2 meq/100 g do 60 meq/100 g gleby. Różnice pomiędzy "meq" a "mg" trzeba wyjaśnić, ponieważ te dwie jednostki mają bardzo różne znaczenie dla każdego z omawianych kationów. "mg", czyli milligram, jest jednostką masy, a "meq" jest jednostką ładunku elektrycznego i te jednostki nie są bezpośrednio ze sobą powiązane, ponieważ zależą od masy molowej i liczby walencyjnej (liczby możliwych wiązań elektrycznych = wartościowości) każdego z pierwiastków. Tak więc, na przykład, 120 kg magnezu mobilizuje tyle samo ładunku elektrycznego pojemności kationów CEC, co 390 kg potasu (patrz tabela 17.1). Innymi słowy, do nasycenia tej samej pojemności wymiennej kationów potrzeba znacznie więcej potasu, niż magnezu czy wapnia, co widać w poniższej tabeli:

Tabela 17.1 - Tabela wyjaśniająca udział masowy w ppm, mg/100 g gleby i kg/1000 t gleby niezbędny do zajęcia 1 meq CEC zależnie od pierwiastków.

W meq/100 g Jednostka ładunku elektrycznego	W ppm wagowo	W mg/100 g gleby wagowo	Dla 1 meq ilości zaadsorbowanych pierwiastków w kg na 1.000 ton gleby
Wapń 1 meq	200 ppm	20 mg	200 kg
Magnez 1 meq	120 ppm	12 mg	120 kg
Potas 1 meq	390 ppm	39 mg	390 kg
Sód 1 meq	230 ppm	23 mg	230 kg
Wodór 1 meq	10 ppm	1 mg	10 kg
Glin 1 meq	90 ppm	9 mg	90 kg

■ Przeliczenie na czyste pierwiastki

Analizy gleby podają ilości minerałów występujących w ich utlenionej formie. Aby zrozumieć analizę ziemi, przydatna może być również umiejętność przeliczania pierwiastków wyrażonych jako tlenki na czyste pierwiastki. Poniżej znajduje się tabela przeliczeniowa.

Tabela 17.2 - Tabela przeliczeniowa z masy tlenku na masę czystego kationu atomowego

Tlenki	Wskaźnik konwersji	Czyste pierwiastki
CaO	0,715	Ca
MgO	0,603	Mg
K_2O	0,830	K
Na_2O	0,742	Na
P_2O_5	0,44	P

Zdolność wymiany anionów

Należy zaznaczyć, że niektóre gleby mają także znaczną zdolność wymiany anionów (AEC). Tak jest w przypadku gleb powstałych z pyłów i popiołów wulkanicznych. Gleby te mają zdolność do zatrzymywania anionów (B^-, NO_3^-, SO_4^{-3}).

Główne kationy występujące w kompleksie iłowo-humusowym, stanowiące sumę kationów efektywnych:

$$T\ eff.= Ca^{+2} + Mg^{+2} + K^+\ Na^+ + Al^{+3} + H^+$$

Kation NH_4^+ jest również obecny i adsorbowany jak pozostałe kationy, ale jest go tak mało, że w zasadzie nie jest brany pod uwagę.

■ Wskaźnik kwasowości wymiennej

Kationy Al^{+3} i H^+ występują głównie w glebach nienasyconych, a więc często kwaśnych. Suma kationów Al^{+3} i H^+ wyrażona jako procent całkowitej, efektywnej pojemności wymiennej kationów CEC, jest nazywana wskaźnikiem kwasowaości wymiennej (TAE, *acid exchange ratio*).

Najważniejszy pomiar

Pomiar pojemności kationów CEC i stopnia nasycenia gleby to istotne dane, ponieważ dzięki nim znamy żyzność chemiczną gleby, a także możemy obliczyć ilość nawozów i środków poprawiających właściwości gleby, potrzebnych do przywrócenia równowagi w jej składzie mineralnym. Znajomość pojemności CEC daje nam wiedzę, że nie można zastosować więcej nawozu, niż może go zatrzymać gleba, gdyż prowadziłoby to jedynie do strat przez wymywanie. Niska pojemność CEC wymaga mniejszych, lecz częstszych dawek nawozów.

17.2.2 Ocena metodami laboratoryjnymi

Najczęściej stosowaną metodą oznaczania pojemności CEC jest metoda z zastosowaniem octanu amonu (Metson, 1956) uzupełniona o chlorek sodu, jako kation wypierający. Metoda ta, niezawodna w glebach o pH zbliżonym do neutralnego, daje błędne odczyty w glebach kwaśnych w wyniku sztucznego podniesienia ich pH, a jeszcze bardziej wadliwy w glebach alkalicznych z powodu rozpuszczenia węglanów. W rzeczywistości octan amonu o pH 7 jest znacznie bardziej "kwaśny", niż węglany w glebie o pH 8 lub 8,5. Węglany te są częściowo rozpuszczane przez odczynnik i dlatego spowodują, że wapń, który w ogóle nie był związany przez kompleks sorpcyjny jako pojemność CEC, zostanie wliczony do sumy kationów. To właśnie wyjaśnia, dlaczego w nasyconych glebach alkalicznych kationy mogą po zsumowaniu stanowić znacznie więcej niż 100% pojemności wymiennej kationów (czasem nawet 200 lub 250% CEC), co oczywiście dalekie jest od dokładnego odwzorowania rzeczywistego wysycenia CEC przez kationy.

Bardziej wiarygodną metodą w tych skrajnych sytuacjach (kwaśnych i zasadowych) jest metoda oparta na tioheksaminie kobaltu buforowanej w pH gleby. Niestety, jest ona przyjęta tylko przez kilka laboratoriów; pozostałe chcą zachować wartość porównawczą swoich historycznych baz danych opartych na metodzie Metsona.

Nasycenie powyżej 100%.
Schematyczne przedstawienie nasyconego CEC z ponad 100% wapnia i 0% jonów H^+ w bardzo wapiennych glebach jest czysto teoretyczne. Nawet w bardzo wapiennych glebach ujemne ładunki mogą być nadal dostępne i przenosić jony H^+. Te ujemne ładunki są to głównie jony hydroniowe znajdujące się w materii organicznej. Rzeczywistość wydaje się być bardziej złożona i wartość około 0,5% jonów wodorowych, na każdy procent materii organicznej, wydaje się odpowiadać rzeczywistości (Mikhail, 2017).

17.2.3 pH w wodzie i pH w roztworze KCl

■ Analiza pH w wodzie

Pomiar pH wody, który polega na wlaniu wody destylowanej do objętości gleby (zwykle 2,5:1), pokazuje roztwór glebowy w równowadze z próbką gleby. Jest to pH roztworu glebowego w momencie, gdy ma on kontakt z korzeniami roślin. Gleba ma zdolność buforowania, która łagodzi nagłe zmiany pH. Te wzloty i upadki są spowodowane dodawaniem substancji organicznych, nawozów, uprawą roli, temperaturą i wilgotnością itp. Spadek pH latem jest spowodowany wzrostem aktywności biologicznej, która wytwarza kwasy organiczne, stosowanymi nawozami, które są słabo wykorzystywane przez roślinę uprawną i pozostawiają jony hydroniowe H_3O^+, ale także przez wydzieliny korzeniowe. W zimie następuje wzrost pH z powodu rozcieńczenia jonów hydroniowych, ale występuje również efekt alkalizujący z powodu przejście do formy jonów amonowych amin bakteryjnych lub redukcji azotanów. Tak więc w ciągu jednego sezonu wartości pH mogą się zmieniać od 0,5 do 1 punktu. Są to ogromne zmiany, ponieważ stosowane wielkości są ko-logarytmami stężenia jonów hydroniowych, a zmiana jednego punktu w pH odpowiada 10-krotnemu zakwaszeniu lub alkalizacji. pH 5 jest dziesięć razy bardziej kwaśne, niż pH 6 i sto razy bardziej kwaśne, niż pH 7. Wartości pH stwierdzane w glebach rolniczych wahają się od 3,5 do 8,5. Zmierzone pH gleby jest średnią, która nie odzwierciedla niezwykłej heterogeniczności pomiędzy mikroagregatami, warstwą powierzchniową i innymi leżącymi pod nią. Taka zmienność i amplituda wahań uniemożliwiają uzyskanie dokładnej oceny do więcej, niż jednego miejsca po przecinku. To właśnie ta zmienność wyjaśnia, dlaczego rośliny wrażliwe na zakwaszenie, takie jak jęczmień, mogą rozwijać się na pozornie nieodpowiednich glebach. W analizowanej warstwie gleby, a nawet głębiej, pod nią, mogą znajdować się jeszcze takie ilości gleby o odpowiednim pH, które umożliwiają roślinie normalny wzrost.

Wartość pH nie koreluje automatycznie ze stanem wapnia i dlatego nie może być wskaźnikiem przy podejmowaniu decyzji o konieczności wapnowania. Dzieje się tak dlatego, że to anion związany z wapniem nadaje mu charakter zasadowy: albo węglanowy CO_3^{-2} (działanie alkalizujące) albo siarczanowy SO_4^{-2} (neutralny lub lekko zakwaszający wpływ na pH). Ponadto na pH mogą mieć duży wpływ inne kationy, takie jak Mg, K lub Na i w żadnym wypadku nie można ich automatycznie skorelować z poziomem nasycenia.

■ Analiza pH w roztworze KCl

W pH w wodzie nie uwzględnia się wszystkich jonów kwasowych H^+ i Al^{+3} obecnych w pojemności kationów CEC. W celu określenia ich wpływu stosuje się roztwór KCl (chlorku potasu), aby wyodrębnić te jony, których elektryczne wiązania są słabsze, niż potasu (K^+). pH roztworu KCl jest zawsze niższe niż pH wody, a różnica wynosi od 0,5 do 1,5 punktu.

■ pH, dostępność i toksyczność minerałów

pH ma silny wpływ na dostępność dla organizmów żywych głównych, drugorzędnych i śladowych minerałów oraz na ich toksyczność. Oto godne uwagi wartości pH, które warto zapamiętać:

- pH <5: toksyczność pojawia się, gdy do roztworu glebowego dostaną się nadmierne ilości żelaza, manganu, a zwłaszcza aluminium.
- pH 6,3: idealne pH, w którym osiągnięty jest najlepszy kompromis dostępności minerałów.
- pH >7,5: wszystkie minerały są mniej dostępne, **z wyjątkiem molibdenu,** którego biodostępność wzrasta.

17.2.4 Materia organiczna

Zawartość węgla organicznego zależy od nawożenia, typu klimatu, rodzaju uprawy roli i gatunków roślin.

■ Obliczanie zawartości substancji organicznej

Zawartość materii organicznej (OM) podana w badaniu gleby nie jest pomiarem, lecz wynikiem obliczeń na podstawie zmierzonego węgla organicznego. Wartość OM wyrażana jest w procentach (g materii organicznej/100 g gleby). Współczynnik 1,72 (ilość węgla organicznego x 1,72 = materia organiczna) jest stosowany przez większość laboratoriów europejskich, chociaż wielu badaczy uważa, że dla gleb uprawnych bardziej odpowiedni byłby współczynnik 2. Dlatego też mogą występować duże rozbieżności pomiędzy laboratoriami francuskimi i zagranicznymi w zakresie stwierdzanych wskaźników zawartości materii organicznej. Żaden współczynnik nie jest idealny dla wszystkich sytuacji. Używane obliczenie na podstwaie wskaźnika węgla jest bardziej uniwersalne i porównywalne.

Zmierzony w próbce gleby węgiel organiczny nie obejmuje oczywiście węgla pochodzącego ze skałach węglanowych ($CaCO_3$). Jednak niektóre skały macierzyste mogą również zawierać starą materię organiczną, np. łupki naftowe, co może zniekształcić ocenę ilości materii organicznej w glebie.

Zawartość węgla mierzone są osobno w próbkach z różnych głębokości. W celu uwzględnienia uprawy roli i zrozumienia zmian w zawartości materii organicznej związanych z uprawą roli (siew bezpośredni, strip-till i system orkowy) oraz magazynowaniem węgla, ważne byłoby zastosowanie skumulowanego indeksu humusowego (CHI), który opisuje zsumowane zawartości zmierzone do głębokości 60 centymetrów (Baize, 1988).

Powszechnie wyróżnia się następujące, poszczególne frakcje materii organicznej:

- Wolna materia organiczna, która jest mniej lub bardziej dobrze rozłożona, o C:N często wyższym, niż 15:1, o bardzo niskiej pojemności wymiennej CEC i krótkim okresie półtrwania (od sześciu miesięcy do dziesięciu lat);
- Związana materia organiczna, która jest znacznie bardziej przetworzona, stabilniejsza i o znacznie dłuższym wieku (około 100 lat).

Pozorny wzrost zawartości materii organicznej

Istnieje wiele sytuacji, w których przyrost ilości glebowej materii organicznej nie jest oczekiwaną dobrą wiadomością, a raczej przejawem zablokowania prawidłowych procesów humifikacji i mineralizacji. Te nieoczekiwane efekty występują powszechnie, gdy:

- Głebokie przyorywanie materii organicznej następuje w mokrej i kwaśnej glebie pozbawionej tlenu. Grzyby nie mogą jej rozkładać i obserwuje się pozorny paradoks nagromadzenia słabo przetworzonej, kwaśnej materii organicznej na podglebiu wapiennym (np. Jura).
- Tworzenie humusu "wapiennego", gdy jest za dużo wapnia. Humus jest wtedy "odsunięty na bok", nieaktywny i nie bierze już udziału w normalnym cyklu węgla. Sytuacja ta jest powszechna, gdy następuje zmiana z orki na uprawę

bezorkową. Mechaniczne oddziaływanie narzędzi uprawowych już nie niszczy wapiennej otoczki wokół cząstek próchnicy. Zwiększona ilość próchnicy jest tu rzeczywiście skutkiem uprawy zerowej, ale nie z właściwego powodu.

17.3 Wniosek

Wzrost zawartości materii organicznej bez równoległego wzrostu pojemności wymiany kationów powinien budzić podejrzenia co do jakości procesów biochemicznych zachodzących w glebie. W każdym przypadku korzystnej zmianie wskaźnika zawartości materii organicznej towarzyszy ogólny, równoległy wzrost całkowitej pojemności CEC.

18 NAWOŻENIE

Większość zaleceń do nawożenia, które zostaną tu przedstawione, pochodzi z badań agronomicznych powstałych dzięki pracy pokoleń badaczy i agronomów: Justus Liebig, Georg Liebscher, Gabriel Bertrand, André Voisin, William Albrecht (Missouri, USA) i wreszcie Neal Kinsey, współczesny agronom amerykański. Istnieje kilka zasad, które strukturyzują podejście agronomiczne, które przedstawiamy w tym rozdziale. Przestrzeganie tych zasad jest pierwszym krokiem do znaczącego wpływu na porowatość i zdolność zatrzymywania wody przez gleby, na mikrobiologię gleb, na odżywianie i zdrowie roślin uprawnych. To narzędzie, które przyczynia się do ograniczenia dysfunkcji obserwowanych w profilu glebowym.

18.1 Podstawowe zasady

18.1.1 Prawo optimum: nadmiar jednych elementów jest czynnikiem ograniczającym inne

Do tego czasu wszyscy doskonale pamiętali "prawo minimum" Liebiga (1850) i słynną beczkę z klepkami o różnej wysokości. Wydajność związana jest z poziomem najniższego elementu. Zapomnieliśmy o innym prawie, które choć mniej znane, jest znacznie ważniejsze. Jest to: **"Prawo optimum"** Georga Liebschera (1895), zwane czasem "prawem maksimum", które mówi, że poza pewnym poziomem, lub stosunkiem, jeden element może tak silnie ingerować, że jeden lub więcej innych nie będzie już w stanie odgrywać swojej roli. Jeśli będziemy mieli za dużo wapnia, to zmniejszy się dostępność fosforu, cynku, magnezu, żelaza, potasu i manganu. Zbyt duża ilość azotu upośledzi wchłanianie boru, potasu i miedzi. Za dużo fosforu, wtedy żelazo, wapń, potas, miedź i cynk będą słabo wchłaniane (wykres Muldera dokumentuje wszystkie te interakcje składników odżywczych). W każdej z tych sytuacji nadmiaru i wywołanych niedoborów, pojawią się choroby (fuzariozy, pythium, mączniaki...), a także zaburzenia fizjologiczne (płone kwiaty, więdnięcie, brak nasion...), **przy czym niekoniecznie musi być bardzo niski poziom w glebie pierwiastków, które są słabo przyswajalne**. Bez tego, byśmy byli zawsze na minimum.
Niemal automatyczne stosowanie nawozów trójskładnikowych, NPK, prowadzi czasem do ujawnienia się tego prawa maksimum. Stosowanie N, P i K zgodnie z potrzebami roślin, ale bez uwzględnienia rezerw glebowych, to prawdziwe wyzwanie. Tym bardziej, że geologiczny charakter ziemi sam w sobie może być źródłem sytuacji zakłócających równowagę. Tak jest w przypadku gleb, w których dominuje fosfor, potas, magnez, wapń, czy nawet sód. O ile zamierzamy uprawiać w tych glebach rośliny, które nie są tymi, które osiedlają się tam spontanicznie, w naszym własnym interesie jest niedopuszczenie do wywołania

niezrównoważonych warunków fizykochemicznych, które stawiałyby je w niekorzystnej sytuacji w stosunku do chwastów.

18.1.2 Zasada uniwersalności

Wszystkie gleby i wszystkie rośliny, uprawiane we wszystkich klimatach, będą reagować na zasady, które zaraz przedstawimy. Iglaki, banany, pszenica, kukurydza, chmiel, azalie, łąki, borówki itd. Tak długo, jak prawa fizyki, biologii i chemii są przestrzegane, uprawy te będą pozytywnie reagować pod względem plonów i jakości na przywrócenie równowagi w glebie.

Kluczem jest zrozumienie, że niektóre rośliny lepiej radzą sobie z nadmiarem (jęczmień na glebach zawierajacych sód, a iglaki na kwaśnych), ale jeśli umieścimy je w zregenerowanej glebie, która produkuje na przykład najobfitszą i najlepszą pszenicę, to te rośliny też sobie poradzą. Tropikalne gleby czerwone, w klimacie umiarkowanym gleby brunatne, piaski Maroka lub Mauretanii, gleby humusowe północnej Europy, głębokie iły regionu Brie - wszystkie zareagują korzystnie na to podejście i na przywrócenie równowagi kationów, zarówno gleby piaszczyste, jak i gliniaste, pod warunkiem, że woda nie jest czynnikiem ograniczającym. Jeżeli woda nie jest czynnikiem ograniczającym, to nawet na słabych glebach można uzyskać najwyższe plony.

18.1.3 Wybór właściwych form nawozów i integracja wszystkich ich składników

Funkcje nawozu w glebie są zawsze wielorakie. Zalecane przez nas metody nawożenia muszą uwzględniać różne czynniki. Na przykład, aby dodać wapń, musimy zadać sobie pytanie, czy dodajemy gips, kredę czy dolomit. Wszystkie te formy mają różne działanie i niosą ze sobą inne elementy, które nie zawsze są mile widziane. Wapń i magnez zawsze były postrzegane jako "neutralizatory kwasów", podczas gdy, jak zobaczymy, mają one przede wszystkim wpływ na fizyczne właściwości gleby.

18.1.4 Stosowanie wapnowania nie powinno wynikać z pH

To nie kwasowość, czy zasadowość powinna decydować o zastosowaniu wapnowania! Możemy mieć gleby o zasadowym pH, w których brakuje wapnia (za dużo magnezu lub potasu) i inne, które są kwaśne mające wapnia powyżej pożądanych proporcji.

18.1.5 Nakarmić glebę przed nakarmieniem rośliny

■ **Priorytetem jest aktywizacja procesów glebowych**

Coraz powszechniej uważa się, że Ca, Mg, P, N, S i K powinny być aplikowane bezpośrednio do gleby, a pierwiastki pozostałe powinny być aplikowane dolistnie:

Fe, Mn, Cu, Zn, B i Mo, uważając, że ich aplikacja dolistna jest dziesięciokrotnie bardziej efektywna, niż aplikacja doglebowa. Dotyczy to procentu wchłoniętego przez roślinę pierwiastka w roku zastosowania. Zapomina się przy tym, że pierwiastki śladowe odgrywają również istotną rolę w glebie. Na przykład cynk jest niezbędny dla ponad 300 znanych enzymów w sześciu kategoriach enzymów: oksydoreduktazy, transferazy, hydrolazy, liazy, izomerazy i ligozy. Jeśli chcemy wspierać maksymalną wydajność bakterii, grzybów, flory rozkładającej i humifikującej, wszyscy ci pracownicy gleby, rzemieślnicy żyzności, muszą znaleźć niezbędne mikroelementy, aby aktywować swoje enzymy - aktorów mało widocznego aspektu żyzności gleby. A przecież to właśnie poprzez enzymy, w tym enzymy uwalniane do gleby, pokazuje ona swoją produktywność i zdrowie lub, przeciwnie, swoje "zmęczenie". Enzymy są katalizatorami reakcji biologicznych i są w stanie zwiększyć wielkość i szybkość tych reakcji 10-, 100-, albo 1000-krotnie, a czasem nawet więcej. Procesy degradacji skał mogą zmieniać minerały i przynieść efekt w skali roku, gdy w innym przypadku zajęłoby to wieki. Odzyskanie kapitału enzymatycznej bioróżnorodności jest obowiązkiem, a to wymaga obecności conajmniej wystarczających ilości mikroelementów.

■ Ograniczenia w dolistnym stosowaniu nawozów

Dokarmianie dolistne jest możliwe, ale powinno być dopiero na drugim miejscu. Pobieranie liści co dwa tygodnie, wysyłanie ich do laboratorium i oczekiwanie na informację czym należy opryskać, nie czyni tej praktyki ani uspokajającą, ani zrównoważoną. Ten model działania można ewentualnie zatwierdzić w przypadku niektórych wyspecjalizowanych upraw bezglebowych, które z definicji nie mogą korzystać z pomocy typowej ryzosfery, ponieważ ona nie istnieje i nie ma tu humusu, który mógłby zapewnić stałą, zrównoważoną dawkę pokarmową.
W warunkach gleby polowej to ona powinna dostarczać większość składników odżywczych. **Zarówno makro- jak i mikroelementy powinny być stosowane bezpośrednio do gleby.** Aplikacja dolistna nie powinna być z technicznego punktu widzenia niczym więcej niż "szczyptą soli", która może być potrzebna z jakiegoś powodu. Metody nawożenia "gaszące pożar" powodują, że łańcuch zależności gleba-korzeń-roślina zostaje przerwany. Nie zachęca to do przywrócenia prawidłowego funkcjonowania gleby.

18.2 Pojemność wymienna kationów (CEC) – numer jeden dla nawożenia

Uzupełnienie kationów w kompleksie sorpcyjnym regenerując w ten sposób pojemność wymienną CEC jest pierwszym i podstawowym instrumentem dostępnym rolnikowi w celu regeneracji i rewitalizacji jego gleb. Jest to sposób na kontrolowanie zachowania i cech różnych frakcji mineralnych gleby (piasków, iłów, glin itp.). To właśnie z tego zachowania wynika dobre rozprowadzenie powietrza i wody w glebie, a jest to warunek wstępny dla korzystnej mikrobiologii przed jakimkolwiek innym działaniem.

18.2.1 Idealna gleba zawiera 25% powietrza i 25% wody

Wilhelm Albrecht wyrażał czasem opinię, że gdyby miał wybrać idealną glebę - z fizycznego punktu widzenia - byłby to czysty humus. Kiedy rozpoczął swoją karierę, przeanalizował dziesiątki tysięcy próbek gleby i humusu. Doszedł do wniosku, że najbardziej produktywnymi glebami są gleby z próchnicą wapienną na powierzchni, tzw. mull. Horyzont A, powierzchnia gleby z humusem, ma określone cechy fizyczne (patrz rysunek 18.1). Jest to cel, do którego powinniśmy dążyć we wszystkich glebach.

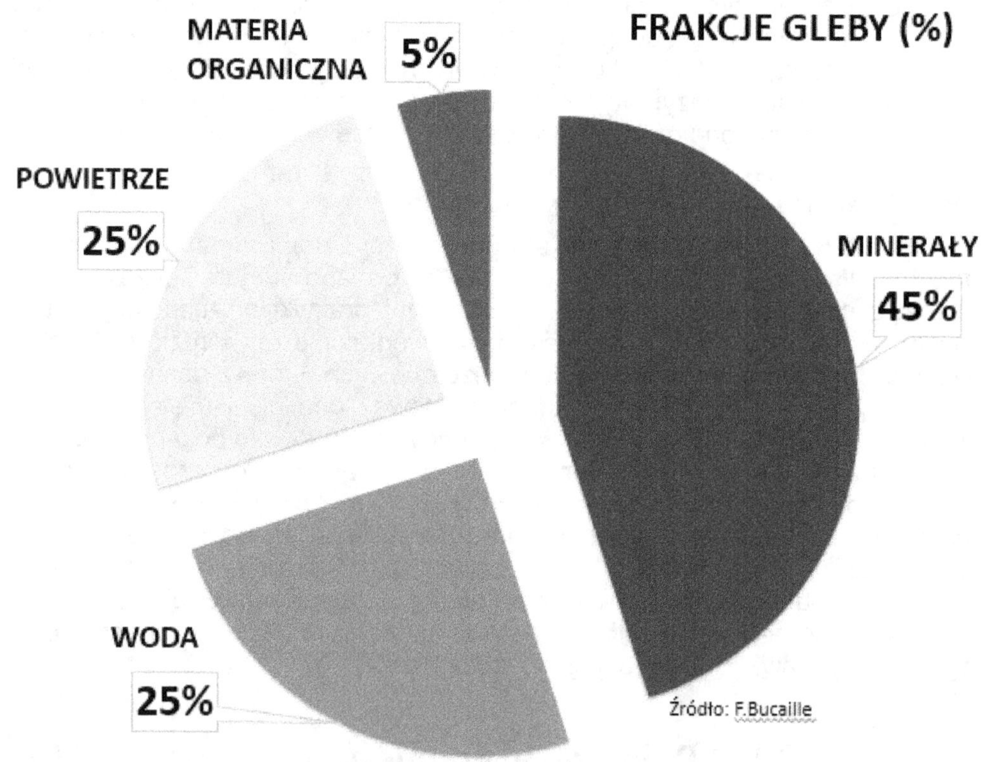

Rysunek 18.1 - Idealna gleba w jej składnikach mineralnych i organicznych (% frakcji gleby)

Idealna gleba rezerwuje 25% objętości przestrzeni magazynowej dla wody związanej w niej do punktu pojemności polowej. Jest to wartość znaczna wynikająca z założenia, że poziom mikroporowatości jest maksymalny. Przechowywanie tak dużej ilości wody bez tworzenia nadmiernego uwodnienia wymaga, aby woda była zatrzymywana przez jedyne słabe siły elektryczne, tzw.

siły przyciągania van der Wallsa. Woda ta jest zatrzymywana na wszystkich ścianach kapilar, przestrzeni, jamek, a także wewnątrz struktury minerałów ilastych. Ta cecha jest niezbędna, aby móc przechowywać wodę w zimie bez zjawiska wymywania i bez niedotlenienia, aby móc ją uwolnić wiosną i w lecie. Pozostałe 25% objętości będzie zajmowało powietrze.

18.2.2 Regulacja porowatości gleby poprzez regulację pojemności wymiennej kationów (CEC)

■ Dwa instrumenty do uzyskania idealnej gleby

Równy rozkład fazy gazowej i ciekłej (25/25%) jest często powielany w podręcznikach agronomii, ale nikt nigdy nie wyjaśnia, jak to osiągnąć. Podobnie wszyscy widzieliśmy schematy idealnego łoża do siewu: gleba głęboka, porowata, na powierzchni drobnogruzełkowa wokół nasion i małe grudki na powierzchni, aby uniknąć zasklepienia. Wszystkie te schematy są natchnieniem dla grafików komputerowych i koszmarem dla rolnika, gdy przychodzi do ich realizacji na polu. Aby osiągnąć ten cel należy uruchomić dwa instrumenty: pierwszy, to aktywność biologiczna obejmująca korzenie, makrofaunę i mikroflorę. Drugi jest działaniem substancji mineralnych. Nie jest to kwestia wyboru jednego lub drugiego instrumentu, bo niezbędne są oba! Ale to właśnie od zrównoważenia mineralnego, zwłaszcza kationów musimy zacząć. Jest to podstawowe narzędzie zapewniające stworzenie korzystnej mikrobiologii gleby, aby uprawy i okrywa roślinna mogły przynieść maksymalny efekt. W przeciwnym razie istnieje ryzyko poniesienia zbędnych nakładów, zmarnowania dużej ilości czasu i płonej nadziei, że wysiłki się w końcu opłacą. Aby życie mogło się rozwijać, muszą być zaspokojone podstawowe potrzeby: pożywienie i schronienie, woda i tlen. Oznacza to, że należy kontrolować fizykę gleby!

■ Wykorzystanie minerałów ilastych

Jaki związek może istnieć pomiędzy porowatością gleby, retencją wody a kationami związanymi w glinach i w próchnicy? Oczywiście poprzez pojemność wymienną kationów, bo to właśnie zachowanie minerałów ilastych będzie przez nas kontrolowane. W zależności od rozmieszczenia kationów, te minerały będą mniej lub bardziej spójne lub przeciwnie - mniej lub bardziej rozluźnione. Aby mieć wystarczającą ilość powietrza i wody, nasycenie bazy i proporcje kationów wyrażone w meq na pojemność CEC muszą być następujące (patrz rysunek).

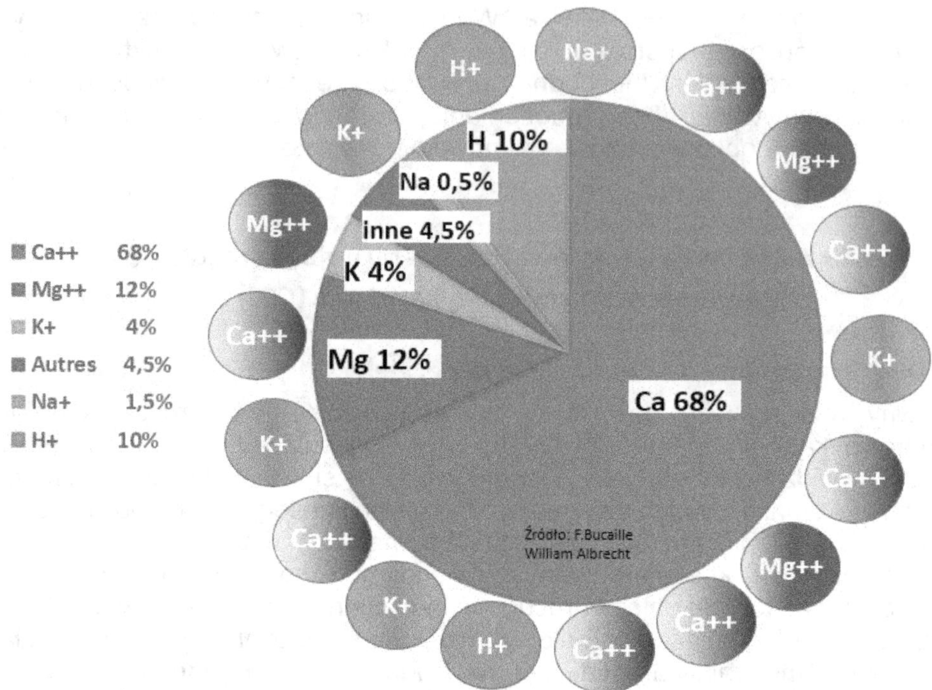

Ca++ 68%
Mg++ 12%
K+ 4%
Autres 4,5%
Na+ 1,5%
H+ 10%

Rysunek 18.2 - Idealny rozkład kationów w pojemności CEC (za Williamem Albrechtem)

W takich proporcjach wapń, magnez, potas i sód nie konkurują ze sobą i mogą być pobierane przez rośliny zgodnie z ich potrzebami. Jednak najważniejszy wpływ obecności tych kationów w odpowiednich proporcjach ma na strukturę fizyczną samej gleby.

■ **Stosunek wapnia do magnezu to regulator glebowy**

Aby kontrolować zachowanie minerałow ilastych, pierwszym parametrem, który należy wziąć pod uwagę jest stosunek wapnia do magnezu w kompleksie sorpcyjnym. Magnez ma tendencję do działania jako "klej" w glebie, zatrzymując wodę. Wapń natomiast nadaje glebie elastyczność i napowietrzenie. Stosunek wapnia do magnezu jest regulatorem pomiędzy tymi dwoma przeciwstawnymi tendencjami w glebie. Najlepszy stosunek powietrza do wody uzyskuje się przy stosunku wapnia do magnezu wynoszącym 68: 12. W sumie wapń i magnez powinny zajmować razem 80% pojemności wymiennej kationów w glebie (w meq). Wzrost udziału wapnia w tym stosunku skutkuje większym udziałem powietrza w porach glebowych (wentylacja/odpychanie czasteczek). Z kolei wzrost udziału magnezu w tym stosunku powoduje zwiększenie przestrzeni dla wody (wilgotność/zlepianie cząsteczek). Poprzez użycie tego regulatora zwiększa się porowatość przy zmniejszającej się wodnej pojemności polowej lub odwrotnie - porowatość maleje, a ilość zatrzymywanej woda wzrasta.

W rozważaniach nad pojęciem gleb ciężkich lub lekkich wolimy trzymać się pojemności wymiennej CEC gleby, które naszym zdaniem lepiej oddaje obecność prawdziwych cech gleb gliniastych, niż granulometria sedymentacyjna wykonywana w laboratorium.

■ Dostosowanie proporcji do sytuacji

Idealny stosunek wapnia do magnezu 68:12 należy jednak regulować w zależności od sytuacji, dbając o to, aby oba pierwiastki zawsze zajmowały 80% CEC. Jeśli gleba ma bardzo wysoką zawartość minerałów ilastych z wysokim CEC, w naszym interesie leży stosunkowo niski udział magnezu: około 10%, aby zmniejszyć spoistość gleby i przepuścić więcej powietrza. Z drugiej strony, jeśli mamy bardzo lekkie gleby o niskim CEC (50 meq/kg), to w naszym interesie jest pomóc glebie zatrzymać i zmagazynować jak najwięcej wody i dążyć do poziomu 20% magnezu. Wiedząc, że wapń i magnez razem powinny stanowić 80% CEC, ustaliliśmy skalę pożądanych wartości w następujący sposób:

Tabela 18.1 - Idealny stosunek wapnia do magnezu jako funkcja CEC gleby (w meq/100g)

CEC/100 g	5,40	5,41 – 5,7	5,71 – 6,0	6,01 - 6,3	6,31 - 6,6	6,61 – 7,0	7,01 - 7,7	7,71 - 8,3	8,31 - 19	19,01 - 45	> 45,01
Stosunek %Ca:%Mg	60/20	61/19	62/18	63/17	64/16	65/15	66/14	67/13	68/12	69/11	70/10

Ustawienie pozwalające zbliżyć się do punktu kulminacyjnego (klimaksu)

Stosunek Ca:Mg jest eleganckim sposobem na doprowadzenie fizycznej żyzności gleby do jej maksimum. Może również to pozwolić na uprawę bardziej zgodną z pierwotnym cyklem kulminacyjnym: magazynowanie wody, gdy jest potrzebna, w zimie, bez nadmiernego uwodnienia oraz uwalnianie jej wiosną i latem. Magnez i wapń są uważane za pierwiastki drugorzędne dla roślin, w porównaniu do azotu, fosforu i potasu. Jednak dla życia gleby są najważniejsze, gdyż wpływają na jakość siedliska dla mikroorganizmów.

18.2.3 Cechy głównych kationów w potencjale wymiennym CEC

■ Tylko wapń i magnez mają działanie strukturyzujące

Jedynie wapń i magnez mogą pełnić taką strukturyzującą rolę dla gleby. Pozostałe dwa spotykane kationy, potas i sód, mają tylko jeden ładunek dodatni. W związku z tym inna jest ilość wody, którą te atomy gromadzą wokół siebie. To właśnie ta cecha sprawia, że różne kationy maja odmienny wpływ na fizykę gleby.

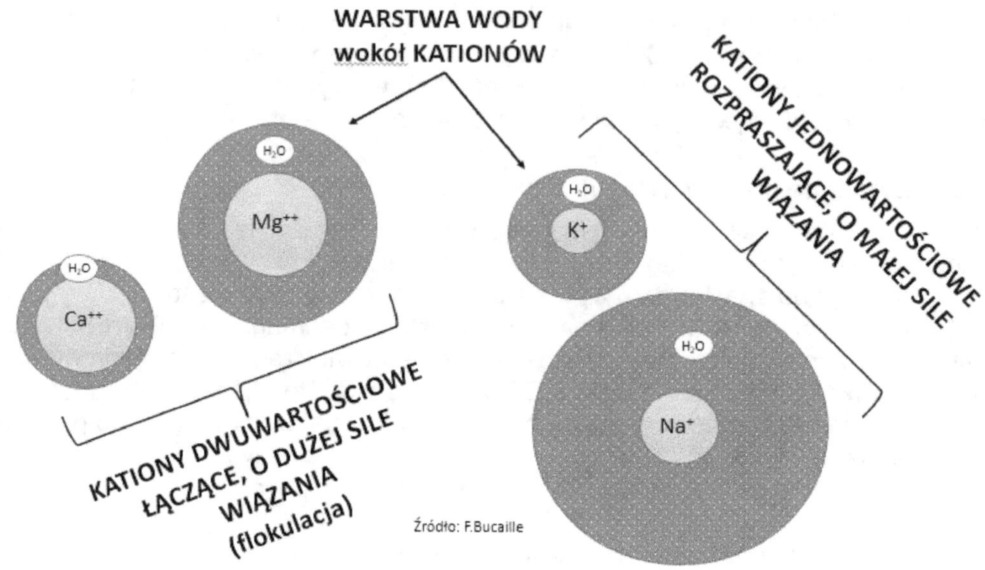

Rysunek 18.3 - Właściwości fizyczne kationów: przyczyny ich wpływu na strukturę gleby: wielkość i otaczająca go warstwa wody

■ Właściwości kationów w potencjalnym wymiennym CEC

- **Mg^{+2}** spaja cząstki gleby nadając im im stabilność strukturalną, ponieważ ma podwójne wiązania, co oznacza, że może skutecznie trzymać materiały ilaste i próchnicę razem. Ponadto pomaga glebie magazynować wodę, ponieważ jest kationem, który może być otoczony dużą warstwą wody. Zapobiega również utracie drobnych elementów przez erozję wietrzną, ponieważ łączy w agregaty jej drobne elementy. Jednak w przypadku nadmiaru wody gleba może stać się tak zbita i nieprzepuszczalna, że może dojść do powstania nadmiernego uwodnienia. Skrajne zlegnięcie i zbicie gleby może prowadzić nawet do redukcji systemu korzeniowego roślin i, paradoksalnie, dochodzi wtedy do niedoborów magnezu!

- **Ca^{+2}** również bardzo dobrze spaja cząstki gleby ze względu na swoje podwójne wiązania i skutecznie stabilizuje kompleks iłowo-humusowy. Jednak jest w stanie utrzymać ma wokół siebie jedynie bardzo cienką warstwę wody. Oznacza to, że jego działanie strukturyzujące będzie dominować nad jego zdolnością do zatrzymywania wody. Dlatego też wapń pozwala na maksymalizację ilości powietrza w glebie.

- **K^+** posiada jedno wiązanie dlatego nie może stabilizować gleby. Ponadto ma dużą otoczkę wodną, a jej nadmiar powoduje, że gleby stają się zbite i bardzo twarde. Niektóre substancje ilaste (illity) mogą zostać nieodwracalnie zniszczone.

- **Na+** również posiada jedno wiązanie, ale z jeszcze większą warstwą wody. Z tego powodu jest jeszcze bardziej destrukcyjny dla gleby, niż potas. Sód nie jest systematycznie badany w analizach gleby. Mierzy się go tylko w sytuacjach, gdy istnieje obawa o jego nadmiar. Powyżej 5% sodu w potencjale wymiennym CEC pojawiają się negatywne skutki, zwłaszcza dla stabilności struktury gleby. Jednak naszym zdaniem istnieje także zbyt niska wartość tego pierwiastka - poniżej 0,5% CEC lub 10 ppm - gdy będziemy mieli zbyt mało sodu, aby utrzymać bardzo aktywną mikro- i makrofaunę, szczególnie dżdżownice.

19 STEROWANIE ZMIANAMI

Przedmiot rozważań zaproponowanych w tej książce dotyczy tylko tych pierwiastków, które będą miały trwały wpływ na glebę i powinny być traktowane jako nawóz podstawowy, a nawet jako polepszacze gleby, choć w przypadku niektórych z nich przepisy klasyfikują je jako nawozy. Kwestia azotu również zostanie tu krótko poruszona.

19.1 Regulacja ilości wapnia (Ca) jest najważniejsza dla przywrócenia równowagi potencjału wymiennego CEC

Ponowne zbilansowanie wapnia do poziomu zgodnego z proporcjami, które omówiliśmy, ma pierwszeństwo przed wszystkimi innymi sposobami zbilansowania kationów. Ten bilans wapnia i magnezu ma nawet wpływ na agresywność patogenów, szkodników i chwastów. Ponadto wapń wzmacnia skórki wszystkich warzyw i owoców, powodując żelowanie pektyn, zapewnia trwałość produktów i nadaje im wyjątkowe właściwości organoleptyczne. Odczucie słodyczy przez człowieka zależy nie tylko od zawartości cukru, ale również od zawartości wapnia. Kubki smakowe posiadają receptory dla cukru, które aktywowane są dopiero w obecności wapnia. Z tych wszystkich powodów temat wapnia musi być pierwszym, który zostanie podjęty w programie rewitalizacji gleby. Wapń powinien być traktowany jako szczególnie ważny ze względu na swoje cechy, a nie jedynie z powodu jego wpływu na pH.

19.1.1 Zrównoważone pH jest wynikiem działania żywej gleby

Przyjęliśmy założenie, że pH i kwasowość nie mogą być kluczem do świadomej agronomii. pH jest ważne, ale w podejściu, które proponujemy, będzie ono jedynie wynikiem regulacji zgodnie z proporcjami wymienionymi w poprzednim rozdziale. Po pierwsze, zrównoważony stosunek Ca:Mg (68:12) jest warunkiem wstępnym dla dobrej równowagi bakterii oraz grzybów. Jest to pierwszy instrument do zmniejszenia niekorzystnych zmian klimatu przez umożliwienie aktywnej wegetacji w lecie. Właściwy stosunek Ca:Mg zapewni wodę, a zwłaszcza tlen, którego potrzebują grzyby. W tych warunkach grzyby mogą zajmować swoją niszę ekologiczną i pełnić swoje funkcje, nie będąc zdominowane przez konkurencję bakterii. Kiedy ta funkcja zostaje przywrócona, pH również logicznie zbliży się do wartości średniej dla gleby. To właśnie życie tworzy warunki dla życia! Należy pamiętać, że dobre dla grzybów pH mierzone w wodzie mieści się w zakresie od 6 do 6,5. W tym zakresie pH generalnie większość mikro- i makroelementów - z wyjątkiem molibdenu – jest najlepiej przyswajalna.

19.1.2 Zawartość wapnia w glebie jest ważniejsza niż pH

Może się więc okazać, że najpilniejszym działaniem jest dodanie wapnia, nawet przy wysokim pH. Z drugiej strony, na niektórych kwaśnych glebach (zwłaszcza na podłożu gipsowym) może być konieczne pilne zaniechanie wapnowania. Podstawową funkcją wapnowania jest dostarczanie jonów wapnia, a nie podnoszenie pH. Jak pokazuje poniższy przykład, wysokie pH i wapnowanie mogą dobrze ze sobą współgrać. Gleby gliniaste wapienne często mają od 20% do 25% magnezu w potencjale wymiennym CEC. Są one bardzo ciężkie i lepkie, zwarte i trudne w obróbce, ich pH jest wysokie, wynosi od 7,8 do 8,2. Mimo tak wysokiego pH wapnowanie w celu przywrócenia funkcji strukturalnych gleby daje szybko bardzo dobre rezultaty. Wprowadzenie wapnia może przywrócić równowagę w stosunku kationów poprzez wyparcie części obecnego magnezu. Magnez jest 1,4 razy bardziej zasadowy, niż wapń, więc po jego aplikacji pH spada. Ale korzyścią samą w sobie nie jest obniżenie pH! Przede wszystkim natychmiast poprawia się porowatość i napowietrzenie gleby, która jest mniej lepka, łatwiejsza w obróbce i przynosi wyniki produkcyjne. Po zapoznaniu się z pracami amerykańskiego badacza Williama Albrechta i w świetle współpracy z amerykańskim agronomem Neilem Kinseyem, z powodzeniem eksperymentowaliśmy z tym pomysłem, który wbrew pozorom jest uzasadnieniem wapnowania na tego typu glebach.

Wysoka obecność magnezu - ponad 12% w potencjale wymiennym w glebach gliniastych - odpowiada za spójność glin i ciężką ich strukturę. Spójność glin może być tak silna, że zanikowi ulegają włośniki, a bezpośrednie otoczenie korzeni jest bardzo szybko pozbawiane magnezu, który nie jest zbyt mobilny. Dlatego na takich glebach bardzo bogatych w magnez regularnie obserwuje się niedobory magnezu! Naturalną reakcją po analizach liści potwierdzających to zjawisko, jest nawożenie gleby magnezem. Rolnicy, nieświadomi tego zjawiska, myślą wraz ze swoimi doradcami, że magnez w glebie nie jest "w odpowiedniej formie". Tak jednak nie jest. Oczywiście, to tylko pogarsza sytuację. W takich sytuacjach należy bezwzględnie stosować wyłącznie dolistne nawożenie magnezowe i naprawiać sytuację stosując wapnowanie węglanem wapnia, lub jeszcze lepiej gipsem.

19.1.3 Scenariusze wapnowania

Przed próbą regulowania zawartości kationów w potencjale CEC, należy przede wszystkim zbilansować wapń. Rodzaj wapnowania trzeba jednak wybrać odpowiednio do stanu innych kationów. Przedstawiliśmy schemat podsumowujący różne możliwe scenariusze wapnowania w zależności od aktualnej sytuacji. Punktem wyjścia dla wyboru scenariusza jest wapń Ca^{+2}. Następnie bierzemy pod uwagę odpowiednie poziomy innych kationów, aby zidentyfikować niezbędne poprawki korygujące w celu uzyskania ich najlepszego stosunku w potencjale wymiennym kationów CEC.

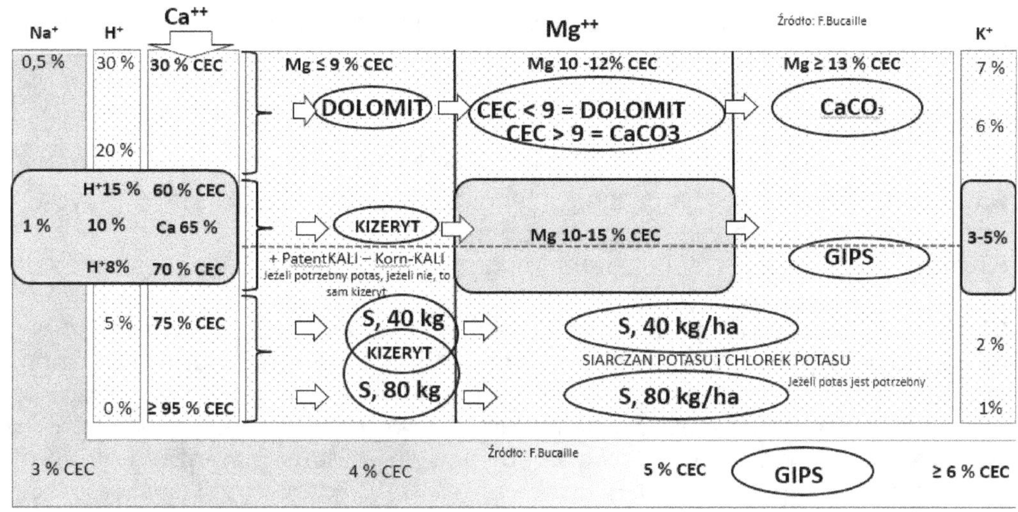

Rysunek 19.1 - Schemat scenariuszy wapnowania w zależności od rozkładu kationów w CEC. Rewitalizacja żyzności fizycznej gleb poprzez poprawę stosunku Ca:Mg na podstawie prac W. Albrechta

■ Niedobór wapnia (braku porowatości gleby)

- **Dolomit.** Wapnowanie będzie celowe, jeśli występuje w potencjale sorpcyjnym niedobór zarówno wapnia jak i magnezu (np. 9%).
- **Węglan wapnia** należy brać pod uwagę, jeśli brakuje nam tylko wapnia.
- **Gips.** To źródło wapnia należy preferować w przypadkach, gdy gleby mają nadmiar magnezu (np. 13% CEC). Jednak gips działa dobrze - w celu kontroli nadmiaru magnezu - tylko wtedy, gdy mamy już 60% nasycenia wapniem, co można zrobić w razie potrzeby za pomocą wapnowania węglanem wapnia. W przypadku upraw wymagających niskiego pH, takich jak azalie, borówki, rododendrony, potrzebę przywrócenia równowagi gleby w wapń zaspokoimy stosując jedynie gips, który ma tę szczególną cechę, że nie podnosi pH.
- **Wapno tlenkowe i wodorotlenkowe nie jest** uwzględnione w schemacie, ponieważ te substancje są absolutnie zabronione! Są one biobójcze, a dając na ogół dobre efekty w plonach robią to kosztem zniszczenia materii organicznej gleby, znacznego ubytku makrofauny, a czasem destrukcji niektórych substancji ilastych. Należy bezwzględnie ich unikać.

■ Neutralizacja nadmiaru wapnia (niskie zasoby wody, chloroza, niedobory mineralne itp.)

Gdy wapnia jest za dużo, pierwsze konsekwencje to zmniejszenie zdolności gleby do magazynowania wody, tworzenie pylistej struktury gleby, a także powodowanie niedoborów magnezu i potasu, chlorozy żelazowej i wielu innych niedoborów. W tej sytuacji przeprowadzamy dwa etapy neutralizacji. Pierwszy etap oparty jest na zastosowaniu nawozów magnezowych, potasowych i siarkowych, a drugi oparty jest na działaniu grzybów glebowych.

□ Pierwszy etap: stosowanie chemii nieorganicznej

Patentkali: nawożenie siarczanem magnezu i potasu stosuje się w przypadku konieczności dostarczenia magnezu i potasu.

Kizeryt: to nawożenie siarczanem magnezu jest preferowane, jeśli niedobór dotyczy tylko magnezu.

Siarka: wprowadzenie patentkali i kizerytu często musi być uzupełnione lub poprzedzone wprowadzeniem siarki elementarnej (S), która zneutralizuje wapń w jego interakcji z pierwiastkami śladowymi. Mechanizm jest następujący: po utlenieniu siarki przez glebowe bakterie siarkowe do SO_2, SO_3, a następnie do SO_4, nadmiar wapnia w roztworze glebowym zostanie związany w formie nierozpuszczalnego siarczanu wapnia (gips). Proces z użyciem siarki podstawowej przebiega powoli, co w tym przypadku jest zaletą, gdyż będzie ona towarzyszyć glebie przez cały sezon i neutralizować wapń w miarę jego rozpuszczania w roztworze glebowym. Losy chemiczne powstałego gipsu nie będą prowadziły do tworzenia się kryształów węglanu wapnia. W mniejszym stopniu więc będzie się on koncentrował wokół korzeni, a w konsekwencji zmniejszy ryzyko wystąpienia chlorozy żelazowej. Zmniejsza się ilość wapnia w roztworze glebowym. Ta metoda powinna być stosowana oszczędnie przy systemach no-till i przy siewie bezpośrednim, ponieważ tam konsekwencją będzie znaczące zakwaszenie powierzchni gleby (patrz drugi sposób biologiczny poniżej).

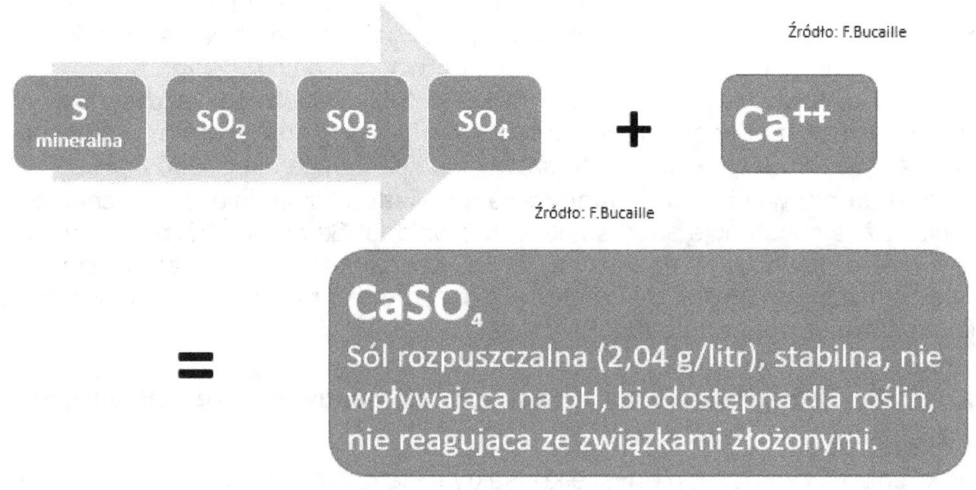

Rysunek 19.2 - Chemiczna neutralizacja wapnia przez siarczany

□ **Drugi etap: działanie grzybów glebowych**

Grzyby glebowe wytwarzają kwasy organiczne, w tym obficie kwas szczawiowy neutralizujący wapń, ale także wiele innych minerałów znajdujących się w nadmiarze w roztworze glebowym (żelazo, mangan itp.), krystalizując je w postaci szczawianów. Szczawiany te są nierozpuszczalne, o lekko kwaśnym pH, ale w 100% dostępne dla organizmów żywych. Te formy magazynowania minerałów są najbardziej efektywne i jedyne, dzięki którym gleby w systemie no-till i siewu bezpośredniego mogą uniknąć ryzyka zakwaszenia powierzchni gleby (patrz schemat poniżej).

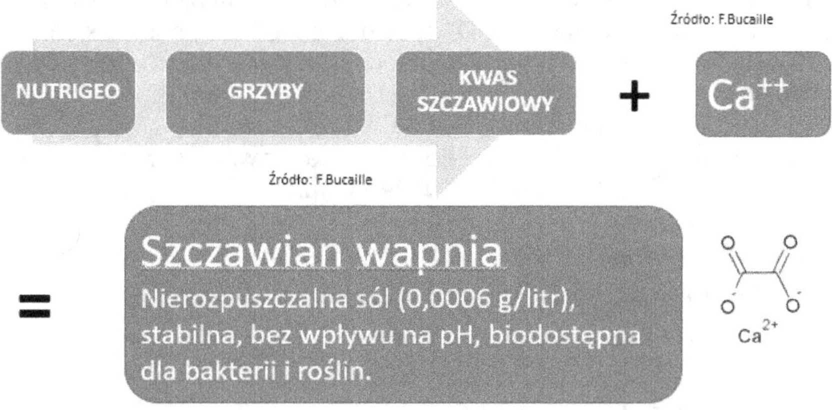

Rysunek 19.3 - Neutralizacja wapnia (lub żelaza, magnezu) w postaci szczawianu. Odtworzenie naturalnych, trwałych (kilka lat) i korzystnych warunków do neutralizacji wapnia przez grzyby stymulowane prebiotykiem glebowym

Tabela 23.1 - Wpływ dominujących form wapnia na jego dynamikę.

Stan gleby	Dominująca forma wapnia w roztworze	Rozpuszczalność Ca w g/litr	Działanie odwapniające i chlorujące
Wadliwa gleba	Węglan wapnia	0,014 g/litr	++
	Wodorowęglan wapnia	16,6 g/litr	++++
Korekta gleby SO₄	Siarczan wapnia	2,04 g/litr	=
Żywa ziemia/grzyby	Szczawian wapnia	0,00006 g/litr	- - -

Przyswajalne dla organizmów żywych formy wapnia

Te dwie formy wapnia (siarczan i szczawian), będące wynikiem dwóch ścieżek neutralizacji nadmiaru wapnia, które właśnie przedstawiliśmy, są bardzo interesujące dla wszystkich upraw wieloletnich wrażliwych na chlorozy, ale także dla uprawy takiej jak ziemniak. Ziemniak bezwzględnie potrzebuje wapnia, aby wzmocnić swoją skórkę na bulwach, ale jednocześnie nie może mieć kontaktu z węglanem wapnia $CaCO_3$, który sprzyja rozwojowi parcha zwykłego *Streptomyces scabies*. Jest to zatem wapń, który może być w pełni przyswojony, ale nie obciążony wadą formy wapnia występującego we wszystkich glebach, w których flora grzybowa prawie zanikła.

19.1.4 Wapń zakłóca działanie wielu mikroelementów

Tabela 19.2 - Możliwa interferencja wapnia z różnymi pierwiastkami. 1000 kg wapnia w glebie w postaci $CaCO_3$ spowoduje niedostępność takich pierwiastków, jak: żelazo, mangan, miedź i cynk w ilościach określowych w formie soli:

Sól metalu	Ilość neutralizowana przez 1000kg wapna
Siarczan żelaza	80 kg
Siarczan manganu	40 kg
Siarczan miedzi	8 kg
Siarczan cynku	15 kg

19.2 Inne minerały

19.2.1 Magnez (Mg)

Kiedy w potencjale wymiennym kationów CEC jest **zbyt dużo** magnezu gleba staje się bardzo "lepka" w czasie deszczu i twarda jak beton, gdy wyschnie. Magnez negatywnie wpływa wtedy na dostępność fosforu i potasu. Nadmiar magnezu może nawet prowadzić do niedoborów magnezu u roślin, jako efekt pośredni, ze względu na zdegradowaną strukturę gleby (patrz powyżej przypadek gleb Limagne). Nadmiar ten można również regulować poprzez zastosowanie siarki, która w połączeniu z magnezem tworzy rozpuszczalną sól, którą można usunąć.

Jednym z mało znanych efektów działania magnezu jest również jego wpływ na dynamikę i pobieranie azotu przez rośliny, poprzez bezpośrednią ingerencję i degradację mikroporowatości gleby oraz zmniejszenie gęstości korzeni. Im większy nadmiar magnezu, tym bardziej obniża się współczynnik wykorzystania azotu.

Tabela 19.3 - Strata wydajności azotu na każdy dodatkowy punkt nadmiaru magnezu w CEC (Źródło: Neal Kinsey).

Obliczone idealne przekroczenie/Mg	Dodatkowe zużycie N dla tej samej produkcji
Równowaga Mg w CEC	0 %
Mg/CEC + 1 %	18 %
Mg/CEC + 3 %	32 %
Mg/CEC + 5 %	45 %

19.2.2 Siarka (S)

Siarka jest użyteczna tak samo jak azot. Bierze udział w budowie tych samych cząsteczek organicznych: białek, enzymów, witamin, substancji obronnychw stosunku S:N około 1:15. Jej wykorzystanie przez rośliny nie było obiektem zainteresowania, ponieważ do niedawna w wystarczających ilościach dostarczały jej zanieczyszczenia atmosferyczne (w Europie Zachodniej w szczytowym okresie zanieczyszczenia siarką spadało ok. 50 kg S/ha/rok). Jest bardzo mobilna w glebach (jak wszystkie aniony: azotany, borany, molibdeniany...). Straty siarki i jej dostępność są bezpośrednio związane ze stosunkiem Ca:Mg (średnio 68:12) w sposób mniej więcej podobny do tego, jaki występuje w przypadku azotu (patrz tabela dotycząca strat efektywności azotu). Siarka będąca w nadmiarze działa antagonistycznie do innych anionów, takich jak np. fosforany.

W naszym podejściu agronomicznym stosuje się siarkę jako nawóz na glebach o odczynie od kwaśnego do obojętnego. Zaleca się ją wtedy w dawkach ściśle niezbędnych dla danej uprawy. Na glebach zasadowych, gdzie kationy (wapń, magnez, potas, sód) mogą być związany przez jej nadmiar, siarka stosowana jest marginalnie jako nawóz, a głównie jako uzupełnienie przy niektórych uprawach. Pożądanym efektem wprowadzania siarki do gleby jest modyfikacja jej właściwości fizykochemicznych poprzez neutralizację wpływu nadmiaru kationów na zachowanie fizyczne gleby (efekt jej rozluźniania lub spajania). Będzie ona również oddziaływać kompleksująco na inne składniki mineralne.

19.2.3 Azot (N)

Azot, wraz z węglem, jest podstawą życia. Rośliny wykorzystują go obficie do budowy swoich aminokwasów, witamin i enzymów. Formy azotanowe (NO_3^-) przyczyniają się bardziej do wzrostu wegetatywnego, a formy amonowe (NH_4^+) do owocowania. Różnica między cyklem węglowym a azotowym polega na tym, że rośliny są w stanie same pozyskiwać węgiel z CO_2 w powietrzu, mimo że występuje on w bardzo małych ilościach (0,0415% atmosfery), lecz tylko bakterie mogą wiązać azot atmosferyczny, którego jest tak dużo (78% atmosfery). Cały zużywany przez rośliny azot pochodzi z działalności bakterii albo z przemysłu (proces Habera-Boscha). Tylko bakterie wolno żyjące (*Azotobacter, Azospirillum,* itp.), bakterie symbiotyczne (*Rhizobium*) i niektóre wodorosty mają zdolność do używania enzymu zawierającego atom molibdenu, nitrogenazy, która przekształca N_2 w w formę przyswajalną przez rośliny (NH_2^+ lub NH_4^+). W tej reakcji kobalt pełni rolę uzupełniającą. Stąd tak ważna jest jego obecność we wszystkich glebach. Aby pobrać azot atmosferyczny, bakterie potrzebują powietrza i wilgoci w glebie. Stosunek Ca:Mg ma więc podstawowe znaczenie, nawet dla roślin strączkowych, które są tylko w 50-70% samowystarczalne w azot. Zdarzają się niedobory azotu spowodowane złym pobieraniem:

- gdy wokół korzeni jest gleba, w której udział wapnia wynosi mniej niż 60% CEC;
- gdy pH jest wysokie przy mniej, niż 12% udziału magnezu w CEC;
- gdy zawartość magnezu jest zbyt wysoka (>12% CEC w glebach ciężkich). W glebie ciężkiej, w której stosunek Mg:CEC wynosi 18%, ilość potrzebnego roślinom azotu będzie o 50% większa ze względu na zwartą i słabo natlenioną glebę.

■ Możliwe przyczyny niedoboru azotu w formie azotanowej NO3-

- Za dużo chlorków w glebie (stąd tak ważne jest ostrożne stosowanie nawozów potasowych);
- nieprawidłowy stosunek Ca:Mg w kompleksie sorpcyjnym.

■ Pochodzenie niedoboru azotu amonowego NH4+

- zbyt wysokie wartości konkurencyjnych jonów magnezu;
- nadmiar jonów potasu;
- zbyt wysokie temperatury gleby (> 25°C);
- brak mykoryzy. Jon NH_4^+ nie jest bardzo mobilny, ponieważ jest wiązany przez substancje ilaste, w przeciwieństwie do azotanów. Strzępki grzybów transportują azot w formie NH_4^+ na odległości od 10 do 15 centymetrów.

Uwaga: aby roślina była całkowicie zdrowa, powinna mieć w swoim soku 75% jonów NH_4^+ i 25% jonów NO_3^-.

■ Nadmiar azotu i podatność na choroby

Nadmiar azotu zwiększa podatność roślin na choroby, co może być pogłębione słabą asymilacją wywołaną przez niedostatki następujących pierwiastków:

- miedzi,
- manganu,
- potasu,
- cynku,
- wapnia.

Ważne: Nadmiar azotu powoduje wypłukiwania wapnia w postaci jego azotanu wapnia, jednak bez takiego samego zjawiska w wypadku magnezu. W efekcie stosunek wapnia do magnezu pogarsza się i gleba staje się twarda i zbita.

Azot syntetyczny jako taki nie jest szkodliwy dla gleb. Jedynie azot, który nie jest wykorzystywany przez rośliny wypłukuje się i również zakwasza poprzez pozostawienie jonów hydroniowych H^+ (czasem opisywanych jako H_3O^+) powstałych w wyniku utleniania mocznika lub jonu amonowego do azotanów:

$$NH_4NO_3 + 2O_2 = \mathbf{2H^+} + 2NO_3^- + H_2O$$

Jeśli azotany zostaną wykorzystane, równanie powrotnie się bilansuje:

$$R\text{-}OH + NO_3^- + \mathbf{H^+} = R\text{-}NH_2\ 2O_2$$

Jeśli dojdzie do wymywania jonu azotanowego lub utraty azotu w formie gazowej, to w glebie pozostanie jon wodorowy H^+, który nie zostanie pobrany i wykorzystany przez roślinę.

Nadmierne nawożenie azotem wpływa również na losy substancji organicznej gleby. W wypadku nawożenia trzciny cukrowej powyżej 100 kg N/ha następuje proces mineralizacji substancji organicznej i utraty węgla w glebie (Almeida Assunção *i in.*, 2018). Okazuje się również, że zastosowany azot może wywoływać straty węgla w glebie ze zróżnicowanym wpływem na wykorzystanie samego azotu w zależności od zastosowanych form (Khalil i *in.*, 2007). W próbie przeprowadzonej na 6 typach gleb (kwaśna siarczanowa, torfowa, solna, niewapienna, wapienna), straty węgla w ciągu 90 dni wahały się od 2,3% dla gleb kwaśnych/torfowych do 10,6% dla gleb wapiennych, z dodatkowym wnioskiem, że nawozy mocznikowe wydają się być lepiej dostosowane do gleb kwaśnych, a siarczan amonu do gleb wapiennych.

19.2.4 Fosfor (P)

Fosfor jest niezbędny roślinom w cyklu przekazywania energii (ADP/ATP, czyli dwufosforan i trójfosforan adenozyny) oraz do podziału komórek. Musi być dostępny w wystarczających ilościach w glebie. Jest niezbędny do startu roślin w zimnych i wilgotnych warunkach, do lepszego wykorzystania wody i wczesnego dojrzewania.

Zachowanie jonu fosforanowego w glebie jest bardzo szczególne, gdyż w przeciwieństwie do innych anionów (azotanów, siarczanów i molibdenianów) nie jest łatwo wymywalny i jest prawie niemobilny w glebie. Szczególnie szybko tworzy też bardzo silne wiązania chemiczne z innymi minerałami: z żelazem i aluminium w glebach kwaśnych oraz z wapniem w glebach zasadowych. To sprawia, że jest często niedostępny dla roślin. Aby zapobiec tym zjawiskom, należy najpierw wyregulować proporcje Ca:Mg, ponieważ dostępność fosforu jest bardzo silnie związana z neutralizacją pH w wypadku jonów żelaza i glinu oraz napowietrzeniem i dobrą aktywnością biologiczną gleby. Warunki te zależą głównie od poziomu nasycenia pojemności wymiennej CEC wapniem i magnezem (średnio 68:12). Przestrzeganie tej równowagi pozwala na lepsze ukorzenienie roślin poprzez poprawę porowatości gleby, co umożliwia korzeniom lepszą penetrację podłoża. Fosfor nie jest mobilny, nie przemieści się sam w glebie, tak jak robią to azotany.

■ Mykoryza poprawia wchłanianie

Aktywna mikrobiologia gleby pomaga udostępnić fosfor. Pobieranie fosforu jest bardzo zależne od drobnoustrojów, a w szczególności od grzybów mykoryzowych.

Mają one bardzo cienkie strzępki (dwa do dziesięciu mikronów - niewidzialne gołym okiem) mogące dostać się do najmniejszych zakamarków gleby, gdzie korzenie się nie dostaną, aby wydobyć i pobrać minerały. To właśnie grzyby mykoryzowe dają największą stabilność glebie poprzez same swoje strzępki i produkcję glomaliny, bardzo trwałej glikoproteiny o niesamowitych właściwościach spajających agregaty glebowe. Ten związek odkryty dopiero w 1996 roku przez Sarah Wright z USDA, stanowić może nawet do 30% materii organicznej w żywych glebach. Dostępność fosforu jest również związana z poziomem próchnicy w glebach, dlatego aktywacja mikrobiologicznych procesów humifikacji zwiększa ją.

■ Antagonizmy

Antagonizm fosforu z sodem (Na) może być zauważalny, gdy ten ostatni ma zbyt wysoki udział w pojemności wymiennej kationów - ponad 5% CEC. W tych sytuacjach można zaobserwować niedobory fosforu, nawet jeśli jest on w glebie obecny na poziomie uznawanym za wystarczający.

Antagonizm cynk-fosfor jest tak silny, że gleby - nie przekraczając 50 ppm cynku całkowitego - powinniśmy mieć proporcje tych pierwiastków (zależnie od metod pomiaru fosforu):

- Dyer 1: 25.
- Joret-Hebert 1:20.
- Olsen 1:10.

Jak bezpiecznie zastosować rozsądną dawkę fosforu

Relacje między fosforem, rośliną i grzybami mykoryzowymi są bardzo ściśłe. W związku z tym potrzebna jest odpowiednia ilość fosforu, aby zapewnić wigor na początku wzrostu uprawy, a następnie zwiększyć ilość w trakcie sezonu zapewniając stałą jejo dostępność. Niemniej jednak nie należy przekraczać pewnych wartości. Poziom fosforu musi być wystarczająco niski, aby roślina mogła uruchomić produkcję dużych ilości strigolaktonów – regulatorów wzrostu i rozwoju rośliny. Strigolaktony są związkami, które przyciągają grzyby mykoryzowe do korzeni. Po skiełkowaniu zarodników strzępki grzybów mają siedem do dziesięciu dni, aby znaleźć korzeń, który dostarczy im węglowodanów, zanim obumrą z powodu braku energii. Podczas tego kluczowego okresu strzępki grzybów reagują na obecność strigolaktonów ułatwiających znalezienie korzeni roślin żywicielskich. W ten sposób grzyby nawiązują kontakt z roślinami stając się użyteczne przy niskich do umiarkowanych poziomach fosforu w glebie.

Gospodarka fosforem poprzez związki z grzybami mykoryzowymi, jest jednym z elementów ograniczania zmian klimatycznych. Usługa świadczona przez te grzyby wykracza daleko poza dostarczanie fosforu, gdyż zapewnia roślinom również lepszy dostęp do wody.

■ Kiedy grzyby mykoryzowe mogą stać się pasożytem

Fakt niedoboru jakiegoś pierwiastka, często fosforu, jest kartą przetargową w relacjach grzybów z roślinami dostarczającymi im węglowodanów w ekosystemie (Read, 1991). Wiele badań (Klironomos, 2003) pokazuje jednak, że związek roślina-grzyb mykoryzowy może przekształcić się w relację pasożytniczą szkodliwą dla rośliny.

Te negatywne relacje wydają się pojawiać, gdy fosfor jest obecny w obfitości, a dostęp do azotu jest ograniczony (grzyb mykoryzowy ma wysokie wymagania azotowe i nie oddaje nic roślinie, podczas, gdy nadal korzysta z cukrów dostarczanych przez roślinę).

Tabela 19.4 - Wskazania progów wysokiej zawartości fosforu, których nie należy przekraczać w glebie, aby wytworzyć korzystny dla rośliny związek mykoryzowy

Górna granica zawartości fosforu, która nie może być przekroczona	
Metody analityczne	Górne wartości, których nie należy przekraczać
Olsen	**60 ppm**
Joret-Hébert - Bray	**120 ppm**
Dyer	**150 ppm**

Mykoryza: siła wydobywania minerałów i ograniczania patogenów i chwastów

Mykoryza, która według naszych analiz może mieć miejsce w 95% gleb uprawnych (tylko gleby regularnie odkażane już jej nie posiadają), odgrywa ważną rolę, gdyż oprócz fosforu może poprawiać bardzo efektywnie zaopatrzenie w azot, miedź, żelazo, magnez, mangan i wodę. Grzyby same zasilają poprzez swoje wydzieliny bardzo aktywne bakterie wokół strzępek, które mineralizują próchnicę i rozpuszczają minerały. Ich siła pobierania składników jest tak duża dzięki strzępkom o grubości jednego mikrona, będącymi skutecznymi konkurentami o pożywienie w stosunku do patogenów glebowych takich jak *Fusarium, Rhizoctonia, Pythium, Verticillium, Phytophtora*. To pozwala również uprawom mykoryzowym uzyskać przewagę nad chwastami nie mykoryzowymi, takimi jak komosowate, szarłatowate, kapustowate i rdestowate, do których należą tak pospolite chwasty jak rdest perski, rdest ptasi, rdest plamisty itp. **Dlatego bardzo ważne jest kontrolowanie nawożenia fosforowego, aby zapewnić wysoką wydajność upraw bez zaostrzania konkurencji ze strony patogenów glebowych i niektórych chwastów. Jedyne uprawy nie mykoryzowe: buraki i kapustowate (rzepak, gorczyca, kapusta) wymagają wyższego nawożenia, jednak bez przekraczania wartości wskazanych powyżej.**

19.2.5 Potas (K)

Od potasu zależy szereg procesów w roślinach: fotosynteza, transport i magazynowanie węglowodanów, odporność na zimno, wzmocnienie tkanek i odporność na wyleganie, synteza białek i zwiększona odporność na suszę. Potas jest bardzo ważny dla metabolizmu roślin! Jest to jednak pierwiastek, który nie wchodzi w skład cząsteczek organicznych i występuje głównie w przestrzeniach międzykomórkowych (nie ma go wewnątrz komórek). Z tego powodu słoma i obornik bardzo łatwo tracą potas poprzez wymywanie, a w przypadku kompostów i obornika składowanych przez zimę na polu mogą wystąpić znaczące straty tego pierwiastka.

Pożądana zawartość potasu w pojemności wymiennej kationów to od 2 do 7% CEC. W przypadku tego pierwiastka procent CEC nie może być już punktem odniesienia, gdy pojemność wymienna jest bardzo niska (5 meq/100 g). W tym przypadku 100 ppm powinno być traktowane jako wartość progowa, z ewentualnym drugim lub nawet trzecim nawożeniem w sezonie dla wymagających roślin. Gdy całkowita pojemność CEC jest bardzo niska (np. 2 meq/100 g), nawet 4 lub 5 % CEC nie zapewni wystarczających ilości do zaspokojenia prostych potrzeb roślin.

■ Potas nie jest składnikiem tkanek roślinnych

Biorąc pod uwagę, że potas nie jest składnikiem tkanek roślinnych i pełni głównie funkcję równowagi osmotycznej, jest on w znacznej mierze tracony przez rośliny po zakończeniu ich życia oraz poprzez wysięki korzeniowe. Na przykład rzepak, jak wiadomo, ma wysokie wymagania, ale wydziela przez korzenie niewiele. Może on potrzebować 250 kg potasu podczas swojego wzrostu, ale wydziela korzeniami tylko 10% tej wartości. **Ważne jest, że gleba może go zmobilizować i "pożyczyć" potrzebną ilość roślinie** uprawnej. Mobilizacja ta jest możliwa tylko przy dobrej porowatości gleby i dużej gęstości korzeni. Jednak rośliny obumarłe przed dojrzałością tracą wszystko, co jest obecne w tkankach w tym czasie. W tym przypadku pobieranie i wydzielanie są w rzeczywistości prawie równoważne. Chodzi o takie rośliny jak warzywa, ziemniaki, buraki, lucerna, kukurydza na kiszonkę, rośliny zielone do produkcji biogazu...

■ Progi zawartości potasu, których nie wolno przekraczać

Nie należy przekraczać w potencjale wymiennym wartości 5% (dla upraw jednorocznych) i 7% CEC (dla upraw wieloletnich, drzew owocowych, winorośli). Powyżej tej wartości pojawia się konkurencja w pobieraniu wapnia i magnezu (68:12). Ten antagonizm K:Ca jest szczególnie ważny dla wszystkich roślin, których wymogi jakościowe związane są z ich wyglądem, konserwacją i smakiem, a więc dla np. ziemniaków, owoców, warzyw korzeniowych. Wapń jest niezbędny dla trwałości skórki. To właśnie wapń powoduje żelowanie pektyn.

■ Dostosowanie potasu do poziomu w glebie

Potas nie powinien być podawany w zależności od uprawy, lecz od aktualnej zawartości w glebie. Na przykład niebezpieczne jest stosowanie 300 kg potasu pod uprawę ziemniaków bez wcześniejszego sprawdzenia aktualnej zawartości w glebie. Takie nawożenie, które spowoduje zwiększenie zawartości potasu powyżej 7% w potencjale wymiennym CEC, generowałoby zwiększoną podatność na wszelkie stresy, parch zwykły i choroby przechowalnicze, ponieważ niedostateczne ilości wapnia nie zapewnią dobrej jakości skórki na bulwach.

19.2.6 Bor (B)

Bor pełni istotne funkcje, a jedną z nich jest transport wapnia. Stosowanie wapnia do gleby lub dolistnie w nadziei na znalezienie go w owocach lub liściach jest stratą czasu i pieniędzy, jeśli roślina ma niedobór boru.

Bor jest również kluczowy dla płodności pyłku, zawiązywania owoców, efektywności wykorzystania azotu (gleba z niedoborem boru będzie wymagała więcej azotu ze względu na słabe pobieranie), tworzenia brodawek korzeniowych u roślin strączkowych i dla transportu cukru w roślinach. Rośliny, które przyswajają duże ilości wapnia (np. lucerna) i magazynują dużo cukru (np. burak, trzcina cukrowa, drzewa owocowe, winorośl) wymagają poziomu boru w glebie od 1,5 do 2 ppm. Inne rośliny radzą sobie z niższą zawartością od 0,5 do 1,5 ppm.

■ Wyzwania związane z borem

- W przeciwieństwie do większości innych pierwiastków śladowych, które są katalizatorami, bor jest "zużywany", a nie wraca do obiegu, co oznacza, że należy utrzymywać jego stałą podaż dla roślin. Jest on wymywalny, jak wiele anionów, szczególnie z gleb piaszczystych. Tego typu glebę warto czasem nawieźć nawet kilka razy w ciągu roku.
- Jest jednym z najbardziej toksycznych pierwiastków śladowych, dlatego ważne jest częste uzupełnianie w niskich dawkach w przypadku niedoboru. Toksyczność ta jest bardziej widoczna w glebach o niskim poziomie wapnia. Bor powinien być w stosunku 1:1000 z wapniem, nie przekraczając progu 4 ppm.
- Niedobory występują częściej w glebach o wysokiej zawartości potasu lub wapnia. Zawartość wapnia na poziomie pomiędzy > 50% i < 80% pojemności wymiennej CEC zmniejsza toksyczność boru i optymalizuje jego przyswajanie.
- Częstsze niedobory pojawiają się w glebach o niskiej zawartości próchnicy

■ Aplikacja boru

Aplikacje należy wykonać w ilości maksymalnie 2 kg/ha boru pierwiastkowego jednorazowo (około 20 kg boraksu lub etanoloaminy boru).

19.2.7 Chlorki (Cl)

Ilość chlorków może być naturalnie wysoka w glebach. Masowe stosowanie chlorku potasu może podnieść poziom w glebach do wartości niedopuszczalnych. W glebach nie powinniśmy znaleźć zawartości chlorków przekraczających 1000 ppm.

19.2.8 Kobalt (Co)

Kobalt jest ważnym pierwiastkiem dla zdrowia zwierząt, które spożywają rośliny. Jest też ważnym pierwiastkiem dla symbiotycznego wiązania azotu. W przypadku niedoboru stosować maksymalnie 250 g/ha dwa razy w roku.

19.2.9 Miedź (Cu)

Miedź, choć wchłaniana w bardzo małych ilościach, bierze udział w fotosyntezie, syntezie białek, wchłanianiu azotu amonowego NH_4 i w zwiększaniu wytrzymałości łodyg (wraz z manganem i potasem) oraz w trwałości owoców.

Dostępność: głównymi antagonistami wchłaniania tego pierwiastka śladowego są: wysoka zawartość próchnicy, piaszczysty charakter gleby, wysokie dawki azotu i wysokie nawożenie fosforowe. Po drugie, w blokowaniu miedzi bierze udział wszechobecny wapń. Poziom 2 ppm jest bardzo dobrą wartością dla miedzi w glebie. Powyżej 30-50 ppm, co jest powszechne w uprawie winorośli i sadownictwie, zwłaszcza w rolnictwie ekologicznym (gdzie spotyka się wartości do 300-400 ppm), występuje wyraźna toksyczność w stosunku do glebowej flory grzybowej, bardzo wrażliwych na nią bakterii azotowych oraz dżdżownic, zwłaszcza epigeicznych żyjących blisko powierzchni gleby.

Stosowanie: Dolistne stosowanie miedzi nie powinno przekraczać jednego kilograma miedzi metalicznej na hektar w jednorazowym zabiegu. Najlepiej stosować ją doglebowo przy braku roślinności w postaci granulatu lub w formie oprysku. Stosowanie do gleby może wynosić do 20 kg/ha/rok siarczanu miedzi. Podobnie jak cynk miedź jest bardzo stabilna w glebie i nie ulega wymywaniu. Zawartość miedzi w glebie nigdy nie powinna przekraczać zawartości w niej cynku.

19.2.10 Żelazo (Fe)

Żelazo bierze udział w funkcjonowaniu chlorofilu, w transferze energii i w różnych systemach enzymatycznych. Żelazo jest wchłaniane głównie przez korzenie.

Dostępność: na jego dostępność negatywnie wpływa wysokie pH i podłoże nasycone wapniem (chloroza żelazowa). Nadmierne wartości magnezu, potasu lub sodu będą miały ten sam efekt. Bardzo kwaśne gleby nie są odporne na niedobór żelaza, a pojawiająca się toksyczność jest najczęstszą wadą na tych glebach. Siarka odgrywa ważną rolę w poprawie dostępności żelaza dla roślin. Reakcje pomiędzy wapniem a żelazem odpowiadają blokowaniu odpowiednika 70 kg siarczanu żelaza przez jedną tonę węglanu wapnia w rzeczywistym programie nawożenia.

Stosowanie: Siarczan żelaza nie powinien być stosowany do gleby w dawkach wyższych, niż 400 kg/ha siarczanu żelaza.

Uwaga: jeśli poziom manganu jest wyższy, niż poziom żelaza w glebie, to żelazo jest utleniane w tkankach roślin i nie wykazuje swojego działania, nawet jeśli analiza składu liści podaje wystarczającą zawartość żelaza! Jest to stosunkowo częsty problem, którym należy się zająć najpierw na poziomie gleby.

Wapnowanie węglanem wapnia lub dolomitem może również spowodować niedobór żelaza, gdy jego wartość była już wcześniej na niskim poziomie. Dotyczy to również innych pierwiastków śladowych. Im drobniejsze cząstki nawozu wapniowego, tym większe ryzyko.

19.2.11   Mangan (Mn)

Mangan jest potrzebny od najwcześniejszych etapów życia roślin. Jest jednym z niezbędnych mikroelementów dla metabolizmu roślin, szczególnie w przypadku stosowania dużych ilości glifosatu, gdyż ten ostatni tworzy z nim silne wiązania, czyniąc go niedostępnym. Jest niezbędny dla dobrego kiełkowania nasion, fotosyntezy, gospodarki azotowej, syntezy białek, owocowania i procesu dojrzewania. Jest mało mobilny w roślinie, dlatego jego niedobór pojawia się najpierw na najmłodszych liściach.

Dostępność:

- Nadmiar magnezu (> 18%) i/lub wysoka zawartość humusu (> 6%) blokuje mangan.
- Zbyt niska zawartość siarki (< 15 ppm) powoduje wady przyswajania manganu.
- Łączna zawartość K + Na wynosząca > 10% pojemności wymiennej CEC powoduje zmniejszenie poboru manganu.

Mangan najlepiej dostarczać do gleby z uwzględnieniem w niej zawartości żelaza (patrz 19.2.10).

19.2.12   Molibden (Mo)

Molibden jest bardzo ważny dla symbiotycznego wiązania azotu, a więc dla wszystkich roślin strączkowych, ale także we wszystkich płodozmianach, które mogą korzystać z aktywności wolnych bakterii azotowych. Poniżej progu 0,20 ppm zawartości tego pierwiastka gleba nie może być żyzna i produktywna. Będzie bardziej podatna na głód azotowy, ponieważ bakteryjne wiązanie azotu nie będzie mogło towarzyszyć humifikacyjnej pracy grzybów. Kapustowate są bardzo wrażliwe na niedobór molibdenu. W jednorazowej aplikacji należy zastosować nie więcej, niż 120 gramów molibdenu na hektar.

19.2.13   Cynk (Zn)

Cynk bierze również udział w budowie białek, w fotosyntezie oraz w metabolizmie cukrów. Podobnie jak potas, odgrywa bardzo ważną rolę w efektywnym wykorzystaniu wody. Regularnie obserwujemy, że nawożenie gleby wszelkich upraw, wzmocnione cynkiem poprawia odporność na suszę i wysokie temperatury. Jest to jeden z elementów utrzymania aktywnej wegetacji roślin w lecie, a tym samym ograniczenia zmian klimatycznych wywołanych naszymi praktykami.

Dostępność: Wysokie nawożenie azotowe oraz wysoki poziom fosforu i wapnia znacznie ograniczają dostępność i pobieranie cynku. Negatywny wpływ na pobieranie cynku przez rośliny ma również zimna i mokra pogoda.

Stosowanie: Preferowane jest nawożenie gleby, aby jednocześnie aktywować liczne enzymy drobnoustrojów i odżywiać rośliny. Cynk powinien mieć zawsze wyższą zawartość w glebie, niż miedź.

Stosowanie w nawożeniu doglebowym może wynosić do 40 kg/ha/rok siarczanu cynku.

19.3 Równowaga mineralna - strefy komfortu i strefy interwencji

Progi komfortu, ostrożnośći i interwencji w celu osiągnięcia równowagi mineralnej gleby opisano na rysunku 20.4

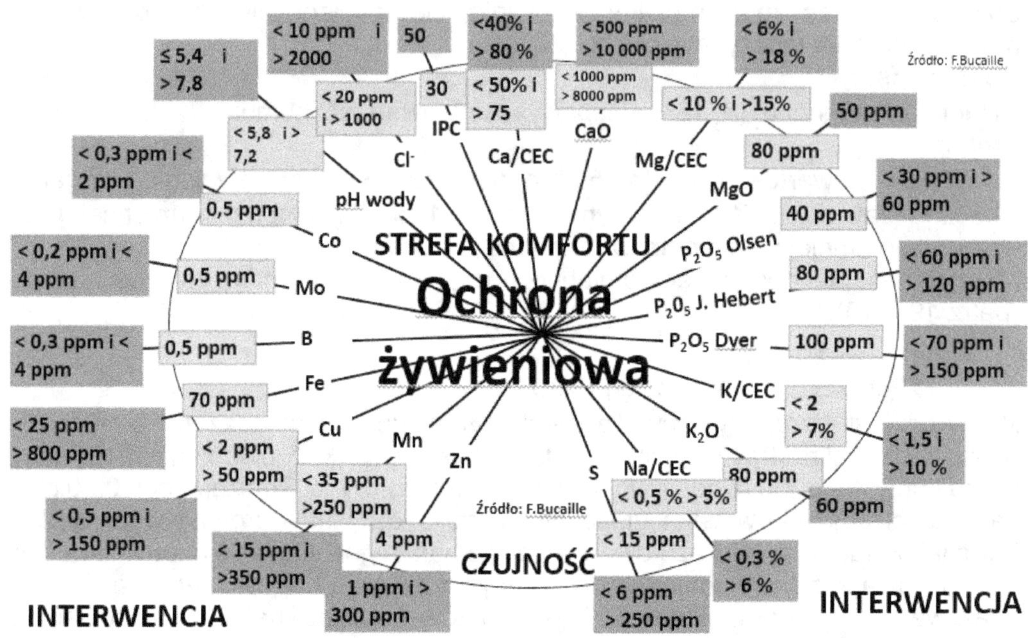

Rysunek 19.4 - Progi komfortu, ostrożności i interwencji w celu osiągnięcia równowagi mineralnej gleby

19.4 Zarządzanie nawożeniem organicznym

Wprowadzanie do gleby materii organicznej z zewnątrz jest często zalecane po jej analizie, gdy stwierdzony poziom jest zbyt niski. Jednak stosując tę zasadę 90% gleb powinno być nawożonych organicznie i nie ma gwarancji, że polepszone poziomy materii organicznej w dłuższej perspektywie będa trwałe, jeśli nie działają mechanizmy jej magazynowania. W tej książce znajdziesz rozwiązania pozwalające przywrócić autonomiczne funkcje jej magazynowania w glebie, nawet niezależnie od innych form nawożenia, np. nawozami syntetycznymi. Samowystarczalność gleb w tym zakresie jest możliwa do osiągnięcia.

Nawożenie obornikiem i kompostem są doskonałe i warte tyle samo ze względu na ich funkcję poprawiającą cechy gleby, co i zawarte w nich minerały i złożone związki organiczne. Mają też wady wynikające z ich składu, który czasami może wzmacniać już niekorzystne stosunki glebowe. W przeszłości musieliśmy już zalecać zaprzestanie na jakiś czas stosowania nawożenia organicznego z powodu zbyt wysokiego poziomu potasu w glebie (ponad 20% pojemności wymiennej CEC). Jest to częsta sytuacja w gospodarstwach hodowlanych, gdzie obornik rozrzucany jest na działkach położonych najbliżej budynków inwentarskich. Dlatego nie postrzegamy ich jako instrumentu rewitalizacji gleby, choć mogą być ważnym jej elementem.

Poniżej kilka dobrych praktyk zarządzania obornikiem, które zalecamy dla gleby:

* Powtarzające się nawożenie powinno być potwierdzone analizami gleby, aby upewnić się, że nie wzmacniamy istniejącego wcześniej braku równowagi (zwłaszcza nadmiaru potasu), co mogłoby skutkować pogorszeniem fizyki gleby, powodując nagromadzenie słabo rozłożonej materii organicznej i rozwój niepożądanych roślin: lepiężnika, ostu, barwinka, mniszka, jasnot. W tym przypadku w grę wchodzi "prawo maksimum".

* Pozostawić na powierzchni każdy "śmierdzący" materiał, aż wszystkie zredukowane cząsteczki zostaną ponownie utlenione: amoniak, siarkowodór itp.

* Tam, gdzie to możliwe, kompostowanie na powierzchni gleby jest dobrym rozwiązaniem, chyba, że chcemy zniszczyć nasiona chwastów.

Wreszcie, należy pamiętać, że pomimo wszystkich niezaprzeczalnych zalet kompostów, obornika i gnojowicy, produkty te nie są w stanie przywrócić równowagi w glebie, jeśli brakuje w niej wapnia, magnezu lub nawet sodu, gdyż ich poziom w tych nawozach jest zbyt niski, aby mieć efektywny wpływ na glebę.

19.5 Podsumowanie: zarządzanie nawożeniem chemicznym w pięciu krokach

Streszczamy tu, w kolejności, pięć etapów rewitalizacji gleby przez stosowanie nawożenia mineralnego.

1. Wyregulować stosunek Ca:Mg.
2. Poprawić nasycenie K^+ i Na^+.

Po zakończeniu kroków 1 i 2 zostanie osiągnięte idealne pH 6,3 (zmienne w zależności od rodzaju gleby). Zawartość jonów H^+ wynosić będzie 10%. Lekka kwasowość jest korzystna dla dostępności minerałów i życia grzybów.

3. Poprawić zawartości siarki i fosforu.
4. Skorygować zawartości mikroelelemntów.

Po zakończeniu etapu 4. powstają optymalne warunki dla korzeni i życia w glebie, które pozwolą na efektywniejsze nawożenie azotem.

5. Uwzględnij nawożenie azotowe, wybierając odpowiednie jego formy.

20 REWITALIZACJA GLEBY W 7 KROKACH

Zgodnie z hierarchią priorytetów, podsumowujemy drogę rewitalizacji gleby w siedmiu krokach, podejmując różne treści, które zostały już podane w tej książce.

20.1 Przywrócenie pionowej struktury gleby: identyfikacja podeszwy tworzonej przez pług lub narzędzia no-till

Niektóre zagęszczenia są tak zwarte, że nawet najbardziej agresywne rośliny nie będą w stanie w krótkim czasie rozwinąć gęstego, głębokiego systemu korzeniowego i przywrócić normalnego obiegu wody.

- **Metody**: obserwacja bezpośrednia, z użyciem szpadla i lupy binokularnej w warstwie gleby -35/-50 cm (patrz opis).
- **Rozwiązanie**: w razie potrzeby pokruszyć podeszwę w podglebiu. Jednorazowy zabieg powinien wystarczyć jeśli zostaną wdrożone inne środki rewitalizacji gleby.

20.2 Wpływ stosunku kationów na potencjał wymienny CEC

Zgodnie z opisaną metodologią jest to drugi najczęściej występujący i najbardziej krytyczny punkt rewitalizacji, nie będący jedynie kwestią pH gleby. Chodzi o wpływ na skład fizyczny gleby: ile powietrza i ile wody będzie w stanie ona zatrzymać? Jak bardzo będzie odporna na zagęszczenie i erozję? Czy będzie w stanie utrzymać humifikacyjną florę grzybową?

- **Metody**: analiza gleby zgodnie z procedurą Albrechta (patrz opis).
- **Rozwiązanie**: zastosować nawozy i środki poprawiające właściwości gleby zgodnie z opisem w punktach 18.2 i 19.1.

20.3 Dostarczanie składników mineralnych potrzebnych do tworzenia enzymów glebowych

Minerały i pierwiastki śladowe służą przede wszystkim do aktywacji narzędzi drobnoustrojów glebowych: enzymów. Są to podstawowe narzędzia bioróżnorodności i funkcjonalności gleby.

- **Metoda**: analiza gleby.
- **Rozwiązanie**: dostarcz to, czego brakuje, uwzględniając synergie i antagonizmy opisane w punkcie 19.3.

20.4 Ponowne wprowadzenie grup mikroorganizmów, których może brakować

Szczepy związane z cyklem azotowym (bakterie azotowe) i biodostępnością minerałów (PGPR, uwalniające fosforany i *Bacillus mucilaginosus*) są istotnym elementem procesów odżywczych gleby. Jeżeli gleby nie były wielokrotnie sterylizowane przez fumigację, parę wodną, stosowanie metamu sodu, to we wszystkich glebach znajduje się ciągle wystarczająca ilość zarodników grzybów mykoryzowych.

- **Metoda**: mikrobiologiczna analiza laboratoryjna w razie potrzeby.
- **Rozwiązanie**: zaszczepić *inokulum* zgodnie z instrukcją producenta.

20.5 Wykorzystanie terenu w sposób jak najwierniej naśladujący oryginalną kulminację roślinną

W klimacie umiarkowanym dąży się głównie do fotosyntezy wiosną i latem. Uprawiaj rośliny pozostawiające dużo lignin w resztkach roślinnych jesienią. Unikaj "sałaty", w przeciwnym razie wypasaj ją lub zbieraj na paszę lub kiszonkę. Złym pomysłem jest uprawa nawozu zielonego w celu zrekompensowania słomy wywiezionej z pola.

- **Metoda**: obliczanie i przewidywanie okresów dojrzałości roślin uprawnych i okrywy roślinnej.
- **Rozwiązanie**: w razie potrzeby zmienić płodozmian. Dostosowanie wczesności roślin uprawnych i roślin okrywowych. Modyfikacja planu produkcji pasz i żywienia zwierząt.

20.6 Aktywizacja humifikacyjnej flory grzybowej gleby

Wiele działań agronomicznych skutkuje hamowaniem tej delikatnej flory. Istnieją prebiotyki glebowe, które mogą ożywić i odżywić tę część mikrobiologii glebowej, która jest podstawą cyklu węglowego.

- **Metoda**: obserwacja pozostałości po uprawach. Po roku nie powinno być widocznych resztek roślinnych.
- **Rozwiązanie**: zastosować prebiotyk glebowy.

20.7 Ograniczenie lub wyeliminowanie stosowania fungicydów pod koniec cyklu produkcyjnego - praktyka ochronnego żywienia roślin (Nutriprotection)

W celu zmobilizowania flory grzybów humifikacyjnych wokół świeżych resztek pożniwnych i wytworzenia z nich próchnicy, konieczne jest ograniczenie lub uniknięcie stosowania ostatniego fungicydu, którego część prawdopodobnie znajdzie się w słomie, zwłaszcza jeśli dojrzewanie jest przyspieszone przez upalną pogodę. Zapewnienie stanu sanitarnego roślin przez możliwie oszczędne programy fungicydowe, lub nawet całkowite ich zastąpienie przez odpowiednie odżywianie dolistne - Nutriprotection. Ten temat sam w sobie wymagałby kolejnej książki.

Wnioski

<u>CZŁOWIEK ŻYJE, KIEDY ŻYJE GLEBA</u>

W wielkich mitach i głównych religiach zawsze występuje jakieś bóstwo, które stworzyło człowieka *ex nihilo,* z gliny. Najnowsze badania naukowe z Cornell University ustalają, że glina, ze swoimi potężnymi właściwościami katalitycznymi może leżeć u źródeł syntezy związków życia: pierwszych cegiełek prymitywnego RNA (kwasu rybonukleinowego) (Cornell University, 2013). W pewnym sensie nauka potwierdza więc powieść o powstaniu ludzkości wytworzoną przez wyobraźnię i intuicję naszych przodków. Dzięki spotkaniu tego, co duchowe i tego, co materialne, Człowiek może, a nawet musi poprawić i uszlachetnić swój związek z ziemią.

Człowiek - zależne ogniwo ekosystemów

Człowiek zajmuje szczególne miejsce w ekosystemach. Jako rolnik zaburza naturalny ekosystem i kieruje go w stronę funkcji produkcji żywności. Kiedy człowiek mówi, że "uprawia" rośliny, jest to nieprecyzyjne określenie. Człowiek jedynie stwarza warunki, aby jeden gatunek roślin zajmował całą powierzchnię przestrzeni, którą wyznaczył i nazwał polem. Człowiek w ogóle niczego nie uprawia. To siła życiowa zawarta w nasionach, geny, enzymy, mikrobiologia i fotosynteza wykazują się działaniem. Człowiek nie ma z tym nic wspólnego. Człowiek zakłóca i wykorzystuje naturę. Nie jest ponad nią, jest tylko jej częścią i od niej zależy jego przetrwanie. Ta skromniejsza wizja miejsca i znaczenia człowieka wydaje się niezbędna do przyjęcia bardziej ekologicznego podejścia do rolnictwa. Cały szereg zgodnych sygnałów pokazuje nam, że człowiek nie jest centrum świata, ale po prostu jest jego elementem. Jeśli nie jesteśmy tego świadomi, to trudno będzie nam budować agronomię żywych organizmów. Jeśli natomiast zgodzimy się na umieszczenie nas w ekosystemie, wtedy zrozumiemy, że wszystkie organizmy, w tym chwasty i szkodniki, są niezbędna i że świadczą nam usługi poprzez swoją aktywność naprawczą i sygnały, które nam wysyłają.

Uprawa roślin dostosowanych do zdrowia człowieka?

Pamiętając o zasadzie Gause'a o wąskich niszach pokarmowych i dopasowanych dietach, powinniśmy również zadać sobie pytanie, w jaki sposób rośliny, które tak dobrze nadają się do karmienia szkodników, mogą być również dobrym pokarmem dla zdrowia człowieka? Czy nie powinniśmy raczej podziękować szkodnikom za to, że nie pozwalają nam zbierać roślin, które nie są odpowiednie dla naszego odżywiania i dobrego zdrowia? Aby człowiek był dobrze odżywiony i zdrowy, roślina musi być przede wszystkim dobrze odżywiona i zdrowa. Aby roślina była dobrze odżywiona, gleba musi nie tylko zapewniać i udostępniać około trzydziestu użytecznych pierwiastków, ale jej mikrobiologia musi również dostarczać roślinom witamin, takich jak witamina B12, która może być syntetyzowana dzięki bakteriom w ryzosferze, które ją wytwarzają. Dlatego utrzymujemy, że człowiek żyje, gdy żyje ziemia. Jesteśmy zobowiązani do kochania i szanowania życia, które wspiera gleba.

W trakcie ewolucji życie ma tendencję do stawania się coraz bardziej złożonym. Nie oznacza to jednak, że prostsze formy życia zniknęły. Złożone organizmy żywe mają również złożone potrzeby w zakresie nisz środowiskowych. Niektóre z najbardziej zaawansowanych gatunków roślin kwitnących, takich jak orchidee, są na przykład uzależnione od jednego gatunku owada, który je zapyla. Ludzie należą do tych istot żywych, które niedawno pojawiły się na Ziemi w ekosystemach, w których znalazły dietę o dużej gęstości odżywczej białek, witamin, minerałów, cukrów i tłuszczów złożonych. Powrót środowiska glebowego do pogorszonego stanu prowadzi do uproszczenia łańcuchów pokarmowych w glebie, z naciskiem na łańcuchy bakteryjne. Takie łańcuchy pokarmowe prowadzą do powstania żywności mniej bogatej w białko i kalorie, gorzej dostosowanej do wymagań żywieniowych człowieka. Utrzymanie żywej gleby jest więc niezbędne, aby człowiek mógł żyć.

Rolnicy mają specjalne zadanie do wykonania

Ekosystemy gleb uprawnych są wynikiem setek tysięcy lat ewolucji. Są one dziedzictwem i wspólną własnością całej ludzkości, a nie jedynie rodzinną pamiątką. Rolnicy mają władzę i przywilej zarządzania tym uniwersalnym dziedzictwem. Mają też obowiązek przekazania go przyszłym pokoleniom. Ta ogromna władza to także bardzo duża odpowiedzialność, którą ponoszą tak nieliczni, mający możliwość zmiany świata, jego modelu i relacji z żywymi organizmami na 10, 20, 500, 1000, czy 10 000 hektarów, które uprawiają.

Przywrócenie rolnikom zaufania

Otwierająca się przed nami nowa forma rolnictwa zakłada przejście od statusu rolnika do statusu zarządcy ekosystemu uprawnego. Bezpośrednia i wyłączna koncentracja na plonach i aparacie produkcyjnym (roślina uprawna) musi ustąpić miejsca zarządzaniu opartemu na szeroko rozumianej żyzności. Oznacza to traktowanie gleby jako ekosystemu samego w sobie. Duża część pracy rolnika będzie odtąd polegała na tworzeniu warunków do przywrócenia funkcjonalności tego ekosystemu. System uprawny zawsze będzie się różnił od systemu naturalnego. Wyzwaniem ekonomicznym i ekologicznym jest zmniejszenie tych niedopasowań i różnic aby w pełni wykorzystać darmowe funkcje związane z obecnością wydajnego łańcucha pokarmowego w glebie.

Aby przekształcić rolnictwo w tym kierunku, będziemy musieli przejść przez "rolnictwo przejściowe". Przejściowe, ponieważ istnieje techniczna ścieżka, którą należy podążać i są ludzie w nią zaangażowani. Pomoc w tych zmianach jest potrzebna, aby krok po kroku wytyczyć ścieżkę, która pozwoli rolnikom na nowo nauczyć się, jak iść w innym, lepszym kierunku. W tej podróży musimy najpierw odbudować solidne fundamenty i przestać skupiać wszystkie nasze wysiłki na chorobach i patogenach, ale raczej skierować nasze praktyki i badania głównie na kontrolowanie tych organizmów poprzez odżywianie roślin - Nutriprotection i odżywianie gleby, a nie poprzez ich unicestwianie. Pomyślmy o Życiu: życiu w glebie, życiu w ekosystemach, ryzosferze i fyllosferze. Interes jest dwojaki: zrównoważona wydajność systemów rolniczych i budowa bardziej wartościowego rolnictwa na solidnych podstawach, bez zmuszania rolnika do podejmowania ryzyka finansowego. Rolnik będzie nabierał coraz większego zaufania, obserwując coraz bardziej oczywiste sygnały zdrowotne swoich upraw.

Zacytujmy Sylvaina Tessona, w jego *Éloge de l'énergie vagabonde*: "Nieufnie podchodzę do tego słowa, jak do wszystkich urządzeń maskujących; zrównoważony rozwój jest balsamem nakładanym na wyrzuty sumienia przez ludzi Zachodu, którzy chcą nadal cieszyć się sobą, bez rzeczywistego ustąpienia światowej choroby. Pod tym terminem kryje się jedynie chęć lepszego ustawienia sterów, aby utrzymać ludzkość na obecnym kursie tak długo, jak to będzie możliwe.".

Człowiek żyje, kiedy żyje gleba

Dla ekologii rolniczej wszystkich hektarów i wszystkich ludzi

Dla nas ekologia to świadomość miejsca człowieka we wszechświecie. To nie walka, ale po prostu wiara w Ziemię, w Gaję. Ekologia jest przede wszystkim nauką, a następnie wspaniałością. Nie może polegać na organizowaniu sztucznej przestrzeni, jakiegoś "muzeum życia", gdzie na półhektarowym terenie znajduje się 1200 gatunków roślin z czterech stron świata. Nie może to być makieta wymarzonej przyrody, która nigdy nie istniała. Nie może to być kilka hektarów "organicznie" nawożonego ogrodnictwa dla wybranych klientów, skupiającego, niczym człowiek walczący o przeżycie w swoim bunkrze, brązowe złoto - materię organiczną i słomę zebraną z okolicznych pól. Nie może to być 30 kóz pasących się latem w wyschniętych zaroślach, bo właśnie taka praktyka rozprzestrzeniła pustynie na całej planecie. Nie może to być system, który stale "pożycza" od wierzycieli takich jak las (drewno), sąsiedni rolnik (słoma, kompost, obornik) lub ziemia (torf). W kategoriach finansowych nazywa się to "kawaleryjskim", lub po prostu - nadmiernym zadłużeniem. Tak prowadzone rolnictwo można porównać jedynie do górnictwa. Stosowane produkty są naturalne, ale w żaden sposób nie stanowią podstawy zrównoważonego systemu produkcji żywności. Nie może to być zrównoważone, ponieważ nie odpowiada na globalną, humanistyczną, wielkoduszną potrzebę uczestnictwa w poprawie stanu planety i przyszłego losu ludzkości. Pytanie brzmi: czy jakiś z tych "wydobywczych" modeli można w sposób zrównoważony zastosować do 100% gruntów rolnych na świecie? Jeśli odpowiedź brzmi "nie", to nie ma o czym dyskutować.

Ekologia - która jest nauką, a nie filozofią, a tym bardziej nie ideologią - polega na tym, że wsiadamy do balonu na gorące powietrze i lecimy w górę, myśląc o wzroście ilości CO_2, poziomie ozonu, wzroście temperatur, podnoszeniu się poziomu mórz, wyżywieniu ludności świata, zdrowiu człowieka... Ekologia z definicji jest globalna. Kilka nostalgicznych "wysepek natury" nie wystarczy, by sprostać tym globalnym wyzwaniom. Niepowtarzalne, lokalne zdarzenia nie mogą dostarczyć globalnych rozwiązań. **Wszystkie gleby uprawne naszej planety muszą zostać ożywione swoimi własnymi źródłami żyzności.**

Intensywne i odnawialne wykorzystanie zasobów jest częścią ekosystemów

Ekologia, jak widzieliśmy w tej książce, nie może polegać na byciu "przeciwko" tylko dlatego, że "nie chcemy takiego rolnictwa"; nie może polegać na walce z tworzeniem zbiorników wodnych, walce z "wielkimi rolnikami", z "wielkimi stadami", z intensyfikacją. Dlaczego nie? Bo Natura jest naszym modelem i jest intensywna, bo Natura zawsze się objawia w nadmiarze. Modne jest czczenie tego, co w rzeczywistości jest maleńkie: "ludzkiej wielkości". Oczywiście potrzebujemy człowieka, jego świadomości, bliskości i komunikacji. Ale nie o to chodzi. Czy uważasz, że las amazoński jest rozsądny, bo ma ludzkie rozmiary, będąc jednocześnie rozległy? Nic z tego. Puszcza amazońska to model gigantyzmu, nadmiaru i intensyfikacji Natury. Nigdzie indziej nie mamy takiej wydajności z hektara na rok. Czy uważacie, że stada gnu w Serengeti, które liczą nie mniej, niż milion sztuk, stada zebr liczące kilkaset tysięcy sztuk, stada antylop wielkości tego samego rzędu, bawołów liczące kilka tysięcy sztuk, stada bizonów w Ameryce Północnej liczące kilka milionów sztuk (zanim zostały wybite w XIX wieku), czy uważacie, że te stada są na ludzką skalę, czy są dużo większe? Z pewnością nie na naszą skalę. Każdy kto kiedykolwiek widział bawoły z Kenii, czy bizony z Ameryki Północnej, jest zdumiony ich kondycją fizyczną. Czy poważnie wierzysz, że szalona produktywność lasów deszczowych Amazonii w skali kontynentu i gigantyczne rozmiary afrykańskich stad zagrażają planecie? **Problemem nie jest wielkość, ale sposób eksploatacji, zgodność z pierwotną kulminacją.** To prawda, że niewielki rozmiar gospodarstwa rolnego maskuje błędy w gospodarowaniu ziemią i stadem poprzez małą widoczność uciążliwości. Co prawda, także całkiem po ludzku trudniej jest zakwestionować działania małego producenta. Ale liczy się przede wszystkim identyfikacja funkcji, które dominują w tych naturalnych systemach, a które wskutek działalności człowieka ulegają ograniczeniu lub wręcz unicestwieniu. Wielkość gospodarstwa jest tylko wskaźnikiem, a nie przyczyną. Jeśli wielkość gospodarstwa stwarza problemy, to dlatego, że sposób korzystania z dóbr przyrody, niezależnie od tego, czy jest stosowany na dużą czy małą skalę, jest wadliwy. Prawdziwą bitwą jest uczynienie go ekologicznie prawidłowym i zrównoważonym. Wielkość gospodarstwa jest kwestią społeczną, socjalną i polityczną, z pewnością nie jest to kwestia ekologiczna.

To właśnie punkt kulminacyjny wyznacza maksymalną wydajność

Rewitalizacja gleb i agrosystemów polega na wzmocnieniu szwankujących funkcji naturalnych wszystkich agrosystemów świata, niezależnie od ich wielkości, z wykorzystaniem kulminacji jako modelu, w celu przywrócenia maksymalnej produktywności.

Wszystkie powyższe ekosystemy oprócz niezwykłej produktywności mają też jedną cechę, a jest nią stan ich zdrowia. Czy amazońskie lasy deszczowe są nękane przez niszczycielskie fale owadów i pożarów? Grzyby i bakterie chorobotwórcze, wirusy i owady są z pewnością obecne, ale spełniają jedynie rolę padlinożerców przyrody w ścisłej niszy ekologicznej, która im przysługuje. Ich obecność jest wybitnie pożyteczna. Czy zatem ekosystemy te są regularnie chronione produktami fitosanitarnymi? Nie. Są zdrowe, autonomiczne i ekonomiczne. Żywa gleba generuje oszczędności na nawozach, środkach ochrony i uprawie. To jest właśnie to, do czego musimy dążyć.

Rewitalizacja gleby jest procesem korzystnym i ekonomicznym

Rewitalizacja gleby przynosi produktywność i rentowność agrosystemom, a także zdrowie roślinom, zwierzętom i ludziom, którzy je spożywają. Rozwiązania pozwalające to osiągnąć już istnieją, a niektóre wypróbowane podejścia zostały opisane w tej książce. Trzeba je tylko dopracować i uzupełnić. Gleba jest tak powszechnie rozmieszczona na naszej planecie, tak potężna, tak bogata w różnorodność biologiczną, że nosi w sobie zdolność do dostarczenia odpowiedzi na globalne wyzwania stojące przed ludzkością. Mamy środki, aby wdrożyć ten wartościowy łańcuch działań. Czy to jako społeczność ludzka, czy jako podmiot biologiczny, czy jako podmiot gospodarczy, skorzystamy z tego podejścia indywidualnie i zbiorowo. Mamy środki, które sprawią, że prorocy od złych przepowiedni, spece od tragedii i teoretycy upadku cywilizacji będą się mylić... pod warunkiem, że coś zmienimy. Więc zróbmy to!

Wszystko przekonuje nas, że:

Człowiek jest i pozostanie żywy, jeśli ziemia będzie żyła!

BIBLIOGRAFIA

AKIN D. E., 1979, «Microscopic evaluation of forage digestion by microorganisms – a review», *J Anim Sci*, 48, 701-710.

ALMEIDA ASSUNÇÃO S. *et al.*, 2018, «Soil organic matter fractions affected by N-fertilizer in a green cane management in Brazilian Coastal Tableland», *Bragantia, 77* (2).

ARIHARA J. & KARASAWA T., 2000, «Effect of previous crops on arbuscular mycorrhizal formation and growth of succeeding maize», *Soil Science and Plant Nutrition, 46* (1).

ARNOTT H. J., ROSEMAN T. S., GRAHAM R. D. & HUBER D. M., 1991, «An experimental study of Mn oxidation mineralization in the take-all fungus *Gaeumannomyces graminis* var. *trikini*», *Mycol. Soc. Am. Newsl.*, 42(3).

ARVALIS – INSTITUT DU VEGETAL, 2014, *Effets du travail du sol sur les cycles biogéochimiques (azote et carbone).*

BAILEY V., SMITH J. L. & BOLTON H., 2002, «Fungal-to-bacterial ratios in soils investigated for enhanced C sequestration», *Soil Bio Biochem,* 34, pp. 997-1 007.

BAIZE B. *et al.*, 2014, «Potentially Harmful Elements in Forest Soils» In Bini C. & Bech J. (eds), *PHEs, Environment and Human Healt,* Springer, Dordrecht. https://doi.org/10.1007/978-94-017-8965-3_4.

BARAK P. *et al.*1997, «Effects of long-term soil acidification due to nitrogen fertilizer inputs in Wisconsin» Plant and Soil, 197, pp. 61-69.

BAR-ON YINON M., PHILLIPS R. & MILO R., 2018, «The biomass distribution on Earth.», *Proceedings of the National Academy of Sciences,* 115.25, pp. 6 506-6 511.

BASSEM DIMASSI *et al.*, 2014. «Long-term effect of contrasted tillage and crop management on soil carbon dynamics during 41 years», *Agriculture, Ecosystems and Environment* http://dx.doi.org/10.1016/j.agee.2014.02.014.

BIAO ZHU *et al.*, «Rhizosphere priming effects on soil carbon and nitrogen mineralization», *Soil Biology and Biochemistry*, 76, pp. 183-192, 10.1016/j.soilbio.2014.04.033.

CALLOT G., 1999, *La truffe, la terre, la vie*, éditions QUAE, 210 p.

CARNEY K. M. *et al.*, 2007, «Altered soil microbial community at elevated CO_2 leads to loss of soil carbon», *Proceedings of the National Academy of Sciences*, 104 (12), pp. 4990-4995, doi:10.1073/pnas.0610045104.

CHABOUSSOU F., 1985, *Santé des plantes, une révolution agricole*, Flammarion [2011], «Les plantes malades des pesticides», Utovie.

CHANGFU H., YIQI L. & WEIXIN C., 2017, «Rhizosphere priming effect: A meta-analysis Soil», Biology and Biochemistry, 111, pp. 78-84.

COHAN J.-P. & MARY B., 2014, *Effet du travail du sol sur les cycles biogéochimiques de l'azote et du carbone*, Inra et Arvalis.

COMMANDAY F. & MACY J. M., 1985, «Effect of substrate nitrogen on lignin degradation by Pleurotus ostreatus», *Arch. Microbiol.*, 142, 61-65.

CORNELL UNIVERSITY, 2013, «Clay may have been birthplace of life on Earth, new study suggests», *ScienceDaily*, disponible en ligne sur www.sciencedaily.com/releases/2013/11/131105132027.htm.

CROVETTO C., 2000, *Les fondements d'une agriculture durable,* Teknea.

DAANE L. L. *et al.*, 1996, «Influence of Earthworm Activity on Gene Transfer from Pseudomonas fluorescens to Indigenous Soilé», *Bacteria Applied and environmental Microbiology*, 62 (2), pp. 515-521.

DAVIDSON D. T., 1962, «Soil stabilization with chemicals», joint *Publication Bulletin*,193, et *Iowa Engineering Experiment Station Bulletin*, 22, Iowa Highway Research Board.

DETLEF E. *et al.*, 2005, «Environmental science – Carbon unlocked from soils», *Nature*, 437, 205-6. 10.1038/437205a.

DUCERF G., *Fascicule des conditions de levée de dormance des plantes bio-indicatrices*, Promonature, 2015.

DUCHAUFOUR PH., 1950, «L'humus forestier et les facteurs de sa décomposition», *La revue Forestière*, 11.44.2, pp. 479-488.

FLOUDAS D. *et al.*, 2012 «The Paleozoic Origin of Enzymatic Lignin Decomposition Reconstructed from 31 Fungal Genomes», *Science*, 336 (6089), pp. 1 715-1 719.

GAUSE G. F., 1934, «The Influence of Biologically Conditioned Media on the Growth of a Mixed Population of Paramecium caudatum and P. aureliax», *Journal of Animal Ecology*, 3(2), pp. 222-230.

GLAESER S. P. *et al.*, 2016, «Non-pathogenic Rhizobium radiobacter F4 deploys plant beneficial activity independent of its host Piriformospora indica», *ISME J.*, 10(4), pp. 871-884, doi:10.1038/ismej.2015.163.

GLEIXNER G. *et al.*, 2001, «Plant compounds and their turnover and stabilization as soil organic matter», In Schulze E. D *et al.* (eds) *Global biogeochemical cycles in the climate system*, pp. 201-215.

GLEIXNER G., 2013, «Soil organic matter dynamics: A biological perspective derived from the use of compound-specific isotopes studies», *Ecological Research*, 28, 10.1007/s11284-012-1022-9.

GRENET E., 1970, «Taille et structure des particules végétales au niveau du feuillet et des fèces chez les bovins», *Ann. Biol. Anim. Bioch. Biophys.*, 10, pp. 643-65.

GRIFFIN D. M & QUAIL G., 1968, «Movement of bacteria in moist particulate systems», *Aust J Biol Sci*, 21 pp. 579-582.

GRUMMER G., 1961, «The role of toxic substances in the inter-relationships between higher plants», *Symp. Soc. Exp. Bio.*, 15, pp. 219-228.

GUI LI LI, 2019, «Interactions between microorganisms and clay minerals: New insights and broader applications», *Applied Clay Science*, 177(1), pp. 91-11.

HECKMAN J. R., CLARKE B. B. & MURPHY J. A., 2003, «Optimizing manganese fertilization for the suppression of take-all patch disease on creeping peinturasse»., *Crop Sci.*, 43, pp. 1395-1398.

HODGE, A., CAMPBELL, C. D., and FITTER, A. H., 2001. "An arbuscular mycorrhizal fungus accelerates decomposition and acquires nitrogen directly from organic material". *Nature* 413, 297-299.

HOORMAN J. J. *et al.*, 2011, *The biology of soil compaction Leading Edge*, pp. 584-587.

IAEA, 2006, *Environmental Consequences of the Chernobyl Accident and Their Remediation : Twenty Years of Experience – rapport of the UN Chernobyl Forum Expert Group «Environment»*, Radiological Assessment Report Series.

ISICHEI A. O., 1990, «Arid Soil Research and Rehabilitation», *The role of algae and cyanobacteria in arid lands. A review*, 4 (1).

ISICHEI A. O., 1990, «The role of algae and cyanobacteria in arid lands. A review», *Arid Soil Research and Rehabilitation*, 4 (1).

JARRIGE R., 1966, *Nutrition des ruminants domestiques. Ingestion et digestion INRA*, Editions 1995, pp. 607.

JARRIGE R., 1980, *Nutrition des ruminants domestiques*, INRA Editions 1995, pp 631.

JOHNSON D., 2015, PeerJ PrePrints, http://dx.doi.org/10.7287/peerj.preprints.789v1.

JOUNG Y. S., 2015, «Aerosol generation by raindrop impact on soil», *Nat Commun*, 6, p. 6 083, https://doi.org/10.1038/ncomms7083.

KASHIF B., 2012, *Effect of different phosphorus levels on growth and nitrogen fixation.*

KELLOGG C. A. & GRIFFIN D. W., 2006, «Aerobiology and the global transport of desert dust», *Trends Ecol Evol* 21, pp. 638-644, doi :21. 638-44. 10.1016/j.tree.2006.07.004.

KHALIL M. I. *et al.*, 2007, «Nitrogen fertilizer–induced mineralization of soil organic C and N in six contrasting soils of Bangladesh», *J. Plant Nutr. Soil Sci*, 170, pp. 210-218.

KLIRONOMOS J. N., 2003, «Variation in plant response to native and exotic arbuscular mycorrhizal fungi», *Ecology*, 84, pp. 2 292-2 301.

KOHLMEIER S. *et al.*, 2005, «*Taking the fungal highway: Mobilization of pollutant-degrading bacteria by fungi*», *Environmental science & technology*, 39.

KRUPNIK T. J., SIX J., LADA J. K., PAINE M. J. & VAN KESSEL C., 2004, «An assessment of Fertilizer Nitrogen recovery Efficiency by grain crops», *Agriculture and the nitrogen cycle*, pp.195-196.

LABREUCHE *et al.*, 2001 [Educagri éditions 2016], cité dans « Gestion de l'état organique des sols avec SIMEOS AMG », Tomis V., Agro-Transfert RT, Conférence état organique des sols 9 février 2015.

LANGLEY J. A. *et al.*, 2009. «Priming depletes soil carbon and releases nitrogen in a scrub-oak ecosystem exposed to elevated CO_2», *Soil Biology & Biochemistry*, 41, pp. 54-60.

LASTUVKA Z., 1955, «Effect of couch grass on growth of wheat and rye», Cˇs. *Biol*, 4, pp. 165-175.

LEATHAM G. F. & KENT KIRK T., 1983, «Regulation of ligninolytic activity by nutrient nitrogen in white-rot basidiomycetes», *FEMS Microbiology Letters,* 16(1), pp. 65-67.

LEATHAM G. F & KIRK T. K., 1983, «Regulation of ligninolytic activity by nutrient nitrogen in white-rot basidiomycetes», *FEMS Microbiology Letters*, 16 (1).

LECOMTE P. *et al.*, «Maladies du bois de la vigne», dans Inrae, disponible en ligne sur www.maladie-du-bois-vigne.fr/Diffusion-des-resultats/Lecomte-P-et-al.-2019.

LEININGER S. *et al.*, 2006, «Archaea Predominate Among Ammonia-Oxidizing Prokaryotes in Soils», *Nature*, 442, pp. 806-809.

LEVI M. P. & COWLING MET E. B., 1969, «Rôle of nitrogen in wood deterioration», *Phytopathology*, 59, pp. 460-468.

MALIK *et al.*, 2016, «Soil Fungal:Bacterial Ratios Are Linked to Altered Carbon Cycling», *Frontiers in Microbiology*, 7, art. 1247.

MANGENOT J. F., 1980, «Les litières forestières : signification écologique et pédologique», *Revue forestière française*, 4.

MATHRE D. E., 1995, «Gaeumannomyces», in *Methods for Research on Soilborne Phytopathogenic Fungi.*, APS press.

PAUSCH J. *et al.*, 2013, «Weixin Cheng Plant inter-species effects on rhizosphere priming of soil organic matter decomposition», *Soil Biology and Biochemistry*, 57, pp. 91-99.

PHILLIPS R. P. *et al.*, 2012, «Roots and fungi accelerate carbon and nitrogen cycling in forests exposed to elevated CO_2», *Ecology Letters*, 15, pp. 1 042-1 049.

READ D. J., 1991, «Mycorrhizas in ecosystems – nature's response to the "law of the minimum"», *Frontiers in mycology*, p. 101-130.

REID I. D., 1979, «The influence of nutrient balance on lignin degradation by the white-rot fungus Phanerochaete chrysosporium», *Can J Bot*, 57, 2 050-2 058.

RILLIG M. C. *et al.*, 1999, «Rise in carbon dioxide changes soil structure», *Nature*, 400, p. 628.

RUSCH H. P., 1993 *La Fécondité du sol*, Courrier du livre, 315 p.

SARTRE J.-P., 1943, *L'Être et le Néant*, Gallimard.

SAVERIO FIORE, 2011, «Bacteria-induced crystallization of kaolinite», *Applied Clay*

Science, 53(4), pp. 566-571.

SCHIMEL J. P. & SCHAEFFER S. M., 2012 , «Microbial control over carbon cycling in soil», *Front Microbiol.*, 3, p. 348, doi:10.3389/fmicb.2012.00348.

SCHULZE E. D. & FREIBAUER A., 2005, «Environnemental science: Carbon unlocked from soils», *Nature*, 437 : 205-206.

SHAHZAD T. *et al.*, 2012, «Role of plant rhizosphere across multiple species, grassland management and temperature on microbial communities and long term soil organic matter dynamics»,. Agriculturalsciences. AgroParisTech.

SINGLETON L. L., MIHAIL J. D. & RUSH C. M. (eds), 1992, *The American Phytopathological Society*, St. Paul, MN, pp.60-63.

SINSABAUGH R. L. *et al.*, 2013, «Carbon use efficiency of microbial communities: stoichiometry, methodology and modelling» *Ecology letters*, 16(7), pp. 930-939.

SIX J. *et al.*, 2006, «Bacterial and fungal contribution to carbon sequestration in agroecosystems», *Soil Sci. Soc. Am. J.*, 70, pp. 555-569.

SONG Y., 2015, «Hijacking common mycorrhizal networks for herbivore-induced defence signal transfer between tomato plants», *Scientific Reports*, 4, article 3915.

STRICKLAND M. & ROUSK J., 2010, «Considering fungal: Bacterial dominance in soils - Methods, controls, and ecosystem implications», *Soil Biology and Biochemistry*, 42, pp. 1 385-1 395. 10.1016/j.soilbio.2010.05.007.

TIMONIN M. I., 1972, «Oxidation of manganous salts of manganese by soil fondit», *Revue canadienne de microbiologie*, 18 (6), pp. 793-799.

VRIES F.T., 2009, «*Soil fungi and nitrogen cycling. Causes and consequences of changing fungal biomass in grasslands*». Ph.D thesis Wageningen Universiteit, Wageningen, ISBN 978-90-8585-325-1 https://edepot.wur.nl/1757.

WARING B. G. *et al.*, 2013, «Differences in fungal and bacterial physiology alter soil carbon and nitrogen cycling: insights from meta-analysis and theoretical models», Ecol. Lett., 16, pp. 887-894 10.1111/ele.12125.

WARMINK J. ET VAN ELSAS J., 2009, «Migratory Response of Soil Bacteria to Lyophyllum sp. Strain Karsten in Soil Microcosms», Applied and environmental microbiology, 75, pp. 2 820-2 830. 10.1128/AEM.02110-08.

YANG P., 2017, *Mechanisms of migration of Paraburkholderia terrae BS001 in the mycosphere*, University of Groningen, disponible en ligne sur http://hdl.handle.net/11370/9d788301-001d-4de2-8775-41010de0dc30.